"十三五"
国家重点出版物出版规划项目
大数据丛书

大数据智能

数据驱动的自然语言处理技术

刘知远　崔安颀　等　编著

电子工业出版社
Publishing House of Electronics Industry
北京·BEIJING

内 容 简 介

本书是介绍大数据智能分析技术的科普书籍，旨在让更多人了解和学习互联网时代的自然语言处理技术，让大数据智能技术更好地为我们服务。

全书包括大数据智能基础、技术和应用三部分，共 14 章。基础部分有 3 章：第 1 章以深度学习为例介绍大数据智能的计算框架；第 2 章以知识图谱为例介绍大数据智能的知识库；第 3 章介绍大数据的计算处理系统。技术部分有 6 章，分别介绍主题模型、机器翻译、情感分析与意见挖掘、智能问答与对话系统、个性化推荐系统、机器写作。应用部分有 5 章，分别介绍社交商业数据挖掘、智慧医疗、智慧司法、智慧金融、计算社会学。本书后记部分为读者追踪大数据智能的最新学术资料提供了建议。

本书适合作为高等院校计算机相关专业研究生的学习参考资料，也适合计算机技术爱好者，特别是希望对大数据技术有所了解，想要将大数据技术应用于本职工作的所有读者阅读。

图书在版编目（CIP）数据

大数据智能：数据驱动的自然语言处理技术 / 刘知远等编著. —北京：电子工业出版社，2020.1
（大数据丛书）

ISBN 978-7-121-37538-5

Ⅰ. ①大… Ⅱ. ①刘… Ⅲ. ①数据处理②人工智能③自然语言处理 Ⅳ. ①TP274②TP18③TP391

中国版本图书馆 CIP 数据核字（2019）第 214390 号

责任编辑：郑柳洁　　特约编辑：顾慧芳
印　　刷：北京捷迅佳彩印刷有限公司
装　　订：北京捷迅佳彩印刷有限公司
出版发行：电子工业出版社
　　　　　北京市海淀区万寿路 173 信箱　　邮编 100036
开　　本：720×1000　1/16　印张：23　字数：441.6 千字
版　　次：2020 年 1 月第 1 版
印　　次：2025 年 1 月第 7 次印刷
定　　价：89.00 元

凡所购买电子工业出版社图书有缺损问题，请向购买书店调换。若书店售缺，请与本社发行部联系，联系及邮购电话：(010) 88254888，88258888。

质量投诉请发邮件至 zlts@phei.com.cn，盗版侵权举报请发邮件至 dbqq@phei.com.cn。

本书咨询联系方式：010-51260888-819，faq@phei.com.cn。

本书编委会

张开旭 ｜ 腾讯

刘知远 ｜ 清华大学

韩文弢 ｜ 清华大学

赵　鑫 ｜ 中国人民大学

苏劲松 ｜ 厦门大学

崔安颀 ｜ 薄言RSVP.ai

张永锋 ｜ 罗格斯大学

严　睿 ｜ 北京大学

汤步洲 ｜ 哈尔滨工业大学（深圳）

涂存超 ｜ 幂律智能

丁　效 ｜ 哈尔滨工业大学

前言

大数据时代与人工智能

在进入 21 世纪前，很多人预测 21 世纪将会是怎样的世纪。有人说 21 世纪将是生命科学的时代，也有人说 21 世纪将是知识经济的时代，不一而足。随着互联网的高速发展，大量的事实强有力地告诉我们，21 世纪必将是大数据的时代，是智能信息处理的黄金时代。

美国奥巴马政府于 2012 年发布大数据研发倡议以来，关于大数据的研究与思考在全球蔚然成风，已经有很多专著面世，既有侧重趋势分析的，如舍恩伯格和库克耶的《大数据时代》（盛杨燕和周涛教授译）、涂子沛的《大数据》和《数据之巅》，也有偏重技术讲解的，如莱斯科夫等人的《大数据》（王斌教授译）、张俊林的《大数据日知录》、杨巨龙的《大数据技术全解》，等等。相信随着大数据革命的不断深入推进，会有更多的专著出版。

前人已对大数据的内涵进行过很多探讨与总结，其中比较著名的是所谓的"3V"定义：大容量（volume）、高速度（velocity）和多形态（variety）。3V 的概念于 2001 年由麦塔集团（Meta Group）分析师道格·莱尼（Doug Laney）提出，后来被高德纳咨询公司（Gartner Group）正式用来描述大数据。此外，还有很多研究者提出更多的"V"来描述大数据，如真实性（veracity），等等。既然有如此众多的"珠玉"在前，我们推出本书，当然希望讲一点不同的东西，这点不同的东西就是智能。

人工智能一直是研究者们非常感兴趣的话题，并且由于众多科幻电影和小说作品的影响而广为人知。1946 年，第一台电子计算机问世之后不久，英国数学家艾伦·麦席森·图灵就发表了一篇名为《计算机器与智能》（*Computing Machinery and Intelligence*）的重要论文，探讨了创造具有智能的机器的可能性，并提出了著名的"图灵测试"，即如果一台机器与人类进行对话，能够不被分辨出其机器的身份，就可以认为这台机器具有了智能。自 1956 年在美国达特茅斯举行的研讨会上正式提出"人工智能"的研究提案以来，人们开始了长达半个多世纪的曲折探索。

且不去纠结"什么是智能"这样哲学层面的命题［有兴趣的读者可以参阅罗素和诺维格的《人工智能——一种现代方法》（*Artificial Intelligence: A Modern Approach*），以及杰夫·霍金斯的《智能时代》（*On Intelligence*）］，我们先来谈谈人工智能与大数据的关系。要回答这个问题，我们先来看一个人是如何获得智能的。一个呱呱坠地、只会哭泣的婴儿，长成思维健全的成人，至少要经历十几年与周围世界交互和学习的过程。从降临到这个世界的那一刻起，婴儿无时无刻不在通过眼睛、耳朵、鼻子、皮肤接收着这个世界的数据信息：图像、声音、味道、触感，等等。你有没有发现，这些数据无论从规模、速度还是形态来看，无疑是典型的大数据。可以说，人类习得语言、思维等智能的过程，就是利用大数据学习的过程。智能不是无源之水，它并不是凭空从人脑中生长出来的。同样，人工智能希望让机器拥有智能，也需要以大数据作为学习的素材。可以说，大数据将是实现人工智能的重要支撑，而人工智能是大数据研究的重要目标之一。

但是，在人工智能研究早期，人们并不是这样认为的。早在 1957 年，由于人工智能系统在简单实例上的优越性能，研究者们曾信心满怀地认为，计算机将在 10 年内成为国际象棋冠军，而通过简单的句法规则变换和单词替换就可以实现机器翻译。事实证明：人们远远低估了人类智能的复杂性。即使在国际象棋这样规则和目标极为简单清晰的任务上，直到 40 年后的 1997 年，由 IBM 推出的深蓝超级计算机才宣告打败人类世界顶级国际象棋大师卡斯帕罗夫。而在机器翻译这样更加复杂的任务上（人们甚至在优质翻译的标准上都无法达成共识，更无法清晰地告诉机器），计算机至今还无法与人类翻译的水平相提并论。当时的问题在于，人们低估了智能的深度和复杂度。智能是分不同层次的。对于简单的智能任务（如对有限句式的翻译等），我们简单制定几条规则就能完成。但是对于语言理解、逻辑推理等高级智能，简单方法就显得力不从心。

生物界中，从简单的单细胞生物进化到人类的过程，也是智能不断进化的过程。最简单的单细胞生物草履虫，虽然没有神经系统，却已经能够根据外界信号和刺激进行反应，实现趋利避害——我们可以将其视作最简单的智能。而俄国高级神经活动生理学奠基人伊万·彼得罗维奇·巴甫洛夫的关于狗的条件反射实验，则向我们证明了相对更高级的智能水平：能根据铃声推断食物即将出现，也就是可以根据两种外界信号（铃声与食物）的关联关系实现简单的因果推理。人类智能则是智能的最高级形式，拥有语言理解、逻辑推理与想象等独特的能力。我们可以发现，低级智能只需小规模的简单数据或规则的支持，而高级智能则需要大规模的复杂数据的支持。

同样重要的，高级智能还需要独特计算架构的支持。很显然，人脑结构就与狗等动物有着本质的不同，因此，即使将一只狗像婴儿一样抚育，也不能指望它能完全学会和理解人类的语言，并像人一样思维。受到生物智能的启发，我们可以总结出如下图所示的基本结论：不同规模数据的处理，需要不同的计算框架，产生不同级别的智能。

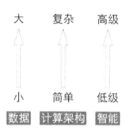

图　不同规模数据的处理，需要不同的计算架构，产生不同级别的智能

关于人工智能是否要完全照搬人类智能的工作原理，目前仍然争论不休。有人举例：虽然人们受到飞鸟的启发发明了飞机，但其飞行原理（空气动力学）与飞鸟有本质不同；同样，生物界都在用双脚或四腿行走、奔跑，人们却发明了轮子和汽车实现快速移动。然而不可否认，大自然无疑是我们最好的老师。人工智能固然不必完全复制人类智能，但是知己知彼，方能百战不殆。生物智能带来的启示已经在信息处理技术发展中得到了印证。谷歌研究员、美国工程院院士 Jeff Dean 曾对大数据做出过类似结论："对处理数据规模 X 的合理设计可能在 $10X$ 或 $100X$ 规模下就会变得不合理。（Right design at X may be very wrong at 10X or 100X.）"也就是说，大数据处理也需要专门设计新颖的计算架构。而与人工智能密切相关的机器学习、自然语言处理、图像处理、语音处理等领域，近年来都在大规模数据的支持下取得了惊人的进展。我们可以确信，大数据是人工智能发展的必由之路。

大数据智能如何成真

虽然大数据是实现人工智能的重要支持，但如何实现大数据智能，却并非显而易见。近年来，计算机硬件、大数据处理技术和深度学习等领域取得了突破性进展，涌现出了一批在技术上和商业上影响巨大的智能应用，让人工智能发展道路日益清晰。触手可及的人类社会大数据、高性能的计算能力，以及合理的智能计算框架，为大数据智能的实现提供了有力的支持。

人类社会大数据触手可及。如前所述，这是大数据的时代，互联网的兴起、手机等便携设备的普及，让人类社会的行为数据越来越多地汇聚到网上。这让机器从这些大数据中自动学习成为可能。但是，大数据（如大气数据、地震数据等）并非现在才出现，只是在过去，我们限于计算能力和计算框架，难以从中萃取精华。因此，大数据智能的实现还依赖以下两个方面的发展。

一方面，计算能力突飞猛进。受到摩尔定律的支配，近半个世纪以来，计算机的计算和存储能力一直在以令人目眩的速度提高。摩尔定律最早由英特尔（Intel）创始人之一戈登·摩尔提出，其基本思想是：保持价格不变的情况下，集成电路上可容纳的元器件的数目大约每隔 18 到 24 个月就会增加一倍，性能也将随之提升一倍。也就是说，每一块钱能买到的计算机性能将每隔 18 到 24 个月提升一倍以上。虽然人们一直担心，随着微处理器器件尺寸逐渐变小，摩尔定律会受量子效应影响而失效，但至少从已有发展历程来看，随着多核、多机并行等框架的提出，计算机已经能够较好地提供大规模数据处理所需的计算能力了。

另一方面，计算框架返璞归真。近年来，深度学习在图像、语音和自然语言处理领域掀起了一场革命，在图像分类、语音识别等重要任务上取得了惊人的性能突破，在国际上催生了苹果 Siri 等语音助手的出现，在国内则涌现了科大讯飞、Face++等高科技公司。然而我们可能很难想象，深度学习的基础——人工神经网络技术，此前曾长期处于无人问津的境地。在深度学习兴起以前，人工神经网络常因存在可解释性差、学习稳定性差、难以找到最优解等问题而被诟病。然而，正是由于大规模数据和高性能计算能力的支持，以人工神经网络为代表的机器学习技术才得以在大数据时代焕发出勃勃生机。

人工智能的下一个里程碑

当下，以深度学习为代表的计算框架在很多具体任务上取得了重大的成果，甚至有媒体和公众已经开始因人工智能取代人类的可能性而恐慌。然而，理性地看，深度学习的处理能力和效率与人类大脑相比仍有巨大差距。因此，大数据智能并非孕育人工智能的终极之道。随着技术的进步和研究的深入，现有解决方案必然触及天花板，进入瓶颈期。

人脑拥有现有计算框架不可比拟的优势。例如，虽然人脑中的信号传输速度要远低于计算机中的信息传递速度，但是人脑在很多智能任务上的处理效率远高于计算机，例如在众多声音中快速识别出叫自己名字的声音，通过线条漫画认出名人，复杂数学问题的推导求解，快速阅读理解一篇文章，等等。可见，在计算速度受限的情况下，人脑一定拥有某种独特的计算框架，才能完成这些令人叹为观止的智能任务。

那么人工智能的下一个里程碑是什么呢？我们猜想，可能是神经科学及其相关学科。一直以来，神经科学都在探索各种观测大脑活动的工具和方法，并做出了大量的实证和建模工作。随着光控基因技术（optogenetics）和药理基因技术（pharmacogenetics）等新技术的发展，人们拥有了在时间和空间上更加精确地监测和控制大脑活动的能力，从而有望彻底发现人脑的神经机制。一旦人脑的神经机制被发现，有理由相信，人们可以迅速通过仿真等方式，在计算机中实现类似甚至更高效的计算框架，从而推动实现人工智能的最终目标。此外，量子计算、生物计算、新型芯片材料等领域的发展，都为我们展现出无限可能的未来。

当社会大数据、计算能力和计算框架三方面发展到一定阶段，融合产生了大数据智能。相信随着更大规模数据、更强计算能力和更合理计算框架的推出，人工智能也会不断向前发展。然而，正如前几年社会各界对物联网、云计算的追捧，最近社会上对大数据和人工智能概念的炒作愈演愈烈，产生了很多不切实际的幻想和泡沫。对于这个领域重新得到青睐，我们当然感到欣慰，但是，也不妨多一些谨慎和冷静。鉴古知今，回顾人工智能的曲折发展史（《人工智能——一种现代方法》一书中有详细介绍），我们看到，在过度的期望破灭之后，随之而来的就是严冬。在大数据智能万众瞩目的今天，我们不妨心中常存对于凛冬将至的警惕。

事物总是在不断自我否定中螺旋式前进的，人工智能的探求之路也是如此。我们相信大数据是获得智能的必由之路，但现在的做法不见得就一定正确。多年之后，我们也许会用截然不同的办法处理大数据。然而这些都不重要，重要的是一颗执着的心和坚持不懈的信念。就像深度学习领域的巨人 Geoffrey Hinton、Yann LeCun 等，曾坐了十几年的冷板凳，研究成果屡屡被拒，到了 2019 年才荣膺计算机领域最高奖"图灵奖"。对真正的学者而言，研究领域是冷门还是热门也许不重要，反而会成为对从业者的试金石——只有在寒冬中坚持下来的种子，才能等到春天绽放。

关于本书

本书前身《大数据智能——互联网时代的机器学习和自然语言处理技术》出版于 2016 年，作为一本技术科普书，在社会上得到了一些正面的反响。于是，我们邀请更多作者加入，在原有的 8 章内容基础上新增了 6 章内容。此外，对原有章节内容进行了适当更新，使内容更加全面。

本书并不想在已经熊熊燃烧的大数据火堆上再添一把柴。本书希望从人工智能这个新的角度，总结大数据智能取得的成果、局限性及未来可能的发展前景。本书共分 14 章，从大数据智能基础、技术和应用三个方面展开介绍。

本书基础部分有 3 章。第 1 章以深度学习为例介绍大数据智能的计算框架；第 2 章以知识图谱为例介绍大数据智能的知识库；第 3 章介绍大数据的计算处理系统。在大数据智能的技术和应用部分，我们选择文本大数据作为主要场景进行介绍，主要原因在于，语言是人类智能的集中体现，语言理解也是人工智能的终极目标，图灵测试的设置是以语言作为媒介的。技术部分有 6 章，分别介绍主题模型、机器翻译、情感分析与意见挖掘、智能问答与对话系统、个性化推荐系统、机器写作等数据智能关键技术。应用部分有 5 章，分别介绍社交商业数据挖掘、智慧医疗、智慧司法、智能金融、计算社会学等典型应用场景。

大数据智能仍然是一个高速发展的领域。为了让读者能够了解这个领域的前沿进展，本书专门设置后记，为初学者追踪大数据智能的最新学术资料提供了建议。

大数据智能方向众多，每位学者术业有专攻，很难独力完成所有章节内容。因此，我们邀请了多位作者撰写他们所擅长方向的章节。他们都在相关领域开展了多年研究工作，发表过高水平的论文。

致谢

本书能够出版，无疑得到了很多人的支持和帮助。首先，感谢本书的几位合作者：丁效、韩文弢、苏劲松、汤步洲、涂存超、严睿、张开旭、张永锋、赵鑫。他们的热情、无私与认真，让我们相信本书能够真的为读者提供及时、有用的知识。还要感谢各位同事、同学和好友，在本书撰写过程中提供了很多最新研究资料和热情的帮助。

我们特别感谢电子工业出版社副总编辑兼博文视点公司总经理郭立老师的热情邀请和大力支持，以及本书策划兼特约编辑、清华大学计算机系 1964 届学长顾慧芳老师的不断激励和鼎力相助，让我们鼓起勇气接下这个选题，也能在我们拖延症反复发作时耐心地等待。在书稿的准备过程中，特别感谢本书责任编辑郑柳洁老师对书稿的悉心修改，对封面设计和每章内容都提供了大量中肯的建议，让本书焕然一新。

欢迎交流

当今世界，大数据智能是一个涉及面非常广泛、发展非常迅猛的领域，而且这个领域的研究成果将加速人类认识世界、探索宇宙，也将极大地影响人们日常生活的方方面面。因此，笔者想在从事学习和自然语言处理等基础技术和最新进展研究工作的同时撰写一本介绍这一领域的科普书籍，抛砖引玉，旨在为需要了解与学习大数据智能技术的朋友提供帮助，使更多有志之士加入大数据智能分析这一充满惊奇和魅力的领域中。

笔者尽量以开放的态度梳理每个方向的相关成果和进展，然而大数据智能日新月异，而我们所知有限，难免有挂一漏万之憾。如有重要进展或成果没有涉及，绝非作者故意为之，敬请大家批评指正。我们欢迎读者对本书做出任何反馈，无论是指出错误还是改进建议，请直接发邮件至 liuzy@tsinghua.edu.cn。我们会在书中改正所有发现的错误。

刘知远　崔安颀

2019 年 11 月于北京

目录

1 深度计算——机器大脑的结构 1

1.1 惊人的深度学习 1

    1.1.1 可以做酸奶的面包机：通用机器的概念 2

    1.1.2 连接主义 4

    1.1.3 用机器设计机器 5

    1.1.4 深度网络 6

    1.1.5 深度学习的用武之地 6

1.2 从人脑神经元到人工神经元 8

    1.2.1 生物神经元中的计算灵感 8

    1.2.2 激活函数 9

1.3 参数学习 10

    1.3.1 模型的评价 11

    1.3.2 有监督学习 11

    1.3.3 梯度下降法 12

1.4 多层前馈网络 14

    1.4.1 多层前馈网络 14

    1.4.2 后向传播算法计算梯度 16

1.5 逐层预训练 17

1.6 深度学习是终极神器吗 20
    1.6.1 深度学习带来了什么 20
    1.6.2 深度学习尚未做到什么 21
1.7 内容回顾与推荐阅读 22
1.8 参考文献 23

2 知识图谱——机器大脑中的知识库   25

2.1 什么是知识图谱 25
2.2 知识图谱的构建 28
    2.2.1 大规模知识库 28
    2.2.2 互联网链接数据 29
    2.2.3 互联网网页文本数据 30
    2.2.4 多数据源的知识融合 31
2.3 知识图谱的典型应用 32
    2.3.1 查询理解 32
    2.3.2 自动问答 34
    2.3.3 文档表示 35
2.4 知识图谱的主要技术 36
    2.4.1 实体链指 36
    2.4.2 关系抽取 37
    2.4.3 知识推理 39
    2.4.4 知识表示 40
2.5 前景与挑战 42
2.6 内容回顾与推荐阅读 45
2.7 参考文献 45

3 大数据系统——大数据背后的支撑技术   47

3.1 大数据有多大 47
3.2 高性能计算技术 49
    3.2.1 超级计算机的组成 49
    3.2.2 并行计算的系统支持 51

3.3　虚拟化和云计算技术 55
　　3.3.1　虚拟化技术 56
　　3.3.2　云计算服务 58
3.4　基于分布式计算的大数据系统 59
　　3.4.1　Hadoop 生态系统 60
　　3.4.2　Spark 67
　　3.4.3　典型的大数据基础架构 68
3.5　大规模图计算 69
　　3.5.1　分布式图计算框架 70
　　3.5.2　高效的单机图计算框架 71
3.6　NoSQL 72
　　3.6.1　NoSQL 数据库的类别 72
　　3.6.2　MongoDB 简介 74
3.7　内容回顾与推荐阅读 76
3.8　参考文献 77

4　主题模型——机器的智能摘要利器　　　　78

4.1　由文档到主题 78
4.2　主题模型出现的背景 80
4.3　第一个主题模型：潜在语义分析 81
4.4　第一个正式的概率主题模型 84
4.5　第一个正式的贝叶斯主题模型 85
4.6　LDA 的概要介绍 86
　　4.6.1　LDA 的延伸理解：主题模型广义理解 90
　　4.6.2　模型求解 92
　　4.6.3　模型评估 93
　　4.6.4　模型选择：主题数目的确定 94
4.7　主题模型的变形与应用 95
　　4.7.1　基于 LDA 的变种模型 95
　　4.7.2　基于 LDA 的典型应用 97
　　4.7.3　基于主题模型的新浪名人话题排行榜应用 100
4.8　内容回顾与推荐阅读 104

4.9　参考文献 105

5　机器翻译——机器如何跨越语言障碍　110

5.1　机器翻译的意义 110
5.2　机器翻译的发展历史 111
　　5.2.1　基于规则的机器翻译 112
　　5.2.2　基于语料库的机器翻译 112
　　5.2.3　基于神经网络的机器翻译 114
5.3　经典的神经网络机器翻译模型 114
　　5.3.1　基于循环神经网络的神经网络机器翻译 114
　　5.3.2　从卷积序列到序列模型 117
　　5.3.3　基于自注意力机制的 Transformer 模型 118
5.4　机器翻译译文质量评价 120
5.5　机器翻译面临的挑战 121
5.6　参考文献 123

6　情感分析与意见挖掘——机器如何了解人类情感　125

6.1　情感可以计算吗 125
6.2　哪里需要文本情感分析 126
　　6.2.1　情感分析的宏观反映 127
　　6.2.2　情感分析的微观特征 128
6.3　情感分析的主要研究问题 129
6.4　情感分析的主要方法 132
　　6.4.1　构成情感和观点的基本元素 132
　　6.4.2　情感极性与情感词典 134
　　6.4.3　属性—观点对 141
　　6.4.4　情感极性分析 143
6.5　主要的情感分析资源 148
6.6　前景与挑战 149
6.7　内容回顾与推荐阅读 150
6.8　参考文献 151

7 智能问答与对话系统——智能助手是如何炼成的 154

7.1 问答：图灵测试的基本形式 154

7.2 从问答到对话 155

    7.2.1 对话系统的基本过程 156

    7.2.2 文本对话系统的常见场景 157

7.3 问答系统的主要组成 159

7.4 文本问答系统 161

    7.4.1 问题理解 161

    7.4.2 知识检索 165

    7.4.3 答案生成 169

7.5 端到端的阅读理解问答技术 169

    7.5.1 什么是阅读理解任务 170

    7.5.2 阅读理解任务的模型 172

    7.5.3 阅读理解任务的其他工程技巧 173

7.6 社区问答系统 174

    7.6.1 社区问答系统的结构 174

    7.6.2 相似问题检索 175

    7.6.3 答案过滤 177

    7.6.4 社区问答的应用 177

7.7 多媒体问答系统 179

7.8 大型问答系统案例：IBM 沃森问答系统 181

    7.8.1 沃森的总体结构 182

    7.8.2 问题解析 182

    7.8.3 知识储备 183

    7.8.4 检索和候选答案生成 184

    7.8.5 可信答案确定 184

7.9 前景与挑战 186

7.10 内容回顾与推荐阅读 186

7.11 参考文献 187

8 个性化推荐系统——如何了解计算机背后的他   190

8.1 什么是推荐系统 190
8.2 推荐系统的发展历史 191
8.2.1 推荐无处不在 192
8.2.2 从千人一面到千人千面 193
8.3 个性化推荐的基本问题 194
8.3.1 推荐系统的输入 194
8.3.2 推荐系统的输出 196
8.3.3 个性化推荐的基本形式 197
8.3.4 推荐系统的三大核心问题 198
8.4 典型推荐算法浅析 199
8.4.1 推荐算法的分类 199
8.4.2 典型推荐算法介绍 200
8.4.3 基于矩阵分解的打分预测 207
8.4.4 基于神经网络的推荐算法 213
8.5 推荐的可解释性 214
8.6 推荐算法的评价 217
8.6.1 评分预测的评价 218
8.6.2 推荐列表的评价 219
8.6.3 推荐理由的评价 220
8.7 前景与挑战：我们走了多远 221
8.7.1 推荐系统面临的问题 221
8.7.2 推荐系统的新方向 223
8.8 内容回顾与推荐阅读 225
8.9 参考文献 226

9 机器写作——从分析到创造   228

9.1 什么是机器写作 228
9.2 艺术写作 229
9.2.1 机器写诗 229
9.2.2 AI 对联 233

9.3 当代写作 236
　　9.3.1 机器写稿 236
　　9.3.2 机器故事生成 239
9.4 内容回顾 241
9.5 参考文献 242

10 社交商业数据挖掘——从用户数据挖掘到商业智能应用　243

10.1 社交媒体平台中的数据宝藏 243
10.2 打通网络社区的束缚：用户网络社区身份的链指与融合 245
10.3 揭开社交用户的面纱：用户画像的构建 247
　　10.3.1 基于显式社交属性的构建方法 247
　　10.3.2 基于网络表示学习的构建方法 249
　　10.3.3 产品受众画像的构建 250
10.4 了解用户的需求：用户消费意图的识别 254
　　10.4.1 个体消费意图识别 254
　　10.4.2 群体消费意图识别 256
10.5 精准的供需匹配：面向社交平台的产品推荐算法 258
　　10.5.1 候选产品列表生成 258
　　10.5.2 基于学习排序算法的推荐框架 259
　　10.5.3 基于用户属性的排序特征构建 260
　　10.5.4 推荐系统的整体设计概览 261
10.6 前景与挑战 262
10.7 内容回顾与推荐阅读 263
10.8 参考文献 264

11 智慧医疗——信息技术在医疗领域应用的结晶　265

11.1 智慧医疗的起源 265
11.2 智慧医疗的庐山真面目 267
11.3 智慧医疗中的人工智能应用 268
　　11.3.1 医疗过程中的人工智能应用 268
　　11.3.2 医疗研究中的人工智能应用 272

11.4　前景与挑战 273

11.5　内容回顾与推荐阅读 275

11.6　参考文献 275

12　智慧司法——智能技术促进司法公正　276

12.1　智能技术与法律的碰撞 276

12.2　智慧司法相关研究 277

12.2.1　法律智能的早期研究 278

12.2.2　判决预测：虚拟法官的诞生与未来 279

12.2.3　文书生成：司法过程简化 283

12.2.4　要素提取：司法结构化 285

12.2.5　类案匹配：解决一案多判 289

12.2.6　司法问答：让机器理解法律 292

12.3　智慧司法的期望偏差与应用挑战 293

12.3.1　智慧司法的期望偏差 293

12.3.2　智慧司法的应用挑战 294

12.4　内容回顾与推荐阅读 295

12.5　参考文献 295

13　智能金融——机器金融大脑　298

13.1　智能金融正当其时 298

13.1.1　什么是智能金融 298

13.1.2　智能金融与金融科技、互联网金融的异同 298

13.1.3　智能金融适时而生 299

13.2　智能金融技术 301

13.2.1　大数据的机遇与挑战 301

13.2.2　智能金融中的自然语言处理 303

13.2.3　金融事理图谱 307

13.2.4　智能金融中的深度学习 310

13.3　智能金融应用 314

13.3.1　智能投顾 314

13.3.2　智能研报 315

13.3.3　智能客服 316

13.4　前景与挑战 317

13.5　内容回顾与推荐阅读 319

13.6　参考文献 319

14　计算社会学——透过大数据了解人类社会　320

14.1　透过数据了解人类社会 320

14.2　面向社会媒体的自然语言使用分析 321

14.2.1　词汇的时空传播与演化 322

14.2.2　语言使用与个体差异 325

14.2.3　语言使用与社会地位 326

14.2.4　语言使用与群体分析 328

14.3　面向社会媒体的自然语言分析应用 330

14.3.1　社会预测 330

14.3.2　霸凌现象定量分析 331

14.4　未来研究的挑战与展望 332

14.5　参考文献 333

后记　334

深度计算

——机器大脑的结构

张开旭　腾讯

曲径通幽处，禅房花木深。

——常建《题破山寺后禅院》

1.1　惊人的深度学习

深度学习（Deep Learning）是近年来兴起的机器学习范式，谷歌、微软、百度等互联网巨头投入巨资对其进行相关研发，甚至推出了"谷歌大脑"等大型项目计划。深度学习利用多层（深度）神经网络结构，从大数据中学习现实世界中各类事物能直接被用于计算机计算的表示形式（如图像中的事物、音频中的声音等），被认为是智能机器可能的"大脑结构"。

虽然没有像云计算、物联网等概念一样被炒得沸沸扬扬，但深度学习真的火了一把。不论在学术界还是在工业界，深度学习刮起了一阵不小的旋风。在语音识别、图像识别、自然语言处理等研究领域，掀起了一次深度学习的热潮。在某些老问题上，它摧枯拉朽，颠覆了使用多年的方法；在另一些前沿问题中，它完全不同于先前的流行方法，却又实现了惊人的效果提升；更为重要的是，它引起了对主流方法的反思，提供了一个全新的视角，催生出了更多的研究成果。

深度学习的实用性也被工业界发现，它不但能够取代一些传统方法，还使得某些停留在概念阶段的应用更接近实用。本章将与读者一起探讨以下问题：

- 深度学习是什么；
- 它的哪些特点让人眼前一亮；
- 它离"终极神器"还有多远；
- 它给了我们哪些有意义的思考。

本章默认读者拥有最基本的计算机科学知识：微积分、线性代数和概率论知识，但不需要具有人工智能方面的知识。了解深度学习并不需要很有"深度"的知识。简单地说，**深度学习**就是：使用多层神经网络进行机器学习。

为了在一章中将深度学习的基本面貌展现出来，需要先了解**神经网络**，它是一个带参数的函数，通过调整参数，可以拟合不同的函数。而**机器学习**是一种让计算机自动调整函数参数以拟合想要的函数的过程。以上为"Deep Learning"的"Learning"部分。

多个带参数的函数可以进行嵌套，构成一个多层神经网络，能更好地拟合某些实际问题中需要的函数。可惜的是，这个方法提出了几十年，学者们却没有找到在这种情况下有效地自动调整函数参数的算法。直到前些年逐层预训练的方法被提出，才使得这一方法能够达到较好的效果。以上为"Deep Learning"的"Deep"部分。

1.1.1　可以做酸奶的面包机：通用机器的概念

最近家里买了一台面包机，笔者觉得这个小机器非常有意思。在笔者看来，它在形式上非常像一个全自动洗衣机——只需要在开始的时候往一个缸体内加入原材料：面粉、水（脏衣服）及一些辅料如酵母、盐（洗衣液）；然后选择模式，例如普通面包、法式面包等（快洗、洗大件衣服等）；盖上盖子；按"开始"按钮。机器就开始按照编好的程序进行搅拌、加热等操作（洗衣机还有进水、放水等操作）。最后，在提示音之后打开盖子，就得到了我们想要的输出——面包（干净衣服）。当然，还可以根据需要只进行某部分操作，如只进行和面或发酵（只漂洗或甩干）。

更有意思的地方在于，面包机还可以用来做酸奶和醪糟（一种发酵的米酒），这是因为对于制作面包、酸奶和醪糟，加热发酵过程是类似的。也就是说，一个可控温度的容器是一个通用的工具，给它不同的运行参数（时间、温度），它就可以实现不同的功能，如图 1.1 所示。在笔者读大学的时候，也听说生物系的同学用一种叫作"电热恒温培养箱"的实验仪器自制酸奶，用这种机器做的酸奶跟用面包机做的相比，就如同用单反相机拍照与用数码相机拍照的区别。

图 1.1   可以制作面包、酸奶和醪糟的面包机

笔者想通过面包机的例子说明一个工具或者机器的参数，通常包含固定的和可调的两部分。一个通用性强的机器，调整其可调的参数，就可以实现不同的功能。这适用于面包机、洗衣机、电热恒温培养箱、照相机，等等。我们的计算机其实也是一样的，可以将它看作一种参数高度可调的工具。所谓计算机的参数，就是某个程序的代码，运行不同的代码可以实现不同的功能。

本章要介绍的深度学习所基于的人工神经网络[①]（在之后若不加说明，神经网络均指人工神经网络）也是一种参数高度可调的通用工具。它的本质是一个由一系列向量、矩阵运算构成的函数，函数的输入和输出就是这个工具的输入和输出，函数表达式中某些矩阵和向量的取值，就构成了这个工具可调的参数，而函数表达式本身是不可调的。

例如，函数 $y = f(x; a, b) = ax + b$ 就可以看作一个人工神经网络。其输入为 x，

---

① 人工神经网络是 20 世纪 80 年代以来人工智能领域兴起的一个研究热点。它从信息处理的角度对人脑神经元网络进行抽象，建立某种简单模型。

输出为 y，可调整的参数为 a 和 b。不同的参数，可以构成不同的函数以实现不同的功能。

1.1.2 连接主义

我们接着讨论神经网络这种通用机器的特点。

神经网络的理念是，给出一种通用的函数形式，它的计算步骤、方式均是固定的，其功能只由其中的参数取值决定。也就是说，其参数是一些实数向量和矩阵。所有参数构成的参数空间是一个无约束的高维欧氏空间。空间中任意一个点就是一组具体的参数取值，也就对应于一种实现具体功能的工具。

说得形而上学一些，这是一种叫作连接主义的理念。可以与我们的人脑类比，连接主义认为人脑就是一种这样的通用机器，构成人脑的脑细胞所实现的功能很固定、很简单，人之所以拥有智能，是因为数量庞大的简单单元以某种非常特殊的方式互相连接着。在之后的小节中我们会看到，人工神经网络可以看作对人脑某种程度的模拟，人工神经网络中的函数相当于定义了某种特殊的脑细胞的连接方式，而函数中可调的参数则定义了在这种连接方式下这些连接的强度。

我们还能举出一些与连接主义不同的理念。

例如，笔者的中学化学老师一直挂在嘴边的一句话就是"结构决定功能"。化合物的功能，是由其结构决定的。当我们写出 H_2O 时，它的化学性质已经确定了，至于氧原子和氢原子的连接强度这样的信息是次要的。这与人工神经网络中连接权重决定功能不一样。

在人工智能领域，与连接主义对立的有"符号主义"。后者并不是将人的智能解释为脑细胞的某种连接方式，而是将其解释为人类与其他动物相比非常强的符号处理能力。例如人类的语言，就可以看作一个符号系统。符号系统的特点是，其对象是离散的，例如细致分析每个人发"machine"的声音可能千差万别，但只要能够与其他单词区别，我们就把它当作同一个符号，而这个符号又对应着某种意义，比如"machine"的意义就是"能完成某种功能的工具或装置"。更为复杂的，对符号的处理还包括对符号串的处理及对符号逻辑的处理。在我们已知的生物中，只有人类掌握如此强的符号处理能力。

那么，处理符号的函数与定义人工神经网络的函数的区别就很明显了。用来处理符号的函数的输入应该是符号性的，即离散的变量及其组合，不同的符号和它们的组合都有其背后对应的意义，而人工神经网络的输入通常是实数构成的向量或矩阵，每个分量不需要有抽象的意义。处理符号的函数会用到很多逻辑运算，而人工神经网络一般使用代数运算。处理符号的函数中可调整的参数会比较抽象，参数空间由符号的组合来表示（类似于我们中学学的排列组合），而人工神经网络中可调的参数也是一些实数构成的向量和矩阵，参数空间是欧氏空间。

1.1.3　用机器设计机器

我们现在使用的所有计算机都等价于图灵机［谷歌（Google）为纪念图灵推出的"图灵机"Doodle，如图 1.2 所示）］，程序员设计出程序（机器的参数）并运行机器，计算机就可以完成不同的任务。而人工神经网络的野心并不是提出另一个计算框架，让人手工地在这个框架下调整神经网络的参数，然后构造不同功能的机器。它是想给出一种通用的算法，能够自动地找到一组参数的取值，让神经网络能够很好地完成给定的任务。

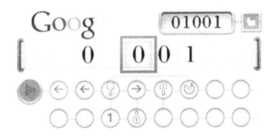

图 1.2　谷歌为纪念图灵推出的"图灵机"Doodle

一言以蔽之，人工神经网络的目标是用机器设计机器。

这可是个能够让人心跳加速的口号。人类的祖先花了成百上千万年的时间进化，学会了制造和使用工具，进入了石器时代。又花了几百万年的时间，学会了用机器制造机器，进入工业时代。下一个里程碑就应该是用机器设计机器，进入智能时代。注意，这里不是指用机器辅助人类设计机器，如现在已经有的计算机辅助设计（Computer Aided Design，CAD），而是指机器根据人的需求自己设计机器。

在人工神经网络中，机器设计机器就是机器自动调整参数。更具体地说，就是在一个高维欧氏参数空间中找到一点，对应于一种机器，完成某种指定的任务。

在后面的章节中会介绍在人工神经网络中，通过怎样的方式及算法能使一个神经网络可以根据不同的问题自动地调整参数。

1.1.4　深度网络

到目前为止，我们只介绍了一般的人工神经网络模型，而深度学习使用的人工神经网络是一种多层前馈神经网络。用数学的语言描述，即神经网络所对应的函数是一个由多个函数嵌套而成的函数。例如：

$$f(x) = g_3(g_2(g_1(x;w_1);w_2);w_3)$$

函数 $f(x)$ 由三个函数嵌套而成。三个函数各有自己的参数。

以上所描述的仍是一个比大多数读者都要年长的模型。为何在近年它才再次火起来呢？虽然该模型被提出很久，但是学者们一直无法找到很好的方法用以调整各个层次函数中的参数。也就是说，只解决了一个纯技术性的问题，使得这个老模型再次成为人们关注的焦点。

一个由嵌套函数构成的函数是非常复杂的，参数空间非常大且复杂，很容易只能找到局部最优解，而这样的解往往并不太好，从而使得这种模型的效果不如其他简单模型。近年，学者终于找到了第一种能够有效训练参数的方法，即逐层预训练并最后进行微调。所谓逐层预训练，就是用一种方法逐个训练。例如，式 $f(x) = g_3(g_2(g_1(x;w_1);w_2);w_3)$ 代表的神经网络，就是用不同的方法逐个地确定参数 w_1、w_2、w_3 的值，再合在一起进行微调。而如何逐个学习各层的参数，其中的妙处将在后面的章节介绍。

1.1.5　深度学习的用武之地

以上讨论了何谓机器学习，以及神经网络这种特殊的实现机器学习目标的框架，而深度学习就是指一类特殊的神经网络。

深度学习作为一种机器学习模型，在很多应用场合都取得了很好的成绩。以下按机器学习任务的应用类别分别介绍。

1. 分类

分类任务的输出为一个离散的量。例如在垃圾邮件自动过滤中，输入一封邮件，输出是或不是垃圾邮件。图像识别是一种具体的分类任务，其输入是一幅图片，输出为图片中物体的名称（一般是在有限的物体名称集合中找出最准确的那个）。Andrew Ng（吴恩达）教授是这方面的专家。他与谷歌团队使用 1000 台机器、16000 个 CPU 组成集群，构成了一个神经网络，对 20000 种物体的图片（ImageNet[①]）进行识别学习。在"看"过超过一千万张真实图片后，机器就可以理解每种物体的概念，例如能区分猫脸与人脸之间的差别。要知道纯靠随机猜测，猜对的可能性只有万分之一。采用传统非深度学习的方法，准确率不足十分之一。采用吴教授和谷歌团队提出的方法，准确率在 2009 年即接近 16%。之后，他们又尝试用 GPU 取代 CPU 进行计算，使得可以用少得多的机器完成相同的任务（Raina, et al., 2009）。在现实中，如果物体种类比较有限，则深度学习算法已经可以达到比较实用的水平。例如，在 ImageNet 大规模视觉识别挑战赛中，识别区分 1000 种物品的准确率已经超过 70%；我们常用的人脸识别技术，准确率已超过 99%，这才使得"刷脸"成为可能。

2. 结构分类

结构分类是一类特殊的分类问题，其输出不是一个简单的离散的量，而是由多个离散的量构成的结构。例如，我们文字交流中使用的句子，就是由离散的量（汉字或单词）线性连接构成的。语音识别就是一个非常有用的结构分类问题，其输入是一段语言的录音，输出是语音对应的句子。曾任微软人工智能首席科学家的邓力博士使用深度学习在语音识别方面取得了很大的进步。在一个大会上，微软曾演示了一个可以进行实时翻译的系统，演讲者用英文演讲，其语言被实时识别为英文文本，再被翻译为汉语，最后合成相应的汉语语音播放出来，技惊四座。句法分析（Socher, et al., 2013）、情感分析（Socher, et al., 2012）、机器翻译（Devlin, et al., 2014）都是深度学习在结构分类中应用的典型场景。

---

① ImageNet 数据库最早于 2009 年由美国普林斯顿大学的研究人员提出。之后，包括斯坦福大学李飞飞教授在内的众多科学家对其补充完善，并创办了 ImageNet 大规模视觉识别挑战赛（ILSVRC），推动了学术界和工业界对视觉识别技术的研发。

3. 回归

回归是不同于分类的另一大类问题。它的输出不是离散的量，而是连续的实数。语言模型就是一个特殊的回归任务，对于一个句子，它给出这个句子产生的概率。常用句子的概率高于不常用的句子，正确句子的概率高于错误的（例如不合语法的）句子。深度学习的鼻祖之一 Geoffery Hinton 教授就曾用深度网络构造高质量的语言模型（Mnih&Hinton, 2009）。语言模型在语音识别、机器翻译、中文输入法、机器写作等应用中都起到很大的作用。

1.2 从人脑神经元到人工神经元

本节将介绍学者们是如何从人脑神经元中得到灵感，并设计出一种与人脑神经元类似但又有简洁数学表示的计算单元——人工神经元的。

1.2.1 生物神经元中的计算灵感

早在 1771 年，意大利的路易吉·伽伐尼就发现，用电火花刺激死青蛙的肌肉能使其颤动（可怜的青蛙！不知道我们中学做的，往被切除大脑的青蛙身上涂硫酸的实验是否也与这位科学家有关）。1848 年，德国人 Emil du Bois-Reymond 发现了神经元受到激发而产生的动作电位。1906 年，意大利的卡米洛·高尔基和西班牙的圣地亚哥·拉蒙·卡哈尔由于发现神经系统而共同获得了诺贝尔奖。

我们可以简单地描述一个生物神经元[①]的工作机制：一个神经元就是一个可以接收、发射脉冲信号的细胞。在细胞的核心之外有树突与轴突，树突接收其他神经元的脉冲信号，而轴突将神经元的输出脉冲传递给其他神经元，一个神经元传递给不同神经元的输出是相同的。一个神经元的状态有两种——激活和非激活。非激活的神经元不输出脉冲，激活的神经元会输出脉冲。神经元激活与否由其接收的脉冲决定。

模拟人脑神经元的历史几乎跟现代计算机的历史一样久远。1943 年，生理学家

[①] 人的大脑大约由 140 亿个神经元组成，神经元连接成神经网络。神经元是大脑处理信息的基本单元，它是以细胞体为主体，由许多向周围延伸的不规则树枝状纤维构成的神经细胞。

McCulloch 和数学家 Pitts 提出了第一个神经网络的数学模型，其中神经元的模型，仍然适用于近几年开始流行的深度学习。冯·诺依曼在 1955—1956 年写过一个演讲稿，后来被商务印书馆以《计算机与人脑》为题出版，编入汉译世界学术名著丛书，与《理想国》《新工具》等书并列。在那个数字计算机和模拟计算机并存的年代，作者在诸多方面对计算机和人脑进行了比较。

根据 McCulloch 和 Pitts 的模型，可以将一个神经元看作一个计算单元，对输入进行线性组合，然后通过一个非线性的激活函数作为输出。用 $x_1, x_2, \cdots, x_n$ 表示 n 个输入，用 y 表示输出，用 f 表示非线性的激活函数，b 是一个与输入无关的量，则有

$$y = f(u) = f(x_1 w_1 + \cdots x_n w_n + b)$$

将以上模型表示为图形的结构，如图 1.3 所示。

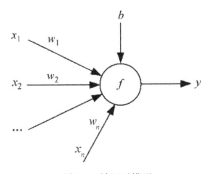

图 1.3　神经元模型

在这里，x 与 y 分别是输入与输出，它们可以是任意的实数。w 和 b 是模型的参数，不同的参数会构成实现不同功能的模型。

事实上，在真正的人脑神经元中，输出与输入有着更为复杂的关系。

1.2.2　激活函数

不同的激活函数适合不同的具体问题和神经网络参数学习算法。如果期望得到离散的输出，则可以使用阶跃激活函数：

$$s(u) = \begin{cases} 1 & (u > 0) \\ 0 & (u \leqslant 0) \end{cases}$$

如果期望得到连续的输出，则可以使用一类被称为 sigmoid 的 S 形函数。在应用中使用得比较多的是 Logistic 函数：

$$g(u) = \frac{1}{1 + e^{-u}}$$

注意，如果希望值域是（-1，1）而不是（0，1），则激活函数还可以定义为双曲正切函数，它跟 Logistic 函数非常类似：

$$\tanh(u) = \frac{1 - e^{-2u}}{1 + e^{-2u}} = 2g(u) - 1$$

阶跃函数与 Logistic 函数的对比如图 1.4 所示。激活函数通常都是单调有界的。

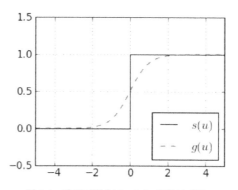

图 1.4　阶跃函数与 Logistic 函数的对比

此外，Logistic 函数处处连续可导，导数均大于 0，这为之后的参数学习提供了方便。

1.3　参数学习

1.2 节介绍了人工神经网络如何脱胎于生物实体，成为一个纯粹的数学模型。本节会看到这个数学模型如何从一个理论模型，变为工程上可实际运用的工具。

本节所考虑的问题是在神经网络结构确定之后，如何确定其中的参数，即 1.2 节中针对单个神经元的 w 及 b。为了描述简洁，本节使用 w 表示所有需要确定的参数。

1.3.1 模型的评价

首先，我们讨论如何评价模型参数的好坏，不然讨论"如何选择好的参数"这个问题就没有意义。本节介绍的是机器学习领域的一般方法。

一个好的神经网络，对于给定的输入，能够得到设计者期望的输出。设输入为 x，输出为 y，我们期望的输出为 y^*，可定义实际输出与期望输出的差别为评价神经网络好坏的指标。例如，可以将两个向量的距离的平方定义为这个差别：

$$d(y^*, y) = \frac{1}{2} |y^* - y|^2$$

只考查单个样本还不够充分，通常需要考查一个样本的集合，例如 $(x_i, y_i^*)|i=1,\cdots,N$，定义损失函数为

$$\text{Loss}(w) = \sum_{i=1}^{N} d(y_i^*, y_i)$$

类似这样的用于评价参数好坏的样本集在机器学习中称为**测试集**。

1.3.2 有监督学习

既然损失函数可以用来评价模型的好坏，那么让损失函数的值最小（min）的那组参数（arg min）就应该是最好的参数：

$$\hat{w} = \arg \min_w \text{Loss}(w)$$

在数学上，这是一个无约束优化问题，即调整一组变量使得某个表达式最小（或最大），而对所调整的变量的取值没有限制。

这里还有个问题，我们是否可以用测试集上的损失函数来调整参数呢？答案是否定的，因为这会产生严重的过拟合，即参数的学习依赖于某个给定的样本及标准输出的集合，所以学习得到的模型很有可能在这一集合上的损失很小，但在之外的集合上的损失偏大。如果用训练所用集合来评价模型，则分数就会偏高。有一个形象的比方是，考试是用来检验学生对知识的掌握程度的，学生需要在考试之外也能运用知识。如果学生在学习时过分针对考试（甚至是知道考试的题目），那么可以想象这种应试的学习并不能保证学生在考试之外能够真正运用知识。

以上讨论的解决方法其实并不复杂，可以使用两个集合，一个是测试集，另一个是训练集，参数的学习只针对训练集，找到使训练集损失尽量小的参数，然后在测试集上测试该组参数面对训练集之外的样本的表现。

1.3.3 梯度下降法

解决以上无约束优化问题就成了纯粹的应用数学问题。梯度下降法是解决这类问题的基本方法，也被普遍用于神经网络参数的优化。

梯度下降（Gradient Descent）法是一种迭代的方法。首先任意选取一组参数，然后一次次地对这组参数进行微小的调整，不断使新的参数的损失函数更小。

这个方法可以形象地理解，假设需要优化的参数只有两个，则参数空间就是一个二维的平面。任意一组参数对应于一个损失函数值，就构成了第三维。这个三维的空间形成一个曲面，如同高低不平的地形图，经纬度表示参数，高度表示损失函数的值。那么，优化问题就是找到高度最低的经纬度。**梯度下降法**的思路是，先任意选择一个地点，然后在当前点找到坡度最陡的方向（例如，如果一个坡面南低北高，则南北方向坡度大，东西方向坡度小），沿着该方向向下坡方向迈出一小步，作为新的地点进行下次迭代。这样不断地迈步，就可以走到一个海拔较低的地方。

所谓的坡度在数学上就是微积分中的梯度，梯度下降算法的形式化描述如下：

梯度下降算法

1. 初始化参数 W_0、$t=0$
2. 步数　$t \leftarrow t+1$
3. 计算梯度
4. 更新参数
5. 如果收敛，结束并输出 W_t，否则转到步骤 2

梯度下降算法的主要计算工作在第 3 步：计算梯度。这要求损失函数对于参数可导。

梯度下降法是一个可以用来处理任何非约束优化问题的方法，但它却不能彻底解决该问题。它最大的不足是无法保证最终得到全局最优的结果，即最终结果通常并不能保证使损失函数最小，而只能保证在最终结果附近，没有更好的结果。梯度下降算法在更新参数的过程中，只利用了参数附近的梯度，没有考虑整个参数空间的趋势。

此外，如果真正尝试在计算机上实现梯度下降算法，则会发现这个有理论缺陷的算法在实际使用时，有更多的问题限制了它的效果。例如，步长 η 的确定问题。如果步长设置得太小，算法需要很长时间才能收敛结束；如果步长设置得太大，则无法保证找到参数空间中的较优解。不同的设计会影响算法速度及最终结果。到目前为止，理论上并没有好的解决办法，因此步长的确定就从一个科学问题变成了工程问题。一种解决办法是让步长随着时间 t 的推移而变小，即在初期大步走，到后期小步挪。

下面这个例子展示了梯度下降算法（如图 1.5 所示）可能犯的错误。

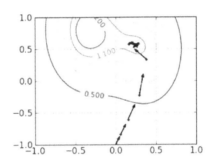

图 1.5　梯度下降算法可能犯的错误

优化的目标函数是 $1.2e^{-(x-0.8)^2-(y-0.5)^2} + e^{-(x+0.8)^2-(y-0.8)^2}$，步长是 1.2。迭代从点（0，−1）开始，箭头指示的是梯度下降的方向。可以观察到以下情况：

（1）由于步长在开始时过小，图中开始时移动比较慢。

（2）更新比较盲目。由于没有全局信息的支持，下降方向往往迂回曲折，无法直奔最优点。

（3）后期步长过大，移动过快，在局部最优点周围振荡。

（4）最终不能收敛到全局最优点。

1.4 多层前馈网络

前面已经介绍了人脑的神经细胞，以及由此抽象出来的人工神经网络模型，并且介绍了自动训练模型参数（即根据具体问题确定神经网络中边的权重）的方法。人工神经元相互连接可以构成很多不同拓扑结构的神经网络。本节将介绍一种使用较为普遍的多层前馈网络，这也是深度学习中普遍使用的网络结构。

1.4.1 多层前馈网络

人工神经网络可以用图表示，神经元是图的节点，神经元之间的联系是图中的有向边。不同的神经元连接方式会形成不同拓扑结构的神经网络。目前，神经网络的自动学习几乎只局限于神经网络边连接的权重，不会自动学习网络拓扑结构。而不同拓扑结构的网络适用于不同类型的问题，设计神经网络结构这部分工作还需要设计者的参与。

如同从人脑神经细胞工作原理中得来灵感设计人工神经元，在设计人工神经元连接方式时，也应参考人脑中神经细胞的连接方式。我们知道负责高层信息处理的脑细胞集中在大脑皮层。人脑大量的沟回增大皮层表面积，使得人脑有更强的信息处理能力。如果细看皮层，则可以发现其中的神经细胞的排列是很有规律的。大脑皮层细胞的示意图如图 1.6 所示。

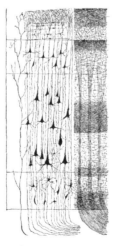

图 1.6 大脑皮层细胞的示意图（左边为细胞染色，右边为纤维构造）

从图中可以看到，皮层中的神经细胞是分层排列的，如同汉堡或三明治。同时，树突和轴突也是有方向的，即电信号都是由内层神经元传向外层神经元的。

与人脑皮层神经细胞连接方式类似的人工神经网络就是多层前馈网络。它的示意图如图 1.7 所示。

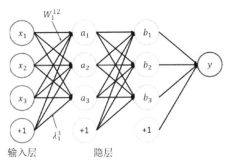

图 1.7　多层前馈网络的示意图

信号由左至右前单向传播，每一列神经元构成一层，因此被称为**多层前馈网络**。网络相邻两层的任意神经元之间都有连接，没有层间连接或者跨越多层的连接。网络的输入/输出数目和形式根据具体问题指定，网络层数和每层神经元的个数也是需要人为指定的。

一个多层前馈网络将单个的、功能有限的人工神经元组织成了一个整体的计算单元，类似于计算机中的一个函数或一段程序。但它与我们熟悉的计算机程序又有所不同。它的计算没有迭代，并且是并行的。这与人脑进行视觉信息处理的情况很类似。人脑的视觉皮层（visual cortex）负责处理视觉信息，视网膜得到一个影像后，大脑并不会一个"像素"一个"像素"地进行扫描并处理，然后分辨看到的到底是什么，而是通过一组神经细胞，同时对传回的信号进行并行处理。这也是擅长串行计算的 CPU 不适合处理视频信息，计算机的图像处理需要长于并行计算的GPU 来完成的原因。有意思的是，这也适用于人工神经网络，使用 GPU 来模拟人工神经网络要比使用CPU 高效得多。

让我们回到图 1.7 所示的多层前馈网络。在数学上，它可以写成嵌套函数。图中有三列箭头分别将前一层的数据变为后一层的数据，对应着三个函数，可用f_1、f_2和f_3表示：

$$a = f_1(x) = s(xW_1 + \lambda_1)$$
$$b = f_2(a) = s(aW_2 + \lambda_2)$$
$$y = f_3(b) = s(bW_3 + \lambda_3)$$

那么整个函数就可以表示为 $y = f_1(f_2(f_3(x)))$

1.4.2 后向传播算法计算梯度

至此，我们已经将多层神经网络的结构介绍清楚了。其参数学习方法可以使用 1.3 节介绍的梯度下降算法，也就是要求这样的偏导数：

$$\left.\frac{\partial \text{Loss}}{\partial w}\right|_w$$

多层前馈网络对应的表达式是一个嵌套函数，由于函数的输入与输出都是向量，想要求出损失函数对其中每个函数参数的导数，一开始并没有有效的方法。最初，学者甚至绕过梯度下降算法，使用其他方法来确定参数。后来，有学者提出一种计算多层神经网络中每个函数参数梯度的高效方法——后向传播（Back Propagation）算法，成为神经网络方法发展中的一项里程碑，沿用至今。本节不对多层前馈神经网络中的每一个计算步骤进行展开，不罗列每一个公式，这些内容读者在任何一本教材甚至许多网络文章中都可以找到（见推荐阅读部分）。本节只介绍后向传播算法使用的数学原理，也就是每本微积分教材中都会提到的计算导数的**链式法则**。

让我们回忆如何计算 $y = (2x + 1)^2$ 的导数。我们学到的方法是先将 $2x + 1$ 看作一个整体 $z = 2x + 1$，然后分别计算 z^2 和 $2x + 1$ 的导数，再相乘，即

$$\frac{\mathrm{d}y}{\mathrm{d}x} = \frac{\mathrm{d}y}{\mathrm{d}z}\frac{\mathrm{d}z}{\mathrm{d}x}$$

上面公式的物理意义就更加明显了。我们想要计算 $\frac{\mathrm{d}y}{\mathrm{d}x}$，即 x 变化一个微小量后，y 的变化有多大。我们知道 x 会影响 z，z 再影响 y。那么，我们可以先计算 x 的变化对 z 的影响有多大，再计算 z 的变化对 y 的影响有多大，两者合起来（相乘）就得到 x 变化一个微小量后，y 的变化有多大。更为直观的解释是直接将上式右边理解为两个分式相乘，消去相同项后就得到左式（如果将公式中的"d"换成"Δ"，就更严谨了）。

回到前述的神经网络中，要计算 $\frac{\partial \text{Loss}}{\partial w_2}$，实际上只需要将其分解为

$$\frac{\partial \text{Loss}}{\partial b} \frac{\partial b}{\partial w_2}$$

第二项比较容易，根据函数 f_2 的表达式就可以求得。而第一项是另一个关于变量 b 梯度的梯度，也可以被分解为

$$\frac{\partial \text{Loss}}{\partial b} = \frac{\partial \text{Loss}}{\partial y} \frac{\partial y}{\partial b}$$

以上第二项同样比较容易计算，根据函数 f_3 就可求得。而第一项可以根据具体的损失函数求得其梯度。

这就是梯度计算的步骤，以图 1.7 为例，需要先计算靠右变量的梯度，才能计算出靠左变量的梯度，例如要先求得 y 的梯度才能求 b 的梯度，最后才能求得 W_2 的梯度。各个变量的值是从左到右计算的，而计算梯度是从右向左计算的，这就是后向传播算法名字的由来。

由此我们看到，计算梯度所使用的后向传播算法，也就是微积分中最普通的链式法则的具体应用。可见数学对于计算机科学是非常重要的。

1.5 逐层预训练

本节之前所介绍的全部技术内容都是深度学习的主要组成部分，也都是在深度学习被提出之前早就有的内容。本节要介绍撑成深度学习这个大胖子的最后一个馒头——深度神经网络的预训练。

本节之前所介绍的深度神经网络，已经可以进行训练、解码等全部操作，并且在多年前，学者和工程师也都会如此使用。但这样训练得到的神经网络模型的效果并不尽如人意。原因在 1.4 节已经涉及，即类似于随机梯度下降算法这样的参数优化算法，只能得到局部最优解。而深度神经网络的参数空间更大，且前几层的参数的梯度会比较小，这都不利于算法收敛到全局较好的解。这直接导致了在同样的任务中使用相似的特征，神经网络的方法不如支持向量机（特别是非线性核函数支持向量机）的效果好。

直到 2006 年，Hinton 教授在美国 *Science* 杂志上发表了一篇与深度神经网络参数预训练有关的文章（Hinton&Salakhutdinov, 2006），深度神经网络的预训练研究才有了些眉目。这种方法可以被称为逐层预训练。

在介绍这种预训练之前，让我们先来了解一种特殊的神经网络——自动编码器（auto-encoder）（Vincent, et al., 2008）。如图 1.8 所示，**自动编码器**是一种只有一层隐层的神经网络，而且训练参数的目标很特殊——让输出尽量等于输入。但这并不是做了一件没有意义的事，当我们训练好整个网络的时候，我们在隐层得到了包含输入样本几乎全部无损信息的另一种表示形式，因为通过隐层到输出层的变换，我们能将其完全还原成输入。输入层到隐层的过程称为**编码过程**，隐层到输出层的过程称为**解码过程**。

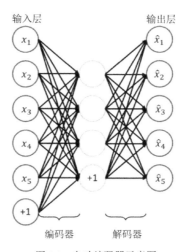

图 1.8　自动编码器示意图

可以想象，如果隐层神经元的个数多于或等于输入层，则只要简单地将输入层复制到隐层，就可以达到恢复输入信号的目的。因此，隐层神经元的个数一般少于输入层，或者在隐层加入额外的限制。

在介绍了自动编码器之后，就可以给出一种使用自动编码器逐层训练的深度神经网络预训练方法。

先构造一个自动编码器神经网络，输入为深度神经网络的输入，隐层神经元个数为深度神经网络第一个隐层神经元个数。如此训练自动编码器后，记录自动编码器输入层到隐层的连接权重，这些权重会作为深度神经网络输入层到第一个隐层权重的初始值。

这样，深度神经网络输入层到隐层的权重可以通过自动编码器得到预训练。此时，构造另一个自动编码器神经网络，其输入层是刚才深度神经网络的第一个隐层（其每个输入信号根据最初输入的样本和刚才预训练的权重计算得到），其隐层对应深度神经网络的第二个隐层。仍然按照刚才的方式训练自动编码器神经网络，让第二个隐层的信号能够尽量还原成第一个隐层的信号。如此训练自动编码器后，记录自动编码器输入层到隐层的权重，作为深度神经网络第一个隐层到第二个隐层的权重。

如此逐层重复上面的步骤，直到所有层之间的权重均被初始化。最后用这些初始化后的权重，按照 1.4 节介绍的方式训练整个深度神经网络，这最后一步称为**微调**（fine tune）。

预训练后得到的神经网络，会明显优于随机给出初始权重训练得到的神经网络。这个现象在其他的研究中也得到了印证。

如果读者熟悉隐马尔可夫模型，就会知道经典的隐马尔可夫模型中的第三个问题就是模型参数的训练问题。使用 EM 迭代的方法，得到的也是一个局部最优解，而且结果严重依赖于初始值。一篇名为 *EM Can Find Pretty Good HMM POS-Taggers（When Given a Good Start）* 的论文（Goldberg, et al., 2008）就指出了这种模型训练初始值设定的重要性。

一个更为著名的模型是统计机器翻译中的 IBM 模型。要用随机的初始值直接训练一个效果好的复杂模型的参数几乎是不可能的。这个 IBM 模型是由一系列由简单到复杂的模型构成的，简单模型均是复杂模型的简化版本，参数也为复杂模型参数的一个子集。当要训练复杂模型时，先训练简单模型，并用简单模型得到的参数作为训练复杂模型时那部分参数的初始值。

2018 年 10 月，谷歌 AI 团队发布了 BERT 模型，这是一个深度的双向 Transformer 神经网络模型，可以在大规模无标注文本数据上进行预训练，学习到更好的文本语义表示。然后，我们只需要在不同自然语言处理应用任务上对该预训练模型进行适当微调，就可以更好地完成这些任务。BERT 模型一经推出，就在多项自然语言处理评测任务上位列榜首，包括通用语言理解、多类别自然语言推理、阅读理解，等等。该算法和模型完全开源，已经成为自然语言处理领域的研究热点。

1.6 深度学习是终极神器吗

本章简单介绍了深度神经网络这一模型，它能完成什么功能，以及参数如何被学习。作为总结，本节试图讨论它跟之前的模型相比，都做到了什么和仍然尚未做到什么。以此回答深度学习在多大深度上实现了"机器设计机器"这一终极目标。

1.6.1 深度学习带来了什么

1. 强调了数据的抽象

我们心目中的智能机器必须具有抽象的能力。这也就是"深"与之前的"浅"的差别。深度学习通过多层的神经网络，将事物的表面特征变为更深的、更抽象的特征。

这与浅层学习的代表——支持向量机——相比，可以算是一个突破。最基本的支持向量机是基于线性可分的。增加一层核函数后，其目的仍然只是使得样本在新空间线性可分。而核函数大多也只是手工设计，不能抽取深层的抽象概念。

2. 强调了特征的自动学习

智能的一个基本特点是自动化。传统的机器学习算法已经让模型的设计更为自动化，通过数据可以自动确定模型的参数，只是模型的特征需要融入设计者的智慧手动设计。而深度学习的思想之一是特征也应该被自动地设计。人的智慧，可以只用来构造自动设计特征的方法。深度学习本身，就是这样一种可以自动设计特征的方法。

深度学习让我们知道了特征自动设计的好处。这扩大了机器学习模型设计的可能性。学者们可以使用深度学习自动设计特征，当然也可以提出其他方法自动设计特征。

还有一点要强调的是，这种特征的设计是不需要人工标注数据的，例如前面介绍的自动编码器和 BERT 算法，只需要输入样本的原始特征，不需要样本在特定任务上的标准输出（例如分类结果）或其他信息。这与半监督学习相仿，能够利用大量的、廉价的数据提高模型的效果。

3. 对连接主义的重视

深度神经网络对数据的抽象表示并不是从数据中提取某种离散的层级或标签等符号信息。在连接主义的观点中，所谓的抽象仍然是神经网络能够处理的实数向量表示，这与大脑的运行机制相契合。

直觉上，这种连接主义表示思想对于处理语音、图像等信号是理所当然的，因为语音、图像信号本身就是振幅、波长等物理量构成的向量或矩阵。

然而，连接主义某种看似激进的表现是，将本来就是符号表示的对象转换成向量形式的"信号"表示，再进行处理。例如我们日常使用的文本，本来是被编码成相互独立的、每个都有各自意义的符号，而深度学习要将这些符号还原为向量再进行处理。实践表明：这种方法也是能够提高效果的，虽然没有在语音、图像上那么明显。

这种看似激进的做法仍然有合理性，因为我们的大脑在理解听到、看到的语言文字的时候，很可能也不是按照符号的方式处理的。

1.6.2　深度学习尚未做到什么

1. 缺少完善的理论

深度神经网络需要人设计的东西仍然很多：层数、每层的神经元个数和每次训练的步长。它们对模型产生的影响，并没有很好的理论基础作为参考。因此以下事情时有发生：

- 你看到很多论文中都讲了设计模型的各种小技巧，模型的小变种，但其中的一部分不能在理论上被很好地解释；
- 你不断地调整需要手工设定的参数，得到了一个很好的模型，但你不能解释为什么。更为诡异的可能是，后来你发现代码中有个 Bug，改正后得到了你真正想要的模型，但这个模型的效果明显不如有 Bug 的模型。

2．缺少更为宏观的框架

深度网络与人脑相比，规模十分有限，最多也只能对应到皮层很小的一个区域，只能完成单一的任务。如何建模人脑更长期的机制（如记忆机制），以及如何使各个深度神经网络相互协同（如注意机制），仍然有待探索。此外，人工智能中的某些重要问题，如常识如何引入，深度神经网络也暂时无法回答。

可见，深度学习在机器学习相关研究的某些方面提出了很有建设性的建议，但它还缺少理论基础，并且那些与人工智能相关的更多、更关键的问题，还不是它能够解决的。

1.7 内容回顾与推荐阅读

本章主要介绍了深度神经网络的基本思想，并以梯度下降法为例介绍参数学习。其他流行的参数学习方法还有随机梯度下降（Stochastic Gradient Descent，SGD）法、拟牛顿法（如 L-BFGS）等。本章主要以多层全连接网络为代表介绍深度学习，除了全连接神经网络，为了提高计算效率，更常见的连接方式是卷积神经网络（Convolutional Neural Network，CNN）；多隐层间的组织形式除了层叠，还有递归神经网络（Recursive Neural Network，RNN）和循环神经网络（Recurrent Neural Network，RNN）。目前，深度学习尚无太严格的理论基础，因此常常能看到一些不能完全说清楚道理，但又十分有用的“奇技淫巧”，例如在神经网络的训练过程中，随机地破坏传播信号（Srivastava, et al., 2014）可以有效提升模型的鲁棒性。深度学习是当前发展十分迅速的方向，经常出现新的解决方案，2018 年年底出现的横扫多项评测的 BERT 模型（Devlin, et al., 2018）就是明证，因此，相关从业者既要了解深度学习的基本知识与原理，又要及时跟踪最新技术动态与变革。

以下列出一些与深度学习和自然语言处理相关的学习资源。

（1）深度学习鼻祖 Geoffrey Hinton 教授的主页，他于 2019 年获得计算机研究最高奖——图灵奖。

（2）斯坦福大学著名课程 Deep Learning for Natural Language Processing，读者可以从斯坦福大学 cs224d 课程首页获取。

（3）Yann LeCun、Yoshua Bengio 和 Geoffrey Hinton 于 2015 年在 *Nature* 上发表的 *Deep Learning* 综述，是快速了解深度学习的权威科普文章。

（4）Ian Goodfellow 和 Yoshua Bengio 于 2016 年出版的 *Deep Learning* 是学习深度学习的权威教科书；复旦大学邱锡鹏教授撰写的《神经网络与深度学习》教材，是学习深度学习的绝佳中文教材，难能可贵的是所有学习材料全部可以在线获取。

（5）Yoav Goldberg 教授于 2017 年出版的 *Neural Network Methods for Natural Language Processing* 一书是学习自然语言处理的深度学习方法的最佳读物。

1.8　参考文献

[1] Bengio, Y., Lamblin, P., Popovici, D., et al. 2007. Greedy layer-wise training of deep networks. NIPS.

[2] Devlin, J., Zbib, R., Huang, Z., et al. 2014. Fast and robust neural network joint models for statistical machine translation. ACL.

[3] Devlin, J., Chang, M. W., Lee, K.,et al. 2018. Bert: Pre-training of deep bidirectional transformers for language understanding. arXiv preprint arXiv:1810.04805.

[4] Goldberg, Y., Adler, M., Elhadad, M. 2008. EM can find pretty good HMM POS-Taggers (When Given a Good Start). ACL.

[5] Hinton, G. E., Salakhutdinov, R. R. 2006. Reducing the dimensionality of data with neural networks. Science.

[6] Mnih, A., Hinton, G. E. 2009. A scalable hierarchical distributed language model. NIPS.

[7] Raina, R., Madhavan, A., Ng, A. Y. 2009. Large-scale deep unsupervised learning using graphics processors. ICML.

[8] Socher, R., Bauer, J., Manning, C. D., et al. 2013. Parsing with compositional vector grammars. ACL.

[9] Socher, R., Huval, B., Manning, C. D., et al. 2012. Semantic compositionality through recursive matrix-vector spaces. EMNLP-CoNLL.

[10] Srivastava, N., Hinton, G., Krizhevsky, A., et al. 2014. Dropout: A simple way to prevent neural networks from overfitting. JMLR.

[11] Vincent, P., Larochelle, H., Bengio, Y., et al. 2008. A. Extracting and composing robust features with denoising autoencoders. ICML.

[12] Zeiler, M. D., Ranzato, M., Monga, R., et al. 2013. On rectified linear units for speech processing. ICASSP.

2

知识图谱

——机器大脑中的知识库

刘知远　清华大学

知识就是力量。

——[英]弗兰西斯·培根

2.1　什么是知识图谱

互联网时代，搜索引擎是人们在线获取信息和知识的重要工具。当用户输入一个查询词，搜索引擎会返回它认为与这个关键词最相关的网页。从诞生之日起，搜索引擎就是这样的模式。

直到 2012 年 5 月，搜索引擎巨头——谷歌在它的搜索页面中首次引入了"知识图谱"的概念：用户除了得到搜索网页链接，还将看到与查询词有关的更加智能化的答案。如图 2.1 所示，当用户输入"Marie Curie"（玛丽·居里）这个查询词时，谷歌会在页面右侧提供居里夫人的详细信息，如个人简介、出生地点、生卒年月等，甚至包括一些与居里夫人有关的历史人物，例如爱因斯坦、皮埃尔·居里（居里夫人的丈夫）等。

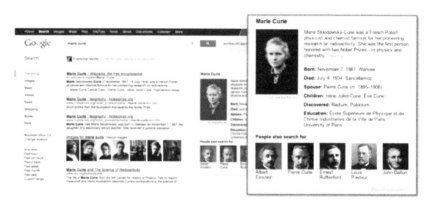

图 2.1　谷歌搜索引擎的知识图谱

从杂乱的网页到结构化的实体知识，搜索引擎利用知识图谱为用户提供更具条理的信息，甚至顺着知识图谱可以探索更深入、广泛和完整的知识体系，让用户发现他们意想不到的知识。谷歌高级副总裁艾米特·辛格博士一语道破知识图谱的重要意义："构成这个世界的是实体，而非字符串（things, not strings）"。

谷歌知识图谱一出激起千层浪，美国的微软必应，中国的百度、搜狗等搜索引擎公司在短短的一年内纷纷宣布了各自的"知识图谱"产品，如百度"知心"、搜狗"知立方"等。为什么这些搜索引擎巨头纷纷跟进知识图谱，在这上面一掷千金，甚至把它视为搜索引擎的未来呢？这就需要从传统搜索引擎的原理讲起。以百度为例，在过去，当我们想知道"泰山"的相关信息时，我们会在百度上搜索"泰山"，它会尝试将这个字符串与百度抓取的大规模网页做比对，根据网页与这个查询词的相关程度，以及网页本身的重要性，对网页进行排序，作为搜索结果返回用户。而用户所需的与"泰山"相关的信息，就还要自己动手，访问这些网页来找了。

当然，与搜索引擎出现之前相比，随着网络信息的爆炸式增长，搜索引擎由于大大缩小了用户查找信息的范围，日益成为人们遨游信息海洋的不可或缺的工具。但是，传统搜索引擎的工作方式表明，它只是机械地比对查询词和网页之间的匹配关系，并没有真正理解用户要查询的到底是什么，远远不够"聪明"，经常被用户嫌弃。

而知识图谱会将"泰山"理解为一个"实体"（entity），也就是一个现实世界中的事物。这样，搜索引擎会在页面中搜索结果的右侧显示它的基本资料，例如地理位置、海拔高度、别名，以及百科链接等。此外，还会告诉你一些相关的"实体"，如嵩山、华山、衡山和恒山等其他三山五岳。当然，用户输入的查询词并不见得只对应一个实体，例如当在谷歌中查询"apple"（苹果）时，谷歌不止展示 IT 巨头"Apple-Corporation"（苹果公司）的相关信息，还会在其下方列出另外一种实体"apple-plant"（苹果-植物）的信息。

很明显，以谷歌为代表的搜索引擎公司希望利用知识图谱为查询词赋予丰富的语义信息，建立与现实世界实体的关系，从而帮助用户更快地找到所需的信息。谷歌知识图谱不仅从 Freebase 和维基百科等知识库中获取专业信息，还通过分析大规模网页内容抽取知识。建立之初，谷歌知识图谱就已包含 5.7 亿个实体和 180 亿个事实。2016 年，谷歌知识图谱已包含 700 亿个事实。此后，谷歌虽然没有继续公布新的数据，但相信谷歌知识图谱的规模仍在迅速增长。

谷歌知识图谱正在不断融入其各大产品中服务广大用户。例如，谷歌在 Google Play Store 的 Google Play Movies&TV 应用中添加新的功能，当用户使用安卓系统观看视频时，暂停播放，视频旁边就会自动弹出该屏幕上人物或者配乐的信息，如图 2.2 所示。这些信息就来自谷歌知识图谱。谷歌会圈出播放器窗口所有人物的脸部，用户可以点击每一个人物的脸查看相关信息。此前，Google Books 应用了此功能。

图 2.2　谷歌利用知识图谱标识视频中的人物或配乐信息

2.2 知识图谱的构建

知识图谱是由谷歌推出的产品名称，寓意与脸书（Facebook）提出的社交图谱（Social Graph）异曲同工。由于其表意形象，现在知识图谱已经被用来泛指各种大规模知识库了。

我们应当如何构建知识图谱呢？我们先了解一下，知识图谱的数据来源都有哪些。知识图谱的最重要的数据来源之一是以维基百科、百度百科为代表的大规模知识库，在这些由网民协同编辑构建的知识库中，包含了大量结构化的知识，可以高效地转化到知识图谱中。此外，互联网的海量网页中也蕴藏了海量知识，虽然相对知识库而言，这些知识更显杂乱，但通过自动化技术，也可以将其抽取出来构建知识图谱。接下来，我们分别详细介绍这些知识图谱的数据来源。

2.2.1 大规模知识库

大规模知识库以词条作为基本组织单位，每个词条对应现实世界的某个概念，由世界各地的编辑者义务协同编纂内容。随着互联网的普及和 Web 2.0 理念深入人心，这类协同构建的知识库，无论是数量、质量还是更新速度，在一定程度上都已超越传统的由专家编辑的百科全书，成为人们获取知识的主要来源之一。目前，维基百科已经收录了超过 2200 万条，仅英文版就收录了超过 400 万条，远超英文百科全书中最权威的大英百科全书的 50 万条，是全球浏览人数排名第 6 的网站。值得一提的是，2012 年大英百科全书宣布停止印刷版发行，全面转向电子化。这也从一个侧面说明了在线大规模知识库的影响力。人们在知识库中贡献了大量结构化的知识。图 2.3 所示为维基百科中关于"清华大学"的词条内容。可以看到，在右侧有一个列表，标注了与清华大学有关的各类重要信息，如校训、创建时间、校庆日、学校类型、校长，等等。在维基百科中，这个列表被称为信息框（infobox），是由编辑者共同编辑而成的。信息框中的结构化信息是知识图谱的直接数据来源。

清华大学 [编辑]

维基百科，自由的百科全书

　🔗 本文介绍的是位于北京市的清华大学。

清华大学（英语：Tsinghua University，缩写作 THU），简称**清华**，旧称**清华学堂**、**清华学校**、**国立清华大学**，是一所位于中华人民共和国北京市海淀区清华园的公立大学。始建于1911年，因北京西北郊清华园而得名[19]。初为清政府利用美国退还的部分庚子赔款所建留美预备学校"游美学务处"和附设"肄业馆"，于1925年始设大学部[20]。抗日战争爆发后，清华与北大、南开南迁长沙，组建国立长沙临时大学。1938年再迁昆明，易名国立西南联合大学。1946年迁回清华园复校，拥有文、法、理、工、农等5个学院。1949年中华人民共和国成立后，国立清华大学归属中央人民政府教育部，更名"清华大学"。

1952年，中国高校进行院系调整，清华大学文、法、理、农、航天等院系外迁，吸纳外校工科，转为多科性工业大学，在土木、水利、计算机、核能等领域贡献卓越，被誉为"工程师的摇篮"。1978年后，逐步恢复理科、人文社科、经济管理类学科。1999年，原中央工艺美术学院并入，成立美术学院。2006年，与北京协和医学院合作办学，培养临床医学专业学生。2012年，原中国人民银行研究生部并入，成立五道口金融学院。2013年，黑石集团捐助成立清华大学苏世民书院及奖学金，与著名的牛津大学罗德奖学金及剑桥大学盖兹奖学金在捐助规模及名声上皆相当[21][22]。

截至2017年12月，清华大学拥有美术馆、博物馆、图书馆、20个学院，及近200个科研机构、5家校办产业以及一个科技园区，分别为清华控股及其旗下的紫光集团、同方集团、诚志集团、清华科技园等。学校拥有固定资产超过206亿元人民币，控股资产超过4300亿元人民币[23][24][10]，是985工程、211工程、双一流高等院校[25]。2018年《QS世界大学排名》、《泰晤士高等教育世界大学排名》、《世界大学学术排名》、《USNEWS世界大学排名》均将清华大学排在中国首位[26][27][28][29]。

目录 [隐藏]

1 校名
　1.1 中文校名
　1.2 英文校名
　1.3 校名商标
2 历史
　2.1 清华学堂时期
　2.2 清华学校时期

坐标：🌐 40° 0' 2" N 116° 19' 34" E

清华大学

清华大学校徽

前称	清华学堂、清华学校、国立清华大学
校训	自强不息 厚德载物
创建时间	1911年3月30日（详见#校庆日）
校庆日	🏮 大清宣统三年三月初一 公历4月最后一个星期日
学校类型	中管高校[1] 中央部属高校[2] 研究型大学[3] 综合性大学[4]
捐赠基金	73亿人民币[5]
预算	269.4亿人民币（2018年）
主管官员	陈宝生[6] （中华人民共和国教育部部长）
党委书记	陈旭
校长	邱勇[7]

图 2.3　维基百科中关于"清华大学"的词条内容

除了维基百科等大规模在线百科，各大搜索引擎公司和机构还维护和发布了其他大规模知识库，例如谷歌收购的 Freebase，包含 3900 万个实体和 18 亿条实体关系；DBpedia 是德国莱比锡大学等机构发起的项目，从维基百科中抽取实体关系，包括 1000 万个实体和 14 亿条实体关系；YAGO 则是德国马克斯·普朗克研究所发起的项目，也是从维基百科和 WordNet 等知识库中抽取实体，共包含 1000 万个实体和 1.2 亿条实体关系。此外，在众多专门领域还有领域专家整理的领域知识库。

2.2.2　互联网链接数据

国际万维网组织 W3C 在 2007 年发起了开放互联数据项目（Linked Open Data，LOD），其发布的数据集示意图如图 2.4 所示。该项目旨在将由互联文档组成的万维网（Web of documents）扩展成由互联数据组成的知识空间（Web of data）。LOD 以资源描述框架（Resource Description Framework，RDF）的形式在 Web 上发布各种开放数据集，RDF 是一种描述结构化知识的框架，它将实体间的关系表示为(实体 1，关系,实体 2)的三元组。LOD 还允许在不同来源的数据项之间设置 RDF 链接，实现语义 Web 知识库。世界各机构基于 LOD 标准发布了数千个数据集，包含数千亿RDF 三元组。随着 LOD 项目的推广和发展，互联网会有越来越多的信息以链接数据的形式发布，然而各机构发布的链接数据之间存在严重的异构和冗余等问题，如何实现多数据源的知识融合，是 LOD 项目面临的重要问题。

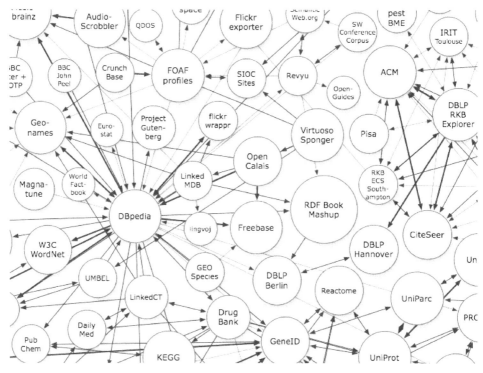

图 2.4　开放互联数据项目发布的数据集示意图

2.2.3　互联网网页文本数据

与整个互联网相比，维基百科等知识库仍只能算沧海一粟。因此，人们还需要从海量互联网网页中直接抽取知识。与上述知识库的构建方式不同，很多研究人员致力于直接从无结构的互联网网页中抽取结构化信息，如华盛顿大学 Oren Etzioni教授主导的"开放信息抽取"（Open Information Extraction，OpenIE）项目，以及卡耐基梅隆大学 Tom Mitchell 教授主导的"永不停止的语言学习"（Never-Ending

Language Learning，NELL）项目。OpenIE 项目所开发的演示系统 TextRunner 已经从 1 亿个网页中抽取出了 5 亿条事实，而 NELL 项目也从 Web 中学习抽取了超过 5000 万条事实样例，如图 2.5 所示。

Recently-Learned Facts twitter				Refresh
Instance	iteration	date learned	confidence	
moisturizing lotion is a personal care product	770	16-sep-2013	92.7	
santa barbara bromeliad salamander is an amphibian	769	13-sep-2013	92.9	
agra is a visualizable scene	771	26-sep-2013	100.0	
long eared flying squirrel is a mammal	766	04-sep-2013	94.0	
samsung 2010 is a product	766	04-sep-2013	95.9	
bras lia is the capital city of the country brazil	771	26-sep-2013	96.9	
saddam hussein is a politician who holds the office of president	769	13-sep-2013	99.6	
paul stanley is a musician who plays the guitar	767	06-sep-2013	93.8	
liz is a person who graduated from the university state university	767	06-sep-2013	96.9	
size is often found in second bedroom	767	06-sep-2013	100.0	

图 2.5　NELL 项目从 Web 中学习抽取事实样例

　　显而易见，与从维基百科中抽取的知识库相比，开放信息抽取从无结构网页中抽取的信息准确率还很低，其主要原因在于网页形式多样，噪声信息较多，信息可信度较低。因此，也有一些研究人员尝试限制抽取的范围，例如只从网页表格等内容中抽取结构信息，并利用互联网的多个来源互相印证，从而大大提高抽取信息的可信度和准确率。当然，这种做法也会大大降低抽取信息的覆盖面。天下没有免费的午餐，在大数据时代，我们需要在规模和质量之间寻找一个最佳的平衡点。

2.2.4　多数据源的知识融合

　　从以上数据来源进行知识图谱构建并非孤立地进行。在商用知识图谱构建过程中，需要实现多数据源的知识融合。以谷歌 2014 年发布的 Knowledge Vault（Dong, et al., 2014）技术为例，其知识图谱的数据来源包括了文本、DOM Trees、HTML 表格、RDF 语义数据等多个来源。多来源数据的融合，能够更有效地判定抽取知识的可信性。

　　知识融合主要包括实体融合、关系融合和实例融合三类。对于实体，例如人名、地名、机构名往往有多个名称。例如，"中国移动通信集团公司"有"中国移动""中移动""移动通信"等名称。我们需要将这些不同名称规约到实体下。与此对应的，同一个名字在不同语境下可能会对应不同实体，这是典型的一词多义问题，例如"苹果"有时是指一种水果，有时则指的是一家著名 IT 公司。在这样复杂的多对多对应关系中，如何实现实体融合是非常复杂而重要的课题。如前面开放信息抽取所述，同一种关系可能会有不同的命名，这种现象在不同数据源中抽取出的关系中尤其显著。与实体融合类似，关系融合对于知识融合至关重要。在实现了实体和关系融合之后，我们就可以实现三元组实例的融合。不同数据源会抽取出相同的三元组，并给出不同的评分。根据这些评分，以及不同数据源的可信度，我们就可以实现三元组实例的融合与抽取。

知识融合既有重要的研究挑战，又需要丰富的工程经验。知识融合是实现大规模知识图谱的必由之路。知识融合的好坏，往往决定了知识图谱项目的成功与否，值得任何有志于大规模知识图谱构建与应用的人士高度重视。

2.3 知识图谱的典型应用

知识图谱将搜索引擎从字符串匹配推进到实体层面，可以极大地改进搜索效率和效果，为下一代搜索引擎的形态提供了巨大的想象空间。知识图谱的应用前景远不止于此，它已经被广泛应用于以下任务中。

2.3.1 查询理解

谷歌等搜索引擎巨头之所以致力于构建大规模知识图谱，其主要目标之一就是能够更好地理解用户输入的查询词，即查询理解（Query Understanding）。用户查询词是典型的短文本（short text），一个查询词往往仅由几个关键词构成。传统的关键词匹配技术没有理解查询词背后的语义信息，查询效果可能会很差。

例如，对于查询词"李白 生日"，如果仅用关键词匹配的方式，则搜索引擎只会机械地返回所有含有"李白"等关键词的网页。利用知识图谱识别查询词中的实体及其属性，搜索引擎将能够更好地理解用户的搜索意图。现在，我们到谷歌中查询"李白 生日"，会发现谷歌利用知识图谱在页面右侧呈现李白的相关介绍信息。同时，谷歌不仅会像传统搜索引擎那样返回匹配的网页，更会直接在页面最顶端返回李白的出生日期"19 May 701 AD"，如图 2.6 所示。

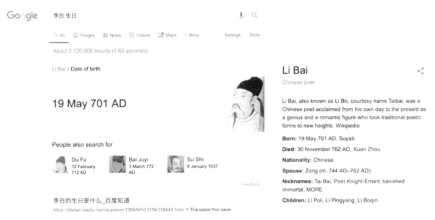

图 2.6　谷歌搜索引擎对"李白 生日"的查询结果

主流商用搜索引擎基本都支持这种直接返回查询结果而非网页的功能，这背后都离不开大规模知识图谱的支持。以百度为例，图 2.7 所示为百度搜索引擎对"珠穆朗玛峰高度"的查询结果，百度直接告诉用户珠穆朗玛峰的高度是 8844.43 米。

图 2.7　百度搜索引擎对"珠穆朗玛峰高度"的查询结果

基于知识图谱，搜索引擎还能获得简单的推理能力。例如，图 2.8 所示为百度搜索引擎对"梁启超的儿子的妻子"的查询结果，百度能够利用知识图谱知道梁启超的儿子是梁思成，梁思成的妻子是林徽因等人。

图 2.8　百度搜索引擎对"梁启超的儿子的妻子"的查询结果

采用知识图谱理解查询意图，不仅可以返回更符合用户需求的查询结果，还能更好地匹配商业广告信息，提高广告点击率，增加搜索引擎收益。因此，知识图谱对搜索引擎公司而言，是一举多得的重要资源和技术。

2.3.2　自动问答

人们一直在探索比关键词查询更高效的互联网搜索方式。很多学者预测，下一代搜索引擎将能够直接回答人们提出的问题，这种形式被称为自动问答（Question-Answering）。例如，著名计算机学者、美国华盛顿大学计算机科学与工程系教授、图灵中心主任 Oren Etzioni 于 2011 年在 *Nature* 杂志上发表文章《搜索需要一场变革》（*Search Needs a Shake-Up*）。该文指出，一个可以理解用户问题，从网络信息中抽取事实，并最终选出一个合适答案的搜索引擎，才能将我们带到信息获取的制高点。如上节所述，目前搜索引擎已经支持对很多查询直接返回精确答案而非海量网页。

关于自动问答，本书将由专门的章节介绍。这里，我们需要着重指出的是，知识图谱的重要应用之一就是作为自动问答的知识库。在搜狗推出中文知识图谱服务"知立方"的时候，曾经以回答"梁启超的儿子的妻子是谁？"这种近似脑筋急转弯似的问题作为案例，展示其知识图谱的强大推理能力（搜狗知立方服务的实例如图2.9 所示）。虽然大部分用户不会这样拐弯抹角地提问，但人们会经常寻找诸如"刘德华的妻子是谁？""侏罗纪公园的主演是谁？""姚明的身高？""北京有几个区？"等问题的答案。而这些问题都需要利用知识图谱中实体的复杂关系推理得到。无论是理解用户查询意图，还是探索新的搜索形式，都毫无例外地需要进行语义理解和知识推理，而这都需要大规模、结构化的知识图谱的有力支持，因此知识图谱已成为各大互联网公司的必争之地。

图 2.9　搜狗"知立方"服务的实例

值得一提的是，微软联合创始人 Paul Allen 于 2014 年投资创建了艾伦人工智能研究院（Allen Institute for Artificial Intelligence），Oren Etzioni 教授担任该研究院的执行主任，致力于建立具有学习、推理和阅读能力的智能系统。近年来，陆续推出了旨在回答科学问题的问答项目 Aristo、旨在探索常识知识的 AI 项目 Mosaic 等，延续了 Oren Etzioni 教授于 2011 年在 *Nature* 发表文章的学术观点。由此可见，自动问答对人工智能和知识图谱有重要价值。

2.3.3　文档表示

经典的文档表示（Document Representation）方案是空间向量模型（Vector Space Model），该模型将文档表示为词汇的向量，而且采用了词袋（Bag-of-Words，BOW）假设，不考虑文档中词汇的顺序信息。这种文档表示方案与上述基于关键词匹配的搜索方案相匹配，由于其表示简单，效率较高，是目前主流搜索引擎所采用的技术。文档表示是自然语言处理很多任务的基础，如文档分类、文档摘要、关键词抽取，等等。

经典的文档表示方案已经在实际应用中暴露出很多固有的严重缺陷，例如无法考虑词汇之间的复杂语义关系，无法处理对短文本（如查询词）的稀疏问题。人们一直在尝试解决这些问题，而知识图谱的出现和发展，为文档表示带来新的希望，那就是基于知识的文档表示方案。一篇文章不再只是由一组代表词汇的字符串来表示，而是由文章中的实体及其复杂语义关系来表示（Schuhmacher, et al., 2014）。该文档表示方案实现了对文档的深度语义表示，为文档深度理解打下基础。一种最简单的基于知识图谱的文档表示方案，可以将文档表示为知识图谱的一个子图（sub-graph），即用该文档中出现或涉及的实体及其关系所构成的图表示该文档。这种知识图谱的子图比词汇向量拥有更丰富的表示空间，也为文档分类、文档摘要和关键词抽取等应用提供了更丰富的可供计算和比较的信息。

知识图谱为计算机智能信息处理提供了巨大的知识储备和支持，使现在的技术从基于字符串匹配的层次提升至知识理解层次。以上介绍的几个应用只能窥豹一斑。知识图谱的构建与应用是一个庞大的系统工程，其所蕴藏的潜力和可能的应用，将伴随着相关技术的日渐成熟而不断涌现。

2.4 知识图谱的主要技术

大规模知识图谱的构建与应用需要多种智能信息处理技术的支持，以下简单介绍其中若干主要技术。

2.4.1 实体链指

互联网网页，如新闻、博客等内容里涉及大量实体。大部分网页本身并没有关于这些实体的相关说明和背景介绍。为了帮助人们更好地了解网页内容，很多网站或作者会把网页中出现的实体链接到相应的知识库词条上，为读者提供更详尽的背景材料。这种做法实际上是将互联网网页与实体建立了链接关系，因此被称为实体链指（Entity Linking）。

手工建立实体链指关系非常费力，因此如何让计算机自动实现实体链指，成为知识图谱得到大规模应用的重要技术前提。例如，谷歌等在搜索引擎结果页面呈现知识图谱时，需要该技术自动识别用户输入查询词中的实体并链接到知识图谱的相应节点上。

实体链指的主要任务有两个，实体识别（Entity Recognition）与实体消歧（Entity Disambiguation），都是自然语言处理领域的经典问题。

实体识别旨在从文本中发现命名实体，最典型的包括人名、地名、机构名三类实体。近年来，人们开始尝试识别更丰富的实体类型，如电影名、产品名，等等。此外，知识图谱不仅涉及实体，还有大量概念（concept），因此也有研究人员提出对这些概念进行识别。

不同环境下的同一个实体名称可能会对应不同实体，例如"苹果"可能指某种水果，某个著名 IT 公司，也可能是一部电影。这种一词多义或者歧义问题普遍存在于自然语言中。将文档中出现的名字链接到特定实体上，就是一个消歧的过程。消歧的基本思想是充分利用名字出现的上下文，分析不同实体可能出现在该处的概率。例如某个文档如果出现了 iPhone，那么"苹果"就有更高的概率指向知识图谱中的叫"苹果"的 IT 公司。

2.4.2 关系抽取

构建知识图谱的重要来源之一是从互联网网页文本中抽取实体关系。关系抽取（Relation Extraction）是一种典型的信息抽取任务。

典型的开放信息抽取方法采用自举（bootstrapping）的思想，按照"模板生成 ⇒ 实例抽取"的流程不断地迭代直至收敛。例如，最初可以通过"X 是 Y 的首都"模板抽取出(中国,首都,北京)、(美国,首都,华盛顿)等三元组实例；然后根据这些三元组中的实体对"中国−北京"和"美国−华盛顿"可以发现更多的匹配模板，如"Y 的首都是 X""X 是 Y 的政治中心"，等等；进而用新发现的模板抽取更多新的三元组实例，通过反复迭代不断抽取新的实例与模板。这种方法直观有效，但也面临很多挑战性问题，如在扩展过程中很容易引入噪声实例与模板，出现语义漂移现象，降低抽取准确率。研究人员针对这一问题提出了很多解决方案：提出同时扩展多个互斥类别的知识，例如同时扩展人物、地点和机构，要求一个实体只能属于一个类别；也有研究提出引入负实例来限制语义漂移。

我们还可以通过识别表达语义关系的短语来抽取实体间关系。例如，我们通过句法分析，可以从文本中发现"华为"与"深圳"的如下关系：(华为,总部位于,深圳)、(华为,总部设置于,深圳)、(华为,将其总部建于,深圳)。通过这种方法抽取出的实体间关系非常丰富而自由，一般是一个以动词为核心的短语。该方法的优点是，无须预先人工定义关系的种类。这种自由度带来的代价是，关系语义没有归一化，同一种关系可能会有多种不同的表示。例如，上述发现的"总部位于""总部设置于""将其总部建于"三个关系实际上是同一种关系。如何对这些自动发现的关系进行聚类归约是一个挑战性问题。

我们还可以将所有关系看作分类标签，把关系抽取转换为对实体对的关系分类问题。这种关系抽取方案的主要挑战在于缺乏标注语料。2009 年，斯坦福大学的研究人员提出远程监督（Distant Supervision）思想，使用知识图谱中已有的三元组实例启发式地标注训练语料。远程监督思想的假设是，每个同时包含两个实体的句子，都表述了这两个实体在知识库中的对应关系。例如，根据知识图谱中的三元组实例(苹果,创始人,乔布斯)和(苹果,CEO,库克)，我们可以将以下四个包含对应实体对的句子分别标注为包含"创始人"和"CEO"关系，如表 2.1 所示。

表 2.1　四个包含对应实体对的句子

样　　例	句　　子	关系/分类标签
苹果-乔布斯	苹果公司的创始人是乔布斯	创始人
苹果-乔布斯	乔布斯创立了苹果公司	创始人
苹果-库克	苹果公司的 CEO 是库克	CEO
苹果-库克	库克现在是苹果公司的 CEO	CEO

我们将知识图谱三元组中每个实体对看作待分类样例，将知识图谱中实体对关系看作分类标签。通过从出现该实体对的所有句子中抽取特征，我们可以利用机器学习分类模型（如最大熵分类器、支持向量机等），构建信息抽取系统。对于任何新的实体对，根据所出现该实体对的句子中抽取的特征，就可以利用该信息抽取系统自动判断其关系。远程监督能够根据知识图谱自动构建大规模标注语料库，因此取得了瞩目的信息抽取效果。

与自举思想面临的挑战类似，远程监督方法会引入大量噪声训练样例，严重损害模型准确率。例如，对于三元组(苹果,创始人,乔布斯)，我们可以从文本中匹配以下四个句子，如表 2.2 所示。

表 2.2　从文本中匹配四个句子

句　　子	关系/分类标签	是否正确
苹果公司的创始人是乔布斯	创始人	正确
乔布斯创立了苹果公司	创始人	正确
乔布斯回到了苹果公司	创始人	错误
乔布斯曾担任苹果的 CEO	创始人	错误

在这四个句子中，前两个句子的确表明苹果与乔布斯之间的创始人关系；后两个句子则并没有表达这样的关系。很明显，远程监督只能机械地匹配出现实体对的句子，因此会大量引入错误训练样例。为了解决这个问题，人们提出了很多去除噪声实例的办法来提升远程监督性能。例如，研究发现，一个正确训练实例往往位于语义一致的区域，也就是其周边的实例应当拥有相同的关系；也有研究提出利用因子图、矩阵分解等方法，建立数据内部的关联关系，有效实现降低噪声的目标。

关系抽取是知识图谱构建的核心技术，它决定了知识图谱中知识的规模和质量。关系抽取是知识图谱研究的热点问题，还有很多挑战性问题需要解决，包括提升从高噪声的互联网数据中抽取关系的鲁棒性，扩大抽取关系的类型与抽取知识的覆盖面，等等。

2.4.3　知识推理

推理能力是人类智能的重要特征，能够从已有知识中发现隐含知识。推理往往需要相关规则的支持，例如从"配偶"＋"男性"推理出"丈夫"，从"妻子的父亲"推理出"岳父"，从出生日期和当前时间推理出年龄，等等。

这些规则可以通过人们手动总结构建，但往往费时费力，人们也很难穷举复杂关系图谱中的所有推理规则。因此，很多人研究如何自动挖掘相关推理规则或模式。目前，主要依赖关系之间的同现情况，利用关联挖掘技术自动发现推理规则。

实体关系之间存在丰富的同现信息。如图 2.11 所示，在康熙、雍正和乾隆三个人物之间，我们有(康熙,父亲,雍正)、(雍正,父亲,乾隆)、(康熙,祖父,乾隆)三个实例。根据大量类似的实体 X、Y、Z 间出现的(X,父亲,Y)、(Y,父亲,Z)及(X,祖父,Z)实例，我们可以统计出"父亲+父亲 ⇒ 祖父"的推理规则。类似地，我们可以根据大量(X,首都,Y)和(X,位于,Y)实例统计出"首都 ⇒ 位于"的推理规则，根据大量(X,首相,英国)和(X,是,英国人)统计出"英国首相 ⇒ 是英国人"的推理规则。

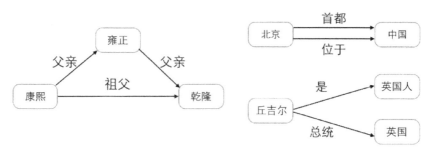

图 2.11　知识推理举例

知识推理（Knowledge Reasoning）可以用于发现实体间新的关系。例如，根据"父亲+父亲 ⇒ 祖父"的推理规则，如果两实体间存在"父亲+父亲"的关系路径，就可以推理它们之间存在"祖父"的关系。利用推理规则实现关系抽取的经典方法是 Path Ranking Algorithm（Lao&Cohen, 2010），该方法将每种不同的关系路径作为一维特征，通过在知识图谱中统计大量的关系路径构建关系分类的特征向量，建立关系分类器进行关系抽取，取得不错的抽取效果，成为近年来关系抽取的代表方法之一。但这种基于关系的同现统计的方法，面临严重的数据稀疏问题。

在知识推理方面还有很多的探索工作，例如采用谓词逻辑（Predicate Logic）等形式化方法和马尔可夫逻辑网络（Markov Logic Network）等建模工具进行知识推理研究。目前来看，这方面研究仍处于百家争鸣阶段，大家在推理表示等诸多方面仍未达成共识，未来路径有待进一步探索。

2.4.4　知识表示

在计算机中如何对知识图谱进行表示与存储，是知识图谱构建与应用的重要课题。

如"知识图谱"字面所表示的含义，人们往往将知识图谱作为复杂网络进行存储，这个网络的每个节点带有实体标签，而每条边带有关系标签。基于这种网络的表示方案，知识图谱的相关应用任务往往需要借助图算法完成。例如，当我们尝试计算两实体之间的语义相关度时，我们可以通过它们在网络中的最短路径长度来衡量，两个实体距离越近，则越相关。而面对"梁启超的儿子的妻子"这样的推理查询问问题时，则可以从"梁启超"节点出发，通过寻找特定的关系路径"梁启超➡儿子➡妻子➡?"，找到答案。

然而，这种基于网络的表示方法面临很多困难。首先，该表示方法面临严重的数据稀疏问题，对于那些对外连接较少的实体，一些图方法可能束手无策或效果不佳。此外，图算法往往计算复杂度较高，无法适应大规模知识图谱的应用需求。

伴随着深度学习和表示学习的革命性发展，研究人员也开始探索面向知识图谱的表示学习方案。其基本思想是，将知识图谱中的实体和关系的语义信息用低维向量表示，这种分布式表示（Distributed Representation）方案能够极大地帮助基于网络的表示方案。其中，最简单有效的模型是 2013 年提出的 TransE（Bordes, et al., 2013）。TransE 基于实体和关系的分布式向量表示，将每个三元组实例 (head,relation,tail)中的关系 relation 看作从实体 head 到实体 tail 的翻译，通过不断地调整 h、r 和 t（head、relation 和 tail 的向量），使$(h + r)$尽可能与 t 相等，即 $h + r = t$。该优化目标如图 2.12 所示。

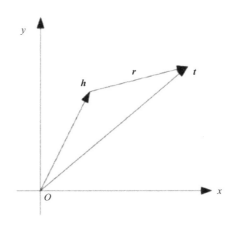

图 2.12 　基于分布式表示的知识表示方案

通过 TransE 等模型学习得到的实体和关系向量，能够在很大程度上缓解基于网络表示方案的稀疏性问题，应用于很多重要任务中。

首先，利用分布式向量，我们可以通过欧氏距离或余弦距离等方式，很容易地计算实体间、关系间的语义相关度。这将极大地改进开放信息抽取中实体融合和关系融合的性能。通过寻找给定实体的相似实体，还可用于查询扩展和查询理解等应用。

其次，知识表示（Knowledge Representation）向量可以用于关系抽取。以 TransE 为例，优化目标是让 $h+r=t$，因此，当给定两个实体 h 和 t 的时候，可以通过寻找与 $t-h$ 最相似的 r 来寻找两实体间的关系。论文（Bordes, et al., 2013）中的实验证明，该方法的抽取性能较高。我们可以发现，该方法仅需要知识图谱作为训练数据，不需要外部的文本数据，因此这又称为知识图谱补全（Knowledge Graph Completion），与复杂网络中的链接预测（Link Prediction）类似，但是要复杂得多，因为在知识图谱中每个节点和连边上都有标签（标记实体名和关系名）。

最后，知识表示向量还可以用于发现关系间的推理规则。例如，对于大量 X、Y、Z 间出现的(X,父亲,Y)(Y,父亲,Z)(X,祖父,Z)实例，我们在 TransE 中会学习 X+父亲=Y，Y+父亲=Z，以及 X+祖父=Z 等目标。根据前两个等式，我们很容易得到 X+父亲+父亲=Z，与第三个公式相比，就能够得到"父亲+父亲 ⇒ 祖父"的推理规则。前面我们介绍过，基于关系的同现统计学习推理规则的思想，存在严重的数据稀疏问题。如果利用关系向量表示提供辅助，则可以显著缓解稀疏问题。

2.5　前景与挑战

如果未来的智能机器拥有一个大脑，知识图谱就是这个大脑中的知识库，对于大数据智能具有重要意义。我们看到，无论是人还是机器，要实现对语言、图像等多模态数据的深度理解，都需要复杂知识的支持。如今，在人工智能时代大行其道的深度学习技术，由于数据驱动的特性，存在可解释性和鲁棒性等局限，亟须大规模知识的支持，以实现有理解能力的人工智能。知识图谱的发展不仅对于真正实现人工智能具有重要的基础意义，还将对自然语言处理、信息检索等更加深度广泛的应用发挥重要作用。

正是由于知识图谱在科学与应用上的双重意义，一方面，国内外各大高校和研究机构均有研究团队开展前沿研究，例如清华大学 2018 年成立人工智能研究院，2019 年年初成立的第一个研究中心，就是知识智能研究中心，李涓子教授担任中心主任。该中心的目标包括研究支持鲁棒可解释人工智能的大规模知识的表示、获取、推理与计算的基础理论和方法；建设包含语言知识、常识知识、世界知识、认知知识的大规模知识图谱及典型行业知识库，建成清华大学知识计算开放平台；举办开放的、国际化的与知识智能相关的学术活动，增进学术交流，普及知识智能技术，促进产学研合作。作为知识图谱前沿研究的缩影，这些目标也是全球知识图谱研究人员的共同愿景。

另一方面，以商业搜索引擎公司为首的互联网巨头已经意识到知识图谱的战略意义，纷纷投入重兵布局知识图谱，并对搜索引擎形态日益产生重要的影响。近年来，大量科技公司和初创团队致力于构建领域知识图谱，助力需要专业知识的智能任务。仅以国内为例，就有面向金融领域的文因互联、香侬科技；面向法律领域的幂律智能、华宇元典；面向医疗领域的平安科技；面向教育领域的科大讯飞、学堂在线，等等。与 20 世纪 80 年代曾经盛极一时的专家系统的境遇不同，今天在云计算、深度学习和自然语言处理等成熟技术的支持下，这些企业和团队有希望通过构建大规模领域知识图谱，有力提升专业人士的工作效率。

然而，我们也强烈地感受到，知识图谱还处于发展初期，大多数商业知识图谱的应用场景非常有限，例如百度、搜狗等公司的知识图谱更多聚焦在娱乐和健康等领域。根据各搜索引擎公司提供的报告，为了保证知识图谱的准确率，仍然需要在知识图谱构建过程中采用较多的人工干预。可以看到，在未来的一段时间内，知识图谱仍将是大数据智能的前沿研究问题，有很多重要的开放性问题亟待学术界和产业界协力解决。我们认为，未来知识图谱研究有以下几个重要挑战。

1. 在知识类型与表示方面

目前知识图谱主要采用(实体 1,关系,实体 2)三元组的形式表示知识，这种方法可以较好地表示很多事实性知识。然而，人类知识类型丰富多样，面对很多复杂知识，三元组就束手无策了。例如，人们的购物记录信息、新闻事件等，包含大量实体及其之间的复杂关系，更不用说人类大量涉及主观感受、主观情感和模糊的知识。有很多学者针对不同场景设计了不同的知识表示方法。知识表示是知识图谱构建与应用的基础，如何合理设计表示方案，更好地涵盖人类不同类型的知识，是知识图谱的重要研究问题。认知领域关于人类知识类型的探索（Tenenbaum, et al.,

2011）也许会对知识表示研究有一定启发作用。

2．在知识获取方面

如何从互联网大数据萃取知识，是构建知识图谱的重要问题。目前研究人员已经提出了各种知识获取方案，并成功抽取出大量有用的知识。但在抽取知识的准确率、覆盖率和效率等方面，仍不尽如人意。在知识图谱构建中，仍然需要投入大量人力进行标注校对，以保证构建知识图谱的准确性。在未来很长一段时期内，知识图谱构建都将需要人机协同完成，知识获取技术发展的意义在于不断地降低这个过程中需要人工标注的数量、难度与成本。因此，知识获取技术发展意义重大。随着知识图谱的不断扩展，知识获取技术面临着很多关键挑战。我们需要考虑如何针对更复杂的知识结构设计高效的获取技术，例如，事件知识往往包含时间、地点、当事人、事件类型等复杂信息，无法再用三元组这种简单的形式描述，如何从互联网中获取这些包含复杂对象的事件知识，就是知识获取面临的重要挑战之一。再如，目前知识获取主要从文本中的单个句子获取实体间的关系，要求两个实体必须同时出现在一句话中；而实际上有大量实体间的关系是体现在一篇文章的不同句子中的，如何对一篇文章的多个句子进行篇章级的理解，从而抽取篇章级的实体关系，也是知识获取面临的挑战之一。总之，知识获取是知识图谱构建的关键技术，亟须充分利用更多海量数据、提出更多学习机制来有效提升知识获取的覆盖度和准确率。

3．在知识融合方面

从不同来源数据中抽取的知识可能存在大量噪声和冗余，或者使用了不同的语言，如何将这些知识有机地融合，建立更大规模的知识图谱，是实现大数据智能的必由之路。

4．在知识应用方面

目前大规模知识图谱的应用场景和方式还比较有限，更多是对已有知识图谱的简单查询和推理。如何有效实现知识图谱的应用，利用知识图谱实现深度知识推理，提高大规模知识图谱计算效率，需要人们不断锐意发掘用户需求，探索更重要的应用场景，提出新的应用算法。已有很多研究通过将结构化知识进行表示学习，引入深度学习框架中，实现对深度学习的知识指导。例如，笔者的研究团队就通过知识表示学习，成功地将知识图谱用于提升文本深度理解，解决实体细粒度分类、文档排序、阅读理解、语言模型预训练等任务的性能和鲁棒性。也有研究人员探索将知识图谱用于情感分析、对话系统、个性化推荐等场景。当然，这些应用还大多处在研究探索阶段，受限于知识图谱的覆盖度等问题，效果尚不尽如人意。未来如何更好地应用知识图谱，既需要大规模知识图谱在覆盖度上的支持，需要丰富的知识图谱技术的积累，又需要对人类需求的敏锐感知，才能找到合适的应用之道。

2.6　内容回顾与推荐阅读

本章系统地介绍了知识图谱的产生背景、数据来源、应用场景和主要技术。通过本章我们得出以下结论。知识图谱是下一代搜索引擎、自动问答等智能应用的基础设施，互联网大数据是知识图谱的重要数据来源，而知识表示是知识图谱构建与应用的基础技术，实体链指、关系抽取和知识推理是知识图谱构建与应用的核心技术。

知识图谱与本体（Ontology）和语义网（Semantic Web）等密切相关，有兴趣的读者可以搜索与之相关的文献阅读。中科院自动化所赵军老师团队于 2018 年出版的教科书《知识图谱》是学习知识图谱相关技术的最佳读物。知识表示是人工智能的重要课题，读者可以通过人工智能专著（Russell&Norvig, 2009）了解其发展历程。

2.7　参考文献

[1] Bordes, A., Usunier, N., Garcia-Duran, A., et al. 2013. Translating embeddings for modeling multi-relational data. NIPS.

[2] Dong, X., Gabrilovich, E., Heitz, G., et al. 2014. Knowledge Vault A web-scale approach to probabilistic knowledge fusion. KDD.

[3] Lao, N., Cohen, W. W. 2010. Relational retrieval using a combination of path-constrained random walks. Machine learning.

[4] Nastase, V., Nakov, P., Seaghdha, D. O., et al. 2013. Semantic relations between

nominals. Synthesis Lectures on Human Language Technologies.

[5] Nickel, M., Murphy, K., Tresp, V., et al. 2015. A review of relational machine learning for knowledge graphs. Proceedings of IEEE.

[6] Russell, S., & Norvig, P. 2009. Artificial Intelligence: a modern approach, 3rd Edition. Pearson Press.

[7] Schuhmacher, M., & Ponzetto, S. P. 2014. Knowledge-based graph document modeling. WSDM.

[8] Tenenbaum, J. B., Kemp, C., Griffiths, T. L., et al. 2011. How to grow a mind: statistics, structure, and abstraction. Science.

3

大数据系统

——大数据背后的支撑技术

韩文弢　清华大学

问渠那得清如许，为有源头活水来。

——朱熹《观书有感》

3.1　大数据有多大

从计算机系统的角度来看，大数据问题指的是那些数据规模大到一定程度，使用传统技术无法或者很难处理的问题。大数据处理的应用和算法，最终都需要在计算机系统的支持下进行存储和计算，数据规模的爆炸性增长给数据处理系统的设计和实现提出了巨大的挑战。本章将向读者介绍大数据系统的典型技术，使读者初步具备针对问题的特点和规模选取合适的大数据系统解决方案的能力。

数据的获取、存储、传输、分析、检索等过程一直是人类生产和生活中无时无刻不在进行的环节。随着科技的进步，尤其是互联网的飞速发展，我们所面临的问题规模不断增长。举例来说，人类的 DNA 有 30 亿左右个碱基对，每个碱基对可以用 2 个二进制位（bit，b）来表示，4 个碱基对就是 1 个字节（byte，B），每个人的基因就有 0.75GB 左右的数据量；哈勃望远镜每天都要向地球传回 10TB 左右的数据；截至 2014 年年底，互联网上公开可见的网页就已经超过 45 亿个，谷歌搜索引擎的索引数据超过 100PB。全世界人均存储容量也遵循类似于集成电路中的摩尔定律规则，自 20 世纪 80 年代以来，几乎每 40 个月就翻一番。2012 年，全世界平均每天产生的数据量约为 2.5EB；预计到 2020 年，全球总数据量将达到 44ZB。这里用的单位词头对照表如表 3.1 所示。

表 3.1　单位词头对照表

词头符号	k	M	G	T	P	E	Z	Y
国际单位制	10^3	10^6	10^9	10^{12}	10^{15}	10^{18}	10^{21}	10^{24}
二进制乘数	2^{10}	2^{20}	2^{30}	2^{40}	2^{50}	2^{60}	2^{70}	2^{80}
数量	千	百万	十亿	万亿	千万亿	百亿亿	十万亿亿	亿亿亿

与此同时，中央处理器（Central Processing Unit，CPU）作为计算机内部进行控制和运算的核心部件，它的时钟频率也在不断提高，运算速度变快，成本降低。然而，经过二十多年的快速发展，芯片的时钟频率遇到了物理极限的挑战。一是数据在芯片内的传输有一定的延迟，当延迟时间与一个时钟周期相当时，数据传输就会不稳定，从而导致芯片工作异常。二是高时钟频率的芯片在工作时会散发大量的热量，而芯片的表面积有限，如果热量不能及时散发，也会导致芯片无法正常工作。进入 21 世纪之后，英特尔、AMD 这些主流的芯片制造厂商逐渐放弃提高时钟频率，转而生产多核芯片，也就是利用芯片的集成度还可以进一步提高，将多个处理器单元集成到同一块芯片上。

传统算法研究的是可以在单处理器系统上运行的串行算法。然而要在这样的多核系统，甚至是由多台多核计算机通过网络连接构成的多机系统上并发地运行这些算法，除了算法核心模块在每个处理器上要能高效运行，如何对计算任务合理地划分也非常重要，计算过程中各个处理器之间通信的开销也会影响算法整体的效率。同时，多个处理器也意味着更容易发生硬件本身的故障，如何应对这些故障也是并行计算和分布式计算需要解决的问题。由此可见，相比于单处理器的程序而言，多核、多机的程序编写和调试的难度更大，更加需要底层操作系统和计算框架的支持。

下面，我们将分节向读者介绍大数据处理的相关技术，包括传统的高性能计算技术、虚拟化和云计算技术、以谷歌为代表的分布式计算技术，以及常见的开源实现版本 Hadoop。另外，我们将介绍更加注重计算性能的内存计算和大数据分析的重要应用场景——图计算。同时，在存储方面，我们将介绍 NoSQL 的含义和分类。希望通过学习这些知识，使读者对大数据系统有一个总体的了解，并能初步根据自己所遇到的问题规模和特点选取合适的解决方案。

3.2 高性能计算技术

高性能计算（High-Performance Computing，HPC）技术一直是计算机技术发展的前沿方向，从世界上第一台计算机 ENIAC 于 1946 年诞生开始，在一些重要应用（例如导弹弹道轨迹模拟、核爆模拟）的驱动下，高性能计算技术不断发展。TOP500 网站每半年公布一次全球最快的计算机排名。在 2019 年 6 月的最新一期排名中（如表 3.2 所示），我国"神威·太湖之光"和"天河 2A 号"分别以 125.436 PFLOPS（FLOPS 表示每秒多少次浮点运算操作）和 100.679 PFLOPS 的性能排在世界第 3 位和第 4 位。相比之下，我们日常使用的家用计算机，浮点运算性能的数量级在 10 GFLOPS 左右，性能差距极大（请读者算算它们差了几个数量级？），因此这些高性能的计算机也被称为超级计算机（supercomputer）。除了上述提到的军事用途的应用，高性能计算机还应用在计算天气预报、气候变化、油气勘探、分子模型等民用和科研方面。

表 3.2　TOP500 前 5 位的超级计算机（2019 年 6 月）

排　　名	名　　称	峰值速度（PFLOPS）	制 造 者	国　　家
1	Summit	200.795	IBM	美国
2	Sierra	125.712	IBM、英伟达、Mellanox	美国
3	神威·太湖之光	125.436	国家并行计算机工程技术研究中心	中国
4	天河 2A 号	100.679	国防科学技术大学	中国
5	Frontera	38.746	Dell EMC	美国

3.2.1 超级计算机的组成

早期的超级计算机只有单个处理器。到了 20 世纪 80 年代，出现了多个处理器的超级计算机。而到了 20 世纪 90 年代，美国和日本开始制造由上千个处理器组成的超级计算机，通过复杂的高速网络将这些处理器连接起来。

现在的超级计算机由成千上万个节点组成，每个节点都是一台独立的计算机。因此，所谓的超级计算机其实并不是指一台具体的机器，而是指一套完整的系统，包括所有节点及它们之间互联的网络设备，还有为了保障这些设备正常运行而配置的电源、冷却等装置。超级计算机的节点一般可分为计算节点、存储节点和管理节点。

（1）计算节点主要负责计算，一般会配置多个多核处理器和较大的内存，还会配置 GPU、FPGA 等计算加速器。一般会带一些本地磁盘，用于存储计算中间结果。

（2）存储节点负责数据的存储，包括原始数据和最终的计算结果，也有可能包含一部分的计算中间结果。

（3）管理节点用于节点和用户的管理，负责对所有节点的运行状态进行监控，发生异常时会向管理员发出警告信息。同时，需要做计算的用户也会登录到管理节点上，通过任务调度系统提交计算任务，这一功能有时也会由单独的登录节点承担。

在当前的 TOP500 排名中，绝大多数超级计算机使用的都是 x86 体系结构的节点，有的还配置了 GPU 等加速器，用于提高性能功耗比。操作系统一般都使用 Linux。

以神威·太湖之光（如图 3.1 所示）为例，它有多达 40960 个"申威 26010"众核处理器，每个处理器有 260 个核，总计核数超过 1 千万个。这也是中国第一台全部采用国产处理器构建的超级计算机。它在 2015 年年底启用后，于 2016 年 6 月登上了 TOP500 的榜首，这个世界第一的排名维持了两年之久。这样多的处理器如何搭建成为整体呢？首先，每个处理器的 260 个核承担不同的角色：4 个核为管理处理元件，剩下的 256 个核的用途是通用计算。而在系统中，一块主板上有两颗处理器，再由 32 块主板组成一台主机，每台主机都是一个"超级节点"，共 256 个。每个处理器配置 32GB 内存（8GB×4 通道），系统内存总计 1310720GB。系统 SSD 存储共有 230TB，同时分别配备 10PB 的在线存储和近线存储。这样，不同存储器分配不同的带宽，发挥不同的作用。神威·太湖之光的系统功耗比此前我国研发的天河二号有所优化，总功耗为 15.3MW（兆瓦），效能较高。

图 3.1   "神威·太湖之光"超级计算机

3.2.2   并行计算的系统支持

编写并行计算的程序需要进行创建线程、共享资源的竞争保护、多机之间的通信等操作。为了方便应用层的程序员编写此类程序，操作系统和第三方软件库提供了进行并行计算所需的功能。常见的并行编程组件有 Pthreads、OpenMP、MPI 等。

1. Pthreads

Pthreads（POSIX threads）是一个操作系统的标准，它定义了一套创建和操作线程的应用编程接口（Application Programming Interface，API），同时包括互斥锁（Mutual Exclusion Mutex）、条件变量等用于保护共享资源、实现线程间同步的工具，用于在同一台机器上编写运行多线程程序。每一个线程可以在单独的一个处理器核上运行，线程之间共享内存。

常见的 UNIX 系列的操作系统，例如 Linux、macOS、FreeBSD 等，都提供了Pthreads 的实现，而 Windows 下也有基于 Windows API 的第三方 Pthreads 库。

使用 Pthreads 编写多线程程序时，与正常的串行程序一样，刚开始运行时程序还是单线程的，这个线程一般被称为主线程。用户可以通过调用 pthread_create 函数创建新的线程，调用时需要给出新线程运行哪个函数，以及相关的参数。pthread_create 函数调用成功后，程序就产生了一个新的线程（子线程），开始执行给出的函数。同时，原来的主线程还会继续执行。主线程可以通过 pthread_join 函数等待子线程结束，并回收子线程占用的系统资源。

多个线程同时操作同一个系统资源可能会产生竞争。例如，有多个线程要对同一个计数器 C 进行增一操作，就有可能产生如图 3.2 左图所示的竞争，发生逻辑上的错误。例如在多线程程序中，把计数器增一要分 3 步进行：第 1 步，把计数器的值放入 CPU 的寄存器（在图中用 Reg 表示）中；第 2 步，对寄存器中的值加一；第 3 步，把寄存器的值写回计数器。由于两个线程之间的指令可能是按任何顺序执行的，图中左边的情况就是一种可能的执行顺序：线程 T 和线程 S 分别对 C 增一，线程 S 取得 C 初始值的时刻发生在线程 T 的增一操作之前，它没有发现 C（后来）已经被 T 操作了，仍然按值为 0 做增一操作，因此得到的最终结果是 1，而不是 2。

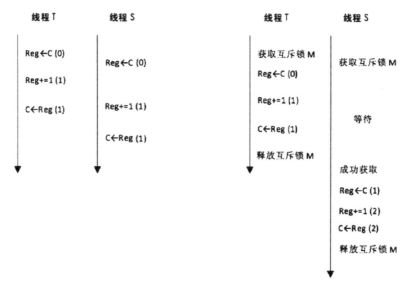

图 3.2　多线程竞争场景与互斥锁的使用

为了避免错误的发生，可以给资源加上互斥锁。当线程 T 访问一个资源 R 时，先获取资源 R 的互斥锁 M，再对 R 进行操作，操作结束后释放互斥锁 M。如果线程 T 在操作 R 的同时，有另外一个线程 S 也要操作该资源，则线程 S 在申请互斥锁 M 时就会失败，一般会要求 S 等待直到线程 T 释放互斥锁 M，然后线程 S 就可以获取互斥锁 M，并对 R 进行操作。图中右边的情况就是使用互斥锁保护计数器 C 之后的情况，无论线程之间的执行顺序如何，结果一定是正确的。但是从图中也可以看出，引入互斥锁后被保护的代码段无法并行执行，会降低程序的效率。

当然，如果操作 O 本身是满足原子性（atomic）的，即对系统来说，看到的要么是操作 O 发生之前的状态，要么是操作 O 发生之后的状态，那么就不需要互斥锁的保护。上面例子中提到的计数器增一操作在 x86 体系结构上就有相应的原子指令（LOCK ADD/XADD），如果使用这样的指令，硬件就可以保证操作的原子性，无须互斥锁的保护。一般来说，互斥锁会带来一些性能上的额外开销，尤其是当很多个线程同时尝试获取同一个互斥锁的时候。相比而言，这些有硬件保证的原子操作性能就会好很多。因此，合理使用免锁（lock-free）的数据结构是提高多线程程序性能的有效途径。

当两个线程互相等待对方释放各自获取的锁时，就会发生死锁（deadlock）现象。这时，两个线程都不能继续执行，程序就会卡住而无法正常工作。当然，实际情况可能会更复杂，可能是多个线程依次等待构成一个环，而且死锁不光会发生在多线程情况下，也有可能发生在分布式情况下。死锁是复杂的并行程序容易发生的逻辑错误，而且调试起来也比较麻烦，需要通过程序运行的日志找出发生死锁的位置，进而分析发生死锁的原因。

2. OpenMP

理论上讲，可以用 Pthreads 编写任何多线程程序，然而在实际应用中，往往会遇到一些并行的模式，如果直接用 Pthreads 写会很烦琐，容易出错。例如，很多计算相关的程序的热点代码可能是一个循环，循环的次数很多，但每次循环做的事情是独立的，没有数据上的依赖关系。这时就可以把循环范围分成若干份，每份由一个线程执行。OpenMP（Open Multi-Processing）提供了编译器上的支持，使得用户只需在循环前用程序标记标注这个循环可以并行执行，编译器就会自动实现上述过程，大大简化了程序。

OpenMP 采用了分叉—合并模型（fork-join model），如图 3.3 所示。图中的程序，从逻辑上看与单线程的串行程序相同，只是在可以并行的部分，由用户通过程序标记标明，编译器自动将其转化为并行代码。这部分并行代码会先分叉（fork）出多个子线程，每个子线程执行一部分工作任务，此时主线程等待子线程执行完成，回收相关资源。

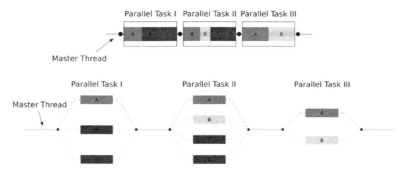

图 3.3   分叉—合并模型

3. MPI

上面介绍的 Pthreads 和 OpenMP 提供了单机多核环境下并行编程的工具，对于多机环境，由于节点之间不共享内存，一般都采用消息传递（message passing）的编程模型。MPI（Message Passing Interface）是目前应用最广泛的消息传递编程框架，它提供了多机之间通信、同步、管理等功能，通信又分为点对点通信（Send、Recv 等）和集体通信（Bcast、Scatter、Gather、Reduce 等），使用起来非常灵活。此外，MPI-2 标准还包括并行 I/O、单边通信等高级功能。

在 MPI 中，程序在运行时会同时存在多个实例，被称为进程。进程之间不共享内存，可以在不同的机器上运行。常用的 MPI 函数如表 3.3 所示。

表 3.3   常用的 MPI 函数列表

函 数 名	作 用
MPI_Init	初始化 MPI 运行环境
MPI_Finalize	结束 MPI 运行环境
MPI_Comm_size	获得 MPI 进程总数
MPI_Comm_rank	获得当前 MPI 进程编号
MPI_Send	从当前进程发送数据到指定编号的进程中
MPI_Recv	接收发送给当前进程的数据
MPI_Bcast	将数据从某一特定进程广播到所有进程
MPI_Barrier	等待所有进程运行到该函数，然后继续执行
MPI_Scatter	将某一进程的数据分块发送给所有进程
MPI_Gather	从所有进程收集数据，拼接保存在某一进程中
MPI_Reduce	从所有进程收集数据，用某种运算聚合出结果

MPI 程序可以是单程序多数据（Single Program Multiple Data，SPMD）的，也可以是多程序多数据（Multiple Programs Multiple Data，MPMD）的。也就是说，在多个节点上，可以运行同一份代码，也可以运行不同的代码，唯一的要求就是它们之间能够协同工作。MPI 的应用场景是超级计算机，其组成节点的可靠性一般都比较高，因而在容错方面考虑较少。目前，MPI 的容错一般采用检查点（checkpoint）的方式，也就是说在同一时刻让所有的进程都把自己的状态存入磁盘，这样如果后续发生硬件方面的错误，可以在错误修复后将最近的一个检查点载入内存，减少重复计算的工作。目前常见的 MPI 实现有 MPICH、OpenMPI、Intel MPI 等。

4．其他支撑软件

除了计算框架，超级计算机还需要任务调度软件，用于管理节点，接受用户提交的计算任务，并将计算任务分配到可用的计算节点上运行。同时，调度软件还要负责控制用户的权限和配额、记账等功能。常见的任务调度软件有 SLURM、OpenPBS 等。另外，超级计算机在执行任务时会遇到高并发的 I/O 操作，需要并行文件系统的支持。常见的并行文件系统有 PVFS、Lustre 等，它们可以安装在多个存储节点上，向计算节点提供全局一致的名字空间，用于存储计算任务的输入、输出文件和中间结果。

3.3　虚拟化和云计算技术

云计算是信息技术行业最重要的技术之一。什么是云计算？有很多种不同的解释。美国国家标准技术研究院（National Institute of Standards and Technology，NIST）认为，云计算是通过网络使得一组可配置的计算资源（例如网络、计算机、存储、应用程序、服务等）能够在任何地点，方便地、按需地进行访问的模型，资源的提供和释放可以快速完成，管理开销低，与提供商的交互简便易行。

云计算有 3 种服务模型，分别是软件即服务（Software as a Service，SaaS）、平台即服务（Platform as a Service，PaaS）和基础架构即服务（Infrastructure as a Service，IaaS），它们向消费者提供不同层次的服务。其中，SaaS 向消费者提供具体的应用软件服务；PaaS 则让消费者可以通过一定的 API 开发自己的应用，部署在提供商的环境中；而 IaaS 则直接向消费者提供虚拟机、存储空间等计算资源，它们的关系如图 3.4 所示。云计算的部署模型根据受众的不同可以分为私有云、社区云、公有云和混合云。云计算的出现降低了大数据处理的门槛，使普通的开发者和用户可以用较为经济的成本获得处理大数据的能力。

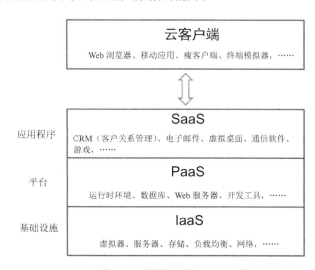

图 3.4　云计算服务模型之间的关系

3.3.1　虚拟化技术

虚拟化技术是指创建虚拟的事物，包括计算机硬件平台、操作系统、存储设备、计算机网络等，是云计算的支撑技术。这些虚拟的事物具有和真实的、物理上存在的事物相同的外部表现，例如虚拟机可以像真实的计算机一样安装操作系统、运行应用程序，虚拟存储设备可以像真实的硬盘一样保存数据。早在 20 世纪 60 年代，当时的大型计算机比较稀少，就产生了虚拟化技术，能够将一台大型计算机的资源在逻辑上划分为多台虚拟机，分别运行不同的应用程序，提高资源的利用效率。现代的硬件虚拟化技术早期完全由软件实现，虚拟机在遇到系统相关的特权指令时要通过特殊的指令转换过程来处理。后来，英特尔和 AMD 都推出了支持虚拟化的专用指令，使得这些工作可以由处理器直接完成，提升了虚拟机的执行效率。虚拟化技术可以把物理硬件资源的一部分抽取出来，封装成逻辑上独立的虚拟机来满足客户的不同需求，实现云计算所要求的资源灵活配置。

传统的硬件虚拟化会在物理机（或主机、宿主，Host）上运行虚拟机管理器（Hypervisor，或 Virtual machine manager），负责虚拟机的创建、调度和管理。虚拟机（或客户机，Guest）创建之后，需要像实际的机器一样安装操作系统，或者使用已经准备好的系统镜像。虚拟化的是一台完整的机器，因此虚拟机上安装的系统只受物理硬件架构的限制，与主机操作系统无关。例如，在 Linux 的机器上创建运行 Windows 的虚拟机，或者在 Windows 的机器上创建运行 Linux 的虚拟机，如图 3.5 的左图所示。常见的商用硬件虚拟化软件有 VMware 等，开源的有 Xen、KVM、VirtualBox 等，其中 Xen 和 KVM 侧重服务器领域的虚拟化，而 VirtualBox 主要是桌面领域的虚拟化。

硬件虚拟化技术中主机和客户机运行不同的操作系统，提供了非常好的灵活性，然而对于很多应用场景，这样的灵活性用处不大，客户机的操作系统需要占用独立的硬件资源，反而带来了额外的开销。操作系统虚拟化可以更好地应对这样的应用场景。在操作系统虚拟化中，客户机（也被称为容器，Container）和主机共享同一个操作系统，在操作系统内把所需的资源封装成容器，用于运行应用程序，如图 3.5 的右图所示。常用的操作系统虚拟化软件有 LXC 等，而 Docker 则是在此基础上进行了一次封装，使得能够正常运行特定应用程序的环境，包括系统库、语言运行时、第三方库等。它以容器镜像（Container Image）的形式发布，供用户直接下载使用，很好地解决了现在大型软件依赖关系复杂、配置烦琐的问题。

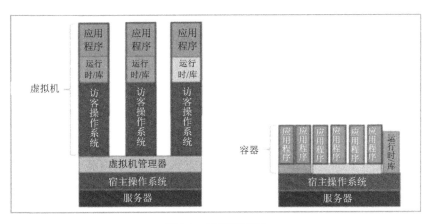

图 3.5　虚拟机和容器

3.3.2 云计算服务

云计算服务大大降低了一般开发者和用户的时间、经济成本。在云计算服务出现以前，用户架设网站需要自己购买服务器，并联系有良好电气和网络条件的机房。把服务器放入机房后，如果出现远程无法解决的问题，还得亲自去机房现场。服务器的购置费和机房的托管费都是一笔不小的开销。有了云计算服务之后，用户通过直观的 Web 界面或简洁的 API 就能创建和使用虚拟机，根据应用的负载情况，用户可以随时调整云计算的配置。提供商按照资源的使用量和使用时间收取服务费。

常见的 IaaS 云计算服务有亚马逊的 AWS（Amazon Web Services）、微软的 Azure、阿里巴巴的阿里云等。以 AWS 为例，它提供了计算、网络、存储等多种不同的服务，配合起来可以构成应用所需的运行环境。AWS 提供的服务主要包括：

- Amazon Elastic Compute Cloud（EC2）：虚拟云主机服务；
- Amazon Simple Storage Service（S3）：基于 Web 服务的存储；
- Amazon Elastic Block Store（EBS）：为 EC2 提供的持久化的块存储；
- Amazon DynamoDB：可扩展、低延迟的 NoSQL 数据库服务；
- Amazon Relational Database Service（RDS）：关系型数据库服务；
- Amazon Route 53：高可靠的域名系统（DNS）服务；
- Amazon CloudFront：内容分发网络（CDN）服务；
- Amazon Elastic MapReduce（EMR）：在 EC2 和 S3 的基础上用 Hadoop 搭建的 MapReduce 服务。

其中，最核心的虚拟机服务 EC2 有多种不同的虚拟机类型，根据常见的应用需求有不同的处理器核数、内存大小，对科学计算任务还专门配置了 GPU 的类型。其他 IaaS 云计算服务提供商也提供了与 AWS 类似的服务。

Google App Engine（GAE）是一个典型的 PaaS 云计算服务平台。GAE 给开发者提供了包括 Python、Java、Go、PHP 等多种程序设计语言的开发和运行环境，用于编写 Web 应用程序。开发者只需专注于应用程序的功能实现，在部署到 GAE 上之后，应用程序的性能将由平台来保证。在 GAE 上的应用程序有各方面资源的配额限制（quota），例如每天的 HTTP 请求数量、数据库操作数量等，在配额限制以内的服务是免费的。当资源超过配额限制时，会根据规则收取一定的费用。与 IaaS 服务不同，开发者在使用 PaaS 服务时并不知道自己的应用程序在哪台机器上执行，PaaS 平台可以根据平台自身的状况进行调度，可能是一台虚拟机，或者是一个操作系统虚拟化容器，甚至是多台物理服务器。类似的 PaaS 服务还有新浪 App Engine、Red Hat 的 OpenShift 等。

随着云计算服务的普及，竞争也越来越激烈。谷歌将自己的多项服务资源整合，推出了 Google Cloud 平台服务，而 GAE 则成为其中的一项服务。整体云计算服务还推出了用户需求较大的机器学习服务、大数据分析服务，以及在 Docker 层面完成自动部署、分配管理的 Kubernetes 系统。使用谷歌云计算的用户可以灵活地使用谷歌庞大的计算资源，为自己的服务提供保障。类似地，阿里云、华为云等云计算服务商也都提供了更便捷的应用服务，甚至包括自然语言处理服务，为用户提供更多便利。

使用云计算服务的另一大好处是服务提供商已经对平台采取了必要的安全措施，可以在很大程度上避免恶意攻击和系统漏洞对应用产生的破坏。在 Kubernetes 中，计算资源的监控、分配可以自动完成，弹性调度，这对于应对突发的流量变化有很大帮助，减少了人工运维成本。例如在"双 11"购物节期间，电商用户量远超平时；在春运抢票期间，订票人数也会激增。采用弹性的机制，平时不用维护很多的服务器资源，或者利用资源做更高效的计算；而在流量突增期间，系统会自动分配调用更多资源支撑服务，保障服务有效运行。这种思路已被很多服务商采用。阿里云也提供了 Kubernetes 服务。

3.4 基于分布式计算的大数据系统

单台计算机的能力是有限的，而需要处理的问题规模在不断地增长。为此，人们开始探索用多台计算机组成一个系统进行协同处理。这样的多机系统复杂度远高于单机系统，会遇到很多新的问题。首先，数据要分布在不同的机器上，在其他机器上的数据无法通过本地的内存访存或磁盘操作获得，必须进行网络通信。网络的带宽是有限的，因此当机器数量多到一定程度时，通信有可能会成为瓶颈。此时，系统的性能不再因添加新的机器而提升，可扩展性会成为问题。其次，虽然单台机器出故障的概率不高，但是当机器数量多到一定程度时，其中一台机器出现故障的概率是很高的，当部分机器出现故障时，我们希望多机系统作为一个整体还能够正常工作，这是可靠性的问题。再次，在这样一个多机系统中，用户编写的程序会在不同的机器上同时运行，运行环境比单机的情况复杂得多，如何降低用户的使用门槛，使用户能方便地进行数据处理，给多机系统的编程模型提出了挑战，这是易用性的问题。

这样的多机系统一般被称为分布式系统。为了解决分布式系统的各种问题，人们早在 20 世纪 70 年代就开始研究分布式系统的理论，然而大规模的实践是由谷歌公司在 2000 年左右开始的。为了方便地处理互联网产生的海量数据，同时控制成本，谷歌采用了大量普通机器通过网络连接并由专门的软件系统控制协同工作的解决方案，先后发表了关于 Google File System（谷歌文件系统，GFS）（Ghemawat, et al., 2003）、MapReduce（Dean & Ghemawat, 2008）和 Bigtable（Chang, et al., 2008）等论文，介绍了分布式文件系统、数据处理系统、半结构化存储系统等的设计和实现。

3.4.1　Hadoop 生态系统

谷歌虽然通过论文发布了公司处理大数据的方法，但没有开源他们的软件系统。从 2005 年开始，Doug Cutting 和 Mikc Cafarella 等人根据谷歌发表的论文和他们自己的实践经验，开发了 Hadoop，使它成为主流的开源分布式大数据处理软件。Hadoop 主要用 Java 语言编写，具有较好的平台移植性，能够在 Linux、Windows、macOS 等常见的操作系统下运行。经过 10 年的发展，Hadoop 已经成为 Apache 开源软件基金会旗下的重要项目，并演化出了一个较为完整的生态系统。

Hadoop 具有很好的可扩展性，2012 年 6 月，脸书宣布他们部署了当时最大的 Hadoop 集群，HDFS 的容量超过 100PB。2013 年，雅虎在一个由 42,000 台机器组成的集群上部署了 Hadoop 系统，每天运行大约 500,000 个 MapReduce 任务。

在 Hadoop 系统中，每种服务一般都有若干种角色，在分布式环境中负责不同的功能。每种角色的实例都是一个进程，不同的进程可以在同一台机器上运行，也可以根据配置运行在不同的机器上。下面我们介绍 Hadoop 系统的几个重要组成部分。

1. HDFS

HDFS（Hadoop Distributed File System）是 Hadoop 的分布式文件系统。与 GFS 一样，HDFS 将文件按一定的大小切块（默认设置是 128MB），然后把每个块以多个副本的形式保存在不同的数据节点（Data Node）上，通常每个块会保存 3 个副本。多副本保证了在少量节点出现问题时数据不会丢失，也能提高数据读取的速度。

在 HDFS 中，文件的元数据包括文件路径、大小、创建日期、所有者，以及分块情况和每块所在的数据节点编号等，会保存在名字节点（Name Node）上，名字节点全局只有一台，同时还可以配置一个次要名字节点（Secondary Name Node）来同步这些元数据。一旦名字节点出现故障，可以很快地从次要名字节点恢复所有的元数据。

用户从客户端（Client）访问 HDFS 时，会先和名字节点通信，获得所要操作的块所在的数据节点编号，再和数据节点通信，完成数据的读/写操作。HDFS 的读/写过程如图 3.6 所示。

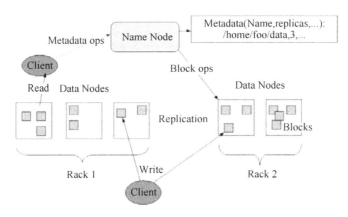

图 3.6 HDFS 的读/写过程

HDFS 的设计目标是存储那些一次写入多次读取的大量数据，例如搜索引擎会用爬虫抓取大量的 Web 页面，一旦存入分布式文件系统，这些数据不会再被修改，但可以追加新的数据。对于桌面用户共享文件的应用场景（有很多小文件，内容会经常发生修改），HDFS 一般是不适用的。

2．YARN 和 MapReduce

YARN（Yet Another Resource Negotiator）是 Hadoop 的计算资源管理和调度系统，接受任务请求，并根据请求的需要分配资源、调度任务的执行。在 YARN 中，有一个资源管理器（Resource Manager）节点，负责全局的资源分配；每个计算节点的资源由节点管理器（Node Manager）控制。当客户端提交任务时，YARN 会在某个计算节点上创建一个应用程序主控器（Application Master）来控制整个任务的执行流程，同时根据需要，在一些计算节点上创建容器（Container），包含一定数量的处理器和内存，用于该任务的执行，应用的执行流程如图 3.7 所示。

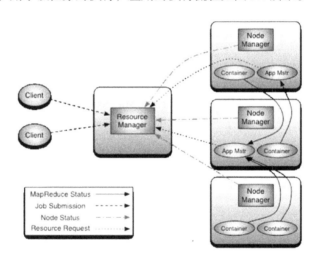

图 3.7　YARN 调度执行应用程序的流程

YARN 是 Hadoop 的第二代计算资源管理和调度系统，第一代系统只能执行 MapReduce 任务，而 YARN 的设计更加通用，除了可以执行 MapReduce，还可以执行 MPI 等传统的并行程序。

MapReduce 是谷歌提出的并行程序编程模型。它把任务的处理流程分为 map 和 reduce 两个阶段，在每个阶段用户都可以编写一段串行代码来处理数据：在 map 阶段，输入数据被分割成一些基本的项（例如，每行文本或者每个单词），用户编写的 mapper 函数逐项接受输入，经过自定义的处理后可以发射一些键值对（key-value pair）；在 map 和 reduce 阶段之间，系统会对 map 阶段发射的这些键值对进行排序，具有相同键的键值对会被整理到一起；在 reduce 阶段，用户编写的 reducer 函数接受整理后的键值对，经过自定义的处理后可以发射新的键值对。在 reduce 阶段发射的键值对就是 MapReduce 任务最终的输出结果。

以统计文档中不同单词的出现次数为例。如果使用单一资源计算，则相当于一个人独自阅读整篇文档，从头到尾依次数下来，耗时较大。如果由多个人分别处理各个段落，最后将他们的结果汇总，就达到了并行的效果，效率提高。对于 map-reduce 过程，不考虑单词的各种变形和标点符号等因素，在 map 阶段把文档按照空白字符分割成单词，作为 mapper 函数的输入。mapper 函数每遇到一个单词 w，就输出一个$(w,1)$的键值对，表示发现 w 在这里出现了 1 次。reducer 函数则把同一个单词 w 的所有键值对的值相加，设最终结果为 f，输出键值对(w,f)，表示单词 w 一共出现了 f 次。

在执行时，MapReduce 框架会根据具体情况分配一定数量的 mapper 和 reducer 节点，用于执行 mapper 和 reducer 函数。输入在任务执行前已经保存在 HDFS 中，分配 mapper 节点时会根据就近的原则尽量分配到包含有该输入数据块的数据节点上，以减少网络通信开销。mapper 函数输出的键值对会先保存在 mapper 节点本地的存储中，并进行排序。每个 reducer 节点会负责一段范围的键，mapper 函数输出的键值对经过排序后会转发给特定的 reducer 节点，每个 reducer 节点将不同 mapper 节点发来的键值对合并后交给 reducer 函数进行处理，最终的结果将保存在 HDFS 中。在任务执行过程中，如果某个计算节点发生故障，则 YARN 会自动把这个节点负责的子任务调度到其他节点上执行。

MapReduce 模型适合对数据进行统计、分类等处理，它最大的好处在于当用户实现 MapReduce 任务后，MapReduce 框架就能自动地把这个任务在成千上万台机器上调度执行，同时处理机器故障的情况，非常适合处理大规模的数据。然而，如果处理的数据规模较小，则一台机器就能很快处理，使用 MapReduce 反而会因为系统的调度和多机之间的通信带来额外的开销，其执行时间比单机的程序还长。

3. HBase

HBase 实现了 Bigtable 论文提出的基于列的分布式存储。在 HBase 中，数据以表（table）的形式组织，每个表可以有很多行（row），每行可以有若干个列族（column family），而每个列族可以包含多个列（column）。列族需要事先定义，而列可以在使用中随时添加，无须事先定义。每行每列会对应一个单元（cell），而一个单元的值可以有多个版本，用不同的时间戳（timestamp）来区分（如图 3.8 所示）。每个值是一个任意长度的字节串，因此可以用来保存任何类型的数据。每行都有一个用户自定义的主键，作为引用该行的 id。

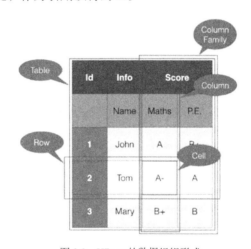

图 3.8　HBase 的数据组织形式

HBase 中的数据可以用 id 和列随机访问，也可以顺序地访问一段连续 id 的行。与关系型数据库不同，HBase 不能做基于非 id 列的随机访问。HBase 的实现以 HDFS 为基础，每个表的每个列族都会对应 HDFS 上的一个或多个文件。新插入的数据都会追加到文件的末尾。当失效的数据超过一定比例时，HBase 会对这些文件进行重写，把有效的数据依次写入新的文件中，并删除旧的文件，这个过程称为紧实（compact）操作。HBase 可作为数据仓库存储有一定结构的海量数据，可以修改数据，但最好不要十分频繁，频繁地修改会降低 HBase 读取操作的效率，或增加紧实操作的频率及工作量。

4．Hadoop 的其他常用组件

除了上面介绍的 HDFS、YARN、HBase，Hadoop 还有很多组件，用于解决大数据处理中各个方面的问题。

Hive 和 Pig 能够让用户用较为简便的方式查询保存在 HDFS 或 HBase 中的数据。Hive 提供了类似于 SQL 的 HiveQL 查询语言，可以用声明式（declarative）编程的模式查询数据。Pig 则提供了 Pig Latin 脚本语言，可以用命令式（imperative）编程的模式查询数据。无论是 Hive 还是 Pig，查询最终都会转换成 MapReduce 任务来执行，大大减少了手工编写 MapReduce 任务的工作量，同时减小了出错的机会。Hive 和 Pig 对从事数据分析的用户而言是非常有用的工具。

ZooKeeper 提供了编写分布式软件所需的常用工具，包括分布式系统的名字服务、配置管理、同步、领导者选举、消息队列、通知系统等。很多 Hadoop 组件，例如 HBase，就使用了 ZooKeeper 提供的这些功能。如果有需要，开发者也可以直接调用这些功能，编写的分布式软件可以运行在 Hadoop 系统上。

Tez 是比 MapReduce 更一般化的数据流编程框架，它将 MapReduce 规定的 map 和 reduce 两阶段的执行流程推广为任意的有向无环图（Directed Acylic Graph，DAG），用图中的每个顶点表示一个处理步骤，有向边表示数据的流向。目前，Hive、Pig 等组建的执行引擎正在从 MapReduce 向 Tez 过渡。

Storm 和 S4 是建立在 Hadoop 上的流式处理引擎。MapReduce 任务的输入会在执行前存放在文件系统或数据库中，执行结束后把结果输出到新的地方，任务执行过程中数据不会发生变化，这样的处理流程叫作批处理（batch）。而流式（streaming）处理指的是待处理的数据会源源不断地从数据源过来，处理引擎需要不断地对新的数据进行处理，并随时输出具有时效性的结果。Storm 和 S4 就是这样的流式处理引擎。

Mahout 是用 Hadoop 实现的机器学习算法库，包括聚类、分类、推荐，以及线性代数中的一些常用的算法。用户可以直接调用 Mahout 提供的算法，而不必自己用 MapReduce 实现。老版本的 Mahout 中的算法主要用 MapReduce 实现，新版本中的算法使用一种支持线性代数操作的领域特定语言（domain-specific language，DSL）实现，用这种 DSL 实现的算法可以很容易地在 Spark 平台上自动优化和并行

执行。有意思的是，Mahout 在印度语中是骑象人的意思，而 Hadoop 则是作者 Doug Cutting 孩子的玩具象的名字。

Giraph 在 Hadoop 上实现了类似于谷歌的 Pregel 这样的图计算引擎，用于处理 Web 链接关系图、社交网络等类型的数据。关于图计算的内容会在下文详细讨论。

Sqoop 是一个命令行工具，用于在 Hadoop 和传统的关系型数据库之间传输数据。通过它可以增量式地把数据从 MySQL 等数据库的表格导入 HDFS 或 HBase 中，也可以反过来把数据从 Hadoop 系统导入数据库，实现了 Hadoop 系统与传统软件的数据交换。

日志的收集和分析是 Hadoop 平台的一个重要应用。在 Hadoop 生态系统中，Chukwa、Flume、Kafka、Scribe 都能进行日志的收集，收集的结果会导入 HDFS。这些软件由不同的公司主导开发，各有特点，可以根据需要选取使用。

5. Hadoop 的安装部署和开发

Hadoop 系统有 3 种安装模式，分别为单机模式、伪分布式模式和全分布式模式。在单机模式下，服务一般只启动一个进程，提供和分布式环境相同的接口，可用于 Hadoop 应用程序开发和正确性调试。伪分布式模式在同一台机器上启动多个进程，代表服务的不同角色，这些进程之间的通信在本地完成，不通过网络，一般用于调试系统在分布式配置下的正确性。全分布式模式则在不同的机器上启动多个进程，进程之间的通信要通过网络，一般用于产品环境的部署。

Hadoop 生态系统中的组件数量很多，每个组件都由不同的开发团队负责，版本更新的频率也都不同，不同组件的新旧版本之间容易出现不兼容的情况，Hadoop 系统和操作系统之间也可能出现不匹配的问题。对一般用户而言，想要快速获得可用的 Hadoop 环境，可以直接使用云计算提供商提供的服务，像上文提到的 AWS 的 EMR 等。如果要在自己本地的集群部署 Hadoop 系统，推荐使用 Cloudera 公司的 CDH 或 Hortonworks 公司的 HDP 发行版。这两个公司是目前最大的 Hadoop 技术服务公司，也是 Hadoop 社区贡献最大的成员组织。它们的发行版推荐了相适应的操作系统环境，同一个发行版内的组件之间经过严格的测试是可以兼容的。另外，发行版也提供了像 Ambari 这样的安装和管理工具，能通过 Web 界面方便地安装部署 Hadoop 系统，避免了烦琐的手工配置步骤。

在 Hadoop 系统上开发应用时，由于依赖的 Java 库较多，也存在版本的问题，推荐开发者使用 Maven 工具管理项目。Maven 可以添加指定版本的库，在编译时会自动从网上下载所有依赖的库，避免配置带来的麻烦。

3.4.2 Spark

MapReduce 给用户提供了简单的编程接口，用户只需要按照接口编写串行版本的代码，Hadoop 框架会自动把程序运行到很多机器组成的集群上，并能处理某些机器在运行过程中出现故障的情况。然而，在 MapReduce 程序运行的过程中，中间结果会写入磁盘，而且很多应用需要多个 MapReduce 任务来完成，任务之间的数据也要通过磁盘来交换，没有充分利用机器的内存。为此，美国加州大学伯克利分校的 AMPLab 设计实现了 Spark 计算框架（Zaharia, et al., 2012），充分利用机器的内存资源，使得大数据计算的性能得到了进一步的提升。Spark 由 Scala 语言编写，Scala 是一种基于 Java 虚拟机的函数式编程语言，因此 Spark 提供的操作和 MapReduce 相比更加丰富和灵活。

Spark 设计的核心是一种叫作可靠分布式数据集（Resilient Distributed Dataset，RDD）的数据结构。一个 RDD 是一组数据项的集合，可以是普通的列表，也可以是由键值对构成的字典。在 Spark 中，一个 RDD 可以分布式地保存在多台机器上，可以保存在磁盘上，也可以保存在内存中。对 RDD 的操作分为动作（action）和变换（transformation）。表 3.4 列出了 RDD 支持的常用的基本操作。与 MapReduce 不同，Spark 的操作都是对 RDD 整体进行的，而不是对具体的每一个数据项。动作操作会直接生效，产生新的 RDD，而变换操作的执行则是懒惰的（lazy），操作会被记录下来，直到遇到下一个动作时才产生一个完整的执行计划。Spark 中的 RDD 可以由框架自动或由开发者人为地在内存中指定缓存，在内存足够的情况下，某些应用可以获得比 MapReduce 快 100 倍以上的性能。

表 3.4 RDD 支持的常用基本操作

类　　型	操　　作	作　　用
变换	map	给出一个元素映射的函数，把一个 RDD 映射为另一个 RDD。新的 RDD 中的元素是老的 RDD 中每个元素的映射结果，类似于 MapReduce 中的 map
	filter	对一个 RDD 中的元素进行过滤，得到新的 RDD
	sample	确定性采样

类　　型	操　　作	作　　用
变换	reduceByKey	把键相同的元素所对应的值用一个函数聚合起来，类似于 MapReduce 中的 reduce
	union	合并两个 RDD
	join	把两个 RDD 按照键进行连接，类似于 SQL 的 JOIN 操作
	sort	排序
	partitionBy	用一个划分函数对 RDD 中的元素进行划分
动作	count	统计 RDD 中的元素个数
	collect	将 RDD 中的元素导出为一个序列
	reduce	将 RDD 中的元素聚合为一个值
	save	将 RDD 输出到 HDFS 等存储系统中

Spark 可以独立运行，也可以在 Hadoop 系统上运行，由 YARN 来调度。Spark 支持对 HDFS 的读/写，因此 MapReduce 程序可以很容易地改写成 Spark 程序，并在相同的环境下运行。

与 Hadoop 类似，Spark 也提供了一些组件，用于不同的应用场景。前面介绍的 Spark 核心组件被称为 Spark Core。Spark SQL 在 Spark Core 的基础上提供了新的数据抽象 SchemaRDD，用于处理结构化和半结构化的数据，支持用 SQL 的语法对 SchemaRDD 进行查询。与 Hive 类似，Spark Streaming 提供了流式处理的功能，与 Hadoop 的 Storm/S4 类似。MLlib 是 Spark 上的机器学习算法库，提供了类似 Mahout 的功能。而 GraphX 则是 Spark 的图计算扩展框架，能够完成与 Giraph 相似的功能。

总的来说，目前 Spark 已经发展到比较成熟的阶段，其核心功能涵盖了 Hadoop 的大部分内容，并且可以在 Hadoop 生态系统内使用，具有性能上的优势，正在被广泛应用。

3.4.3　典型的大数据基础架构

面对海量的数据，各个互联网公司都搭建了自己的大数据基础架构，并通过论文或者开源软件的形式公开了一些组件。这其中最有代表性的是谷歌公司。在谷歌公司的基础架构中，处于底层的是 GFS。GFS 面向搜索引擎设计，文件的内容可以不断追加，但是不能修改。GFS 是分布式的，描述文件的信息（又称为元数据）保存在文件系统的主节点上，另有多个数据节点，负责保存分块之后的文件内容。同一个数据块分别保存在多个数据节点上，即使出现一定数量的数据节点故障，整个文件系统依然可以正常工作，不会导致数据丢失。在计算方面，谷歌提出了 MapReduce 的计算模式，并可以通过 Sawzall 语言进行类结构化的查询和计算。此外，对于半结构化数据，谷歌用 Bigtable 存储和查询，Chubby 提供了一般分布式系统所需的同步等基本服务，而 Spanner 则提供了跨地域的分布式结构化数据库服务。

微软公司也在内部搭建了一套大数据基础架构，包括分布式文件系统 Cosmos、分布式计算系统 SCOPE 等，并可以通过 LINQ 的方式用.NET 平台上的语言开发应用程序。这些系统为搜索引擎 Bing 提供了支撑。

雅虎和脸书公司主要使用 Hadoop 构建大数据系统，并在此基础上开发了 Prism、Corona 等新的组件，能够在一个公司内部更好地管理集群，并提供更方便的数据查询和分析功能。

阿里巴巴开源了一系列大数据系统软件，包括分布式文件系统 TFS、分布式键值存储系统 tair、分布式数据库 OceanBase 等。与 GFS、HDFS 等为大文件设计不同，TFS 主要为小文件设计（例如，淘宝上的商品图片），能够有效地支撑淘宝的 CDN 服务。

3.5 大规模图计算

图（graph）是一种重要的数据抽象模型，由顶点（vertex）和边（edge）构成。顶点可以表示对象，而边则表示对象之间的关系。例如，在互联网的拓扑结构图中，顶点代表网络中的设备，可以是交换器、路由器，也可以是使用网络的计算机，边则代表它们之间的链接。社交网络中，顶点代表用户，边则表示用户之间的好友关系，或互动的动作（如微博的@）。

图的分析可分为图的查询和计算两大类。图的查询是指在图中查找符合一定条件的顶点、路径或子图，这类问题可以由图数据库来解决，例如上文提到的

Neo4j。图的计算则是指根据图的拓扑结构及顶点和边上所带的属性经处理得出所需结果的过程，以图的整体为输入的算法都属于图计算的范畴，例如广度优先搜索（breadth-first search，BFS）、深度优先搜索（depth-first search，DFS）、连通分支、PageRank 等。当图的规模不太大时，图计算的算法可以手工从头编写，也可以调用一些现成的软件库，如 Boost Graph Library、SNAP、NetworkX 等。

当图的规模变大时，图计算会面临挑战，这是由图的不规则性引起的。因为图中的边可以连接任意的两个顶点，而图的算法在访问一个顶点时经常要访问和它相关的边及邻居顶点，所以这些数据在计算机存储上的局部性就会很差。局部性差会使计算机的缓存机制效果变差，从而导致访问速度变慢。在并行计算时，不规则性会导致图的顶点和边划分不均，使得参与计算的多台机器的负载不平衡，影响系统整体的效率。另外，由于可能存在很多跨机器的边，计算过程中需要进行大量的通信操作，也会影响计算的速度。

尽管像 MapReduce 这样的通用计算模型也能实现一部分的图算法，从而使这些算法可以在分布式环境中执行，但是图计算还是有它自己非常明显的特点的，这是因为使用通用的计算模型编写代码比较烦琐，而且执行的效率也不高。下面将介绍一些专用的图计算框架。

3.5.1　分布式图计算框架

谷歌在 2010 年发表论文提出了在分布式环境下进行大规模图计算的框架 Pregel（Malewicz, et al., 2010），随后 Hadoop 也根据 Pregel 的原理实现了开源的 Giraph 组件。这些框架提出了类似 MapReduce 的编程模型，简化了开发者的工作，同时使得编写的程序能够在分布式环境下高效、容错地执行。

Pregel 借鉴了 BSP（bulk synchronous parallel）模型，采用以顶点为中心（vertex-centric）的编程方式。整个计算过程被分成若干步（superstep），在每步计算中，每个活跃的顶点都会从指向它的边收到上一步从邻居顶点发来的消息，根据这些消息及顶点本身的状态可以计算出一些新的结果，并通过从它发出的边以消息的形式传递给其他邻居顶点，这些邻居顶点将会在下一步开始时收到发给自己的消息。每一步计算结束时，顶点可以选择将自己的状态改为非活跃，表示至此该顶点认为自己的计算过程已经结束，然而如果下一步开始时发现它收到了新的消息，它就会被重新激活，继续计算。当某步结束时，如果所有的顶点都处于非活跃的状态，则整个图计算的过程结束。这时，所需的结果都保存在每个顶点的状态里。从用户编写代码的角度来看，这些计算和操作都发生在每个顶点上，因此被称为以顶点为中心的编程方式。

我们知道在常见的社交网络等图中，顶点的度数呈幂律分布（power-law distribution），简单地说就是存在少数度数非常大的顶点，同时还有大量度数很小的顶点。这会导致按照完整的顶点作为基本单位进行图的划分时很难做到均衡。为了解决这个问题，GraphLab（Gonzalez, et al., 2012）对 Pregel 的计算模型进行了改进，允许把度数很大的顶点拆分成多个副本，每个副本只与该顶点的一部分边相连，这些副本可以被划分到不同的机器上，把划分的粒度从顶点一级降到了边一级，使负载更加均衡。顶点的计算被分成 Gather→Apply→Scatter 三个阶段，Gather 阶段从入边收集消息，Apply 阶段将收集到的消息中的数据进行聚合，然后修改顶点的状态，最后 Scatter 阶段以更新后的状态通过出边发送新的消息。如果一个顶点被分为多个副本，在 Apply 阶段，每个副本各自完成聚合后要把所有副本的信息聚合起来，得到该顶点实际的完整结果。改进后的计算框架与 Pregel 相比，在很多场景下性能有数量级的提升。

3.5.2　高效的单机图计算框架

当数据规模非常大时，我们可以用分布式系统来处理，期望以增加硬件资源的方式提升性能。对图计算而言，Pregel 和 GraphLab 就采取了这种思路。然而在实际场景中，图计算所面临的问题规模并不是无限大的，除了互联网网页的超链接关系的图规模很大，一般社交网络所产生的图顶点个数最多也就是几亿到十几亿（与地球人口数量相当），边数一般是顶点的几十倍。这个规模的数据如果处理得当，单台计算机就能在合理的时间内完成计算任务。同时，尽管诸如 Hadoop、Spark、Giraph 这样的分布式计算框架大大降低了用户进行分布式编程和运行的复杂性，但和单机程序相比，在环境配置和调试上要烦琐很多，需要使用者有一定的经验，而且不是每个人都能拥有分布式的环境。GraphChi（Kyrola, et al., 2012）、X-Stream（Roy, et al., 2013）和 GridGraph（Zhu, et al., 2015）就是这样的单机图计算框架。

前面提到，图计算的处理速度之所以慢，主要原因在于图的结构不规则，导致计算过程中随机访问较多，局部性差。单机系统进行计算时，内存无法容纳所有的顶点和边，因此还要进行磁盘读/写，局部性的影响会进一步放大。GraphChi 在计算前会对图的数据进行预处理，在磁盘上把边按照起点和终点排序，计算时将消息写入磁盘文件中，这样的顺序可以减少计算过程中访问的随机性。X-Stream 把计算过程中沿边传播的消息先顺序地添加到缓冲区中，此时消息是按照起始顶点有序排列的，然后通过类似于外部排序的方式把这些消息重新排列，使它们按照终止顶点有序排列。这里有序并不是一种严格的升序或降序排列，而是一种比较宽松的顺序。在这样的设计下，消息的产生、重排和收集都可以用上磁盘的顺序带宽，计算速度很快。而 GridGraph 则把图的边按照起点和终点划分成二维的栅格，每次处理一个栅格，栅格中每条边的顺序并不重要，因此预处理时间较短。一个栅格对应的起点和终点的数据都可以同时存放在内存中，消息直接作用在顶点数据上，大大减少了所需的磁盘带宽，进一步提高了单机图计算的效率。

实验结果表明，对于有 4200 万个顶点和 15 亿条边的一个推特（Twitter）关系图，GraphLab 用 64 台机器、每台机器 8 核的集群进行计算需要 3.6 秒，而 GraphChi 在一台普通的台式机上用 158 秒也能完成同样的工作。同样是这个图，用 GraphChi 统计三角形个数需要 60 分钟，而用 Hadoop 系统在 1636 个节点上计算则花费了 423 分钟。在很多时候，X-Stream 的性能比 GraphChi 更好，而 GridGraph 的性能比前两者都要好。在大多数情况下，单机的图计算框架是一种更好的选择。

3.6 NoSQL

传统的关系型数据库以其规整的数据组织结构、方便的 SQL 查询语言及严格的事务处理支持获得广泛的应用，曾经是应用程序后端进行数据存储的唯一选择。随着互联网的飞速发展，Web 应用对数据规模和读/写性能的要求不断提高，各种 NoSQL 数据库如雨后春笋般地涌现，在特定的应用场景获得了比 SQL 更好的表现。

3.6.1 NoSQL 数据库的类别

常见的 NoSQL 数据库大致可以分为以下几类。

（1）基于列的存储（column-oriented store）：数据组织成表格的形式，每个表格有行和列两个维度，一行表示一个数据项，而列的维度可以分为若干个层次（例如 HBase 中的列族和列），最小的层次被称为列。一行一列的交叉被称为一个单元，每个单元可以保存若干个版本的数据，用时间戳来区分。基于列的存储的例子有前面讲过的 HBase，以及 Cassandra 等。与关系型数据库不同，基于列的存储中对于一个特定的列并不是每行都有对应的单元。基于列的存储可扩展性较好，可用于海量数据的存储。

（2）基于文档的存储（document-oriented store）：数据以文档为单位组织，一个文档可以包含若干属性，每个属性有各自的名字和值。不同的文档可以有不同的属性集合。例子有 MongoDB、CouchDB 等。基于文档的存储中数据的组织形式比较灵活，适合于需求变化快速的 Web 应用程序等场景。

（3）键值对存储（key-value store）：数据以键值对的形式组织，操作非常简单（put、get、delete）。键值对存储又可细分为以下几类。

- 单机磁盘型：例如 Berkley DB、LevelDB 等，这些数据库软件中数据持久化在磁盘上，强调单机读/写性能，数据一般按照键排序，多用于本地应用的数据存储；
- 单机内存型：例如 Memcached、Redis 等，这些数据库软件中数据主要存放在内存里，一般用作高频访问数据的缓存。

（4）分布式：例如 Dynamo、Riak 等，数据经划分后存放在不同的机器上，同一项数据可以在不同的机器上存有副本。为了提高系统的性能，分布式键值对存储往往牺牲了数据的一致性，采用比较弱的最终一致（eventually consistent）模型，但仍然能够满足一般应用的需求。

（5）图数据库（graph database）：数据以图的形式组织，数据项是图中的顶点，每个顶点可以带属性，数据项之间的联系用边表示，边上也可以带属性。图数据库有 Neo4j 等。

（6）多模型（multi-model）：同时支持上述若干种模型，例如 OrientDB、ArangoDB 等。

一开始，NoSQL 这个词指的是这些新的数据库软件放弃了对 SQL 的支持，特别是表格之间的 join 操作，提供了更加简单的访问接口。后来也有一些 NoSQL 软件增加了对 SQL 的部分支持，因而现在的 NoSQL 则一般被解释为 Not only SQL。

下面将介绍 MongoDB，其他 NoSQL 软件请读者查阅相关材料。

3.6.2　MongoDB 简介

MongoDB 是众多 NoSQL 数据库中比较有代表性的例子，使用简便，性能也很好，在 Web 应用领域被广泛应用。

MongoDB 是基于文档的存储，数据以文档为单位组织。存储的数据分为数据库（database）—集合（collection）—文档（document）三级，一个数据库可以包含若干个集合，而一个集合可以包含若干个文档。文档在表达上采用 JSON（JavaScript Object Notation）格式，在 MongoDB 内部存储时则采用更紧凑的二进制 BSON 格式。

文档是 JSON 格式的对象。JSON 格式的数据可以是字符串、二进制字节串、整数、浮点数、布尔值、空值，也可以是由多个 JSON 数据组成的数组，而对象则是由多个键值对构成的，其中键只能是字符串，且在同一个对象内不能重复，对应的值可以是任意的 JSON 数据。这些键值对被称为这个对象的属性，键是属性名称，值则是属性内容。代码 3.1 所示为描述某人信息的 MongoDB 文档。

代码 3.1　描述某人信息的 MongoDB 文档

```
{
  "_id" : 42,
  "name" : "John Doe",
  "age" : 23,
  "gender" : "Male",
  "tags" : ["geek", "video games", "sports"]
}
```

每个文档都有一个_id 属性，作为该文档的标识符，类似于 SQL 中的主键（primary key）。同一个集合内的所有文档的_id 属性是不同的。_id 属性可以在文档插入时由系统自动产生，也可以由手工指定。集合内的文档会以_id 的值自动建立索引，同时用户可以指定文档其他属性创建新的索引，加快以这些属性为关键字的查询。

与 SQL 相比，MongoDB 的数据模型不需要事先定义统一的数据格式，使用起来很灵活，非常适合 Web 应用快速开发的场景。例如新的需求要在人的描述信息中加入主页地址，如果用 SQL 作为数据存储，需要通过修改表的结构新增一栏，同时访问数据库的代码可能也要做相应的修改；而如果使用 MongoDB，就可以直接往文档中插入新的属性，原先的代码保持不变。此外，JSON 格式也是 Web 应用交换数据的通用格式，从 MongoDB 中取出的数据可以直接以 JSON 格式发给客户端的浏览器，而不用像 SQL 那样还需要再显式地转换成 JSON 格式。

MongoDB 的基本操作包括文档的插入、更新、删除和查询，如表 3.5 所示。值得一提的是，MongoDB 为更新文档提供了语义丰富的操作子，可以单独对文档的某个属性进行修改，还可以进行增加、倍增这样的原子操作，对于数组还可以进行插入、弹出元素的操作，而且这些操作也是原子的。

表 3.5　MongoDB 的基本操作

操　　作	作　　用
insert	向集合中插入新的文档
update	更新符合条件的文档
remove	删除符合条件的文档
find	查询符合条件的文档

MongoDB 可以单机使用，也可以部署在分布式的环境中。当分布式部署时，集合中的文档会根据指定的属性值进行分块（sharding），分块后保存在不同的机器上。一个分块包含属性值在一段范围内的所有文档，分块的范围可以重叠，这样一个文档可以保存在多台机器上，防止一台机器出现故障时导致数据的丢失。此外，系统还会动态地调整机器之间的负载，根据文档属性的分布调整分块方式，保证机器之间的负载均衡。

MongoDB 还具有一定的数据分析能力，可以对数据进行统计，也可以由客户端发送 JavaScript 的代码到服务端，执行自定义的统计功能。另外，MongoDB 还可以当文件系统用，这项功能被称为 GridFS。

除了自己动手部署使用 MongoDB，还有像 MongoHQ 这样的 MongoDB 云服务，可以像 AWS 等服务一样直接使用，根据使用资源的量收取一定的费用。

3.7　内容回顾与推荐阅读

本章介绍了支撑大数据处理的各种系统，从传统的高性能计算，到新兴的分布式计算，以及和互联网密不可分的云计算。在分布式计算框架中，除了通用的 Hadoop 和 Spark 平台，还介绍了专门用于进行大规模图计算的框架，并说明在数据规模一定的情况下，好的单机系统甚至能获得比分布式多机系统更好的性能。此外，本章还介绍了在数据库领域兴起的 NoSQL 系列数据存储软件。

目前开源领域已经涌现出了数量众多的大数据处理软件，希望读者能通过本章的学习对这些软件有所了解，知道它们的适用场景和基本的使用方法，并能根据实际需求进行合理地选择。例如，由于深度学习在处理过程中主要进行的是稠密矩阵的运算，传统的高性能计算会更适合进行处理。实际上，目前开源的深度学习系统几乎都在高性能计算库的基础上进行了封装，给用户提供了深度学习领域特有的接口，而主要的计算都是由底层的计算库完成的。

需要指出的是，系统的计算能力（或存储能力）是由硬件资源决定的，对于给定规模的问题，首先要有足够的硬件资源。系统软件的作用是对实际问题充分发挥硬件资源的能力，同时给用户提供一个友好的开发接口，提高生产率。在问题复杂性越来越高的前提下，系统软件的作用也显得越来越重要。

推荐读者阅读的著作和译著如下。

（1）Michael J. Quinn（美），MPI 与 OpenMP 并行程序设计（C 语言版），清华大学出版社，2004 年 1 月。

（2）Tom White（美），Hadoop 权威指南（第 3 版），清华大学出版社，2015 年 1 月。

（3）夏俊鸾等，Spark 大数据处理技术，电子工业出版社，2014 年 12 月。

（4）Kristina Chodorow（美），MongoDB 权威指南（第 2 版），人民邮电出版社，2014 年 1 月。

3.8 参考文献

[1] Fay Chang, et al. 2008. Bigtable: A distributed storage system for structured data. ACM TOCS.

[2] Jeffrey Dean, and Sanjay Ghemawat, 2008. MapReduce: simplified data processing on large clusters. Communications of the ACM.

[3] Sanjay Ghemawat, Howard Gobioff, and Shun-Tak Leung, 2003. The Google file system. ACM SIGOPS operating systems review.

[4] Joseph E. Gonzalez, et al. 2012. PowerGraph:distributed graph-parallel computation on natural graphs. OSDI.

[5] Aapo Kyrola, Guy E. Blelloch, and Carlos Guestrin, 2012. GraphChi: large-scale graph computation on just a PC. OSDI.

[6] Grzegorz Malewicz, et al. 2010. Pregel: a system for large-scale graph processing. ACM SIGMOD.

[7] Amitabha Roy, Ivo Mihailovic, and Willy Zwaenepoel, 2013. X-stream: edge-centric graph processing using streaming partitions. Proceedings of the Twenty-Fourth ACM Symposium on Operating Systems Principles.

[8] Matei Zaharia, et al. 2012. Resilient distributed datasets: A fault-tolerant abstraction for in-memory cluster computing. NSDI.

[9] Xiaowei Zhu, Wentao Han, and Wenguang Chen. 2015. GridGraph: large-scale graph processing on a single machine using 2-level hierarchical partitioning. Proceedings of the 2015 USENIX Annual Technical Conference.

4 主题模型

——机器的智能摘要利器

赵鑫　中国人民大学

博观而约取，厚积而薄发。

——苏轼《稼说送张琥》

4.1　由文档到主题

随着互联网文本数据的不断增加，一个很重要的问题就是如何快速了解和获取一个文本数据集合主要覆盖的内容，以及如何分析每个文档所包含的主要语义信息。这个问题本质上需要对文本数据集合进行内容摘要、语义抽取和语义表示。在"大数据"的信息时代，主题模型提供了一种建模思路、方法和工具，可以从大规模甚至海量文本集合中抽取主题和主题分布，其生成的结果既可以用来对语料集合进行初步的语义分析，也可以作为其他高级语义分析挖掘任务的"高阶知识"。可以这样说，主题模型在最近几年能够快速流行的一个重要原因是它在模型复杂性和解释性之间做了很好的折中，抽取得到的主题词汇特别方便数据分析师和普通用户理解。

　　为了更形象地讲解主题模型，首先举一个具体的例子。假设当前任务是，要分析新浪微博上的名人账号所发表的微博内容主要涉及的语义信息，以及每个名人的兴趣分布。那么，主题模型能够提供怎样的分析结果呢?

　　图 4.1 展现了使用主题模型获取的 8 个主题关键词词云。我们的语料集合是使用新浪微博所提供的前 10000 个名人在 2011 年到 2013 年两年内（目前，微博数据已经不再对外提供，因此我们用 2011~2013 年的数据）所发表的 2000 余万条微博。可以看到每个主题都表达了一个非常清晰的完整语义。通过主题抽取，可以很方便地获得一个语料集合上的主要语义信息。每个主题可以理解成在所有词汇上的权重，通过选择在一个主题内具有高权重的若干个词汇，就可以形成主题语义信息的可视化结果，供用户理解。

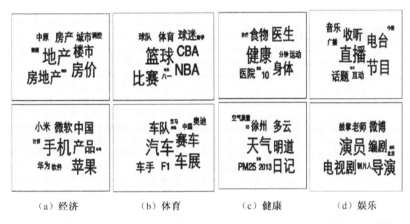

（a）经济　　　　（b）体育　　　　（c）健康　　　　（d）娱乐

图 4.1　主题关键词词云展示（4 个类别，8 个主题，每一列的 2 个话题为一个类别）

　　从另一个方面来说，当获得了所抽取的主题语义信息之后，主题模型可以给出每个名人在各个主题上的权重分布，更具体一些，可以分析每个名人最为关注的主题语义信息。图 4.2 展示了两位名人用户的主要兴趣。为了方便展示，我们对主题打了标签，从而形成主题兴趣词云。

(a) 何炅［主持人］　　　　　　　(b) 雷军［企业家、投资人］

图 4.2　两位名人用户的主要兴趣（数据截至 2013 年）

结合上面两个图的展示，可以看到主题模型为大规模语料集合提供了一种有效的抽取和摘要方法，其输出主要包括两个方面：主题和主题分布。我们将在下面的内容中具体介绍主题模型。

4.2　主题模型出现的背景

要介绍主题模型，一个很好的思路就是先回顾常用的文本表示方法的发展历程。目前，学术界和工业界广泛使用的两类文本表示模型为：向量空间模型（Salton, et al., 1975）和统计语言模型（Ponte & Croft., 1998）。虽然后续提出了更复杂的表示模型和方法，但这两类模型仍然是最常用的文本表示模型。这两大类模型的基本出发点，都是认为文档是在词汇空间中进行表示的，也就是说一个文档会形成一个"文档到词汇"的映射或者表示。别看这两种表示方法简单，但它们具有很多的优点，如容易被理解、实现简单、效果稳定，等等。

如果使用线性空间来解释向量空间模型，则可以把每个词汇对应到空间中的一个坐标轴方向，进而可以将文档表示理解为确定每个坐标轴对应的坐标值。这里隐含地使用了"词与词之间是独立的"这一假设，也就是说，认为词汇对应的单位向量是线性无关的；与向量空间模型类似，一元统计语言模型将一个文档表示成单个词汇构成集合（即集合的每个元素是单个词汇）之上的概率分布，每个概率值代表该文档中对应词汇的生成概率，也代表了文档与词汇之间的相关度。一元统计语言模型隐含地使用了不同单词之间的独立性。

假设词典为 $\{A_1\ A_2\ B_1\ B_2\ C_1\ C_2\ C_3\}$，第一个文档词序列为"$A_1\ A_2\ A_1\ A_2$"，第二

个文档词序列为"$C_1C_2\,B_1\,B_1$"，如果使用一元语言模型并且使用简单最大似然估计，则可以将这两个文档分别表示为{A_1:0.5 A_2:0.5 B_1:0 B_2:0 C_1:0 C_2:0 C_3:0}和{A_1:0 A_2:0 B_1:0.5 B_2:0 C_1:0.25 C_2:0.25 C_3:0}。

很快，研究学者发现了这两种表示所使用假设中的问题——词的"同义与多义"问题，这也是促使第一个主题模型问世的主要原因。同义指的是不同的词汇在一定背景下具有相同的意思；多义指的是一个词在不同的背景下有不同的意思。

下面举一个具体的例子。

同义：

今天面试就是去打酱油。

今天面试就是随便参与一下。

歧义：

中午要吃饺子，下班先去打酱油。

今天面试就是去打酱油。

在这个例子中，我们不难发现，传统的文档到词的表示方法很难刻画词的同义与多义问题。于是人们开始思考，传统的表示模型到底应该如何改进呢？

4.3　第一个主题模型：潜在语义分析

主题模型的精髓实际上都源自潜在语义分析（Latent Semantic Analysis，LSA）（Deerwester, et al., 1988）。潜在语义分析，打破了以往人们对文本表示的一个限制：文本必须在词汇空间中表示。

潜在语义分析创新地引入了语义维度，语义维度是文档集合上相同、相关信息的浓缩表示。如果将每一个维度对应表示空间中的一个轴，则形成了一个语义维度空间，进一步可以将文档在语义维度空间中表示。形象地说，在以往的"文档→词汇"映射表示中，引入了一个语义维度，即"文档→语义→词汇"。潜在语义分析的本质是考虑词与词在文档中的共现，通过线性代数的方法提取这些语义维度，然后实现文档在语义空间上的降维表示。提到降维表示，这里应该说明的是"降维"不是主题模型的最初目的。主题模型主要是为了发现隐含的语义模式，因此，简单地把主题模型理解为一种文档的降维表示方法并不合适。

仍然使用上面的例子，词典为 $\{A_1\ A_2\ B_1\ B_2\ C_1\ C_2\ C_3\}$，第 1 个文档词序列为"$A_1$ $A_2\ A_1\ A_2$"，第 2 个文档词序列为"$C_1\ C_2\ B_1\ B_2$"。这里假设 A_1 和 A_2 表示话题 1，B_1 和 B_2 表示话题 2，C_1、C_2 和 C_3 表示话题 3。LSA 试图自动从文本语料中学习得到这三种隐含话题，继而将文档表示在这 3 个话题所组成的语义空间里：第 1 个文档与话题 1 具有紧密联系，而第 2 个文档与话题 2、话题 3 具有紧密联系。

下面简要介绍潜在语义索引，我们通过它来介绍一些主题模型的核心思想。潜在语义索引的英文全称为 Latent Semantic Indexing（LSI），LSI 在提出时就是为了解决检索中语义不匹配的问题（例如，歧义和多义），而检索算法一般是基于倒排索引进行设计的，因此沿用了检索里的术语，LSI 又称为 LSA。1988 年，Deerwester 等人发表了关于 LSI 的最原始的学术论文（Deerwester, et al., 1988），虽然它的诞生与因子分析和主成分分析有很紧密的联系，但这并不是本节的重点，并且因子分析和主成分分析并没有直接涉及文本背景，因此这里略去不谈。

假设语料集合中，文档的数量为 n，词汇的数量为 m，给定一个词—文档矩阵 $A(m×n)$，其中元素 $A_{i,j}$ 表示表示词 i 在文档 j 中的权重（设置为出现的词频数，也可以使用其他的方法，例如 tf-idf），这样矩阵 A 的每一行对应一个词，而每一列对应一个文档。针对矩阵 A，LSI 采用奇异值分解（Singular Value Decomposition，SVD）技术进行隐含语义的学习。我们简要介绍最后的分解结果：

$$A = \mathbf{TSD}^{\mathrm{T}}$$

$$\mathbf{T}^{\mathrm{T}}\mathbf{T} = I_r,\ \ \mathbf{D}^{\mathrm{T}}\mathbf{D} = I_r$$

$$\mathbf{S}_{1,1} \geqslant \mathbf{S}_{2,2} \geqslant \cdots \geqslant \mathbf{S}_{r,r} > 0,\ \ \mathbf{S}_{i,j} = 0,\ \text{当}\ i \neq j$$

通过奇异值分解，矩阵 A 可以分解为三个矩阵：$\mathbf{T}$、$\mathbf{S}$ 和 $\mathbf{D}$。$\mathbf{T}$ 是一个 $m×r$ 的词汇向量矩阵，$\mathbf{S}$ 是一个 $r×r$ 的对角阵（对角元素递减排列），$\mathbf{D}$ 是一个 $n×r$ 的文档向量矩阵。其中，$r \leqslant \min(m,n)$。

在此基础上，LSI 做了降维的近似处理：$A \approx A_K = T_K S_K D_K^{\mathrm{T}}$。通过这一近似处理，实际上只保留了 S 中最大的 K 个对角值（也就是奇异值），进而文档向量矩阵 D 和词汇向量矩阵 T 都被缩成了 K 列。其中，词汇向量矩阵的每一列一个主题，而文档向量矩阵的每一行就是一个文档对应在这 K 个主题向量上的系数表示（S 矩阵对应对角元素进行加权）。因此，给定一个原始的文档向量（也就是 A 的一列），$\vec{D_j} \approx \sum_k s_{k,k} d_{j,k} \vec{t_k}$。对于多个文档，这 K 个主题向量是共享的，但是线性结合系数是文档特定的。通过这样的表示可以清晰地看到，每一个文档向量可以近似表示成主题向量的线性加权，也就是每一个文档都表示成了主题向量上的权重分布，即建立起了"文档→语义"的关系；从另一个角度看，一个主题向量是在原始词汇空间上的一个向量，每个维度的数值表示该主题内对应该词汇的权重，一个词的权重越大，表示它在该主题内部越具有代表性。

尽管主题模型的数学刻画方法有很多种（矩阵分解、概率模型等），但主题模型最基本的思想可以总结为：

（1）找到一系列语义"独立"的主题（在 LSI 中为线性无关的向量）。

（2）将文档表示成主题上的权重分布。

（3）在每个主题内部，词汇可以按照与主题的相关度进行排序，进而形成主题信息的可视化理解。

现在回到最开始的问题：为什么主题模型能够解决同义和多义的问题？

同义：LSI 及后面提到的概率主题模型，本质上就是挖掘词汇与词汇在文档层面的共现模式（主题模型的变种可能未必是文档层面上的共现）。如果两个词汇经常共现，那么它们很可能具有相同的语义；如果两个词汇经常与一些相同的背景词汇共现，那么它们也有可能具有相同的语义。主题模型通过捕捉这样的共现模式，使得最后出现在同一个主题内部、具有高权重的词汇聚合在一起，而这些聚合在一起的词汇实际上很有可能就是一些同义或者语义相近的词汇。因此，主题模型可以刻画同义现象。

多义：多义是指同一个词在不同背景下可能具有不同的语义。为了理解这个问题，我们来研究 LSI 中的每个主题向量。前文介绍过，主题模型倾向于把相同语义的词汇聚合到同一个主题内部[①]。当仅给定一个多义的词汇时，很难判断这个词的具体语义，但是如果给了一个词的背景信息（如它前后的词汇），则能够较容易地判断这个词对应的具体语义。将词汇聚合成主题后，给定一个词时，实际上可以观察它所在主题内部的其他词汇，这些词汇可以帮助我们理解这个词汇；当从一个主题换到另一个主题时，相同的词汇就有了不同的背景主题词汇，借助所在主题的背景词汇，就可以更准确地判断每个词汇特定背景下的语义。

我们已经解释了同义和多义的问题，但这只是最原始的 LSI 的动机，现在的主题模型已经能够很好地解决这两个问题，并且具备一些更深入的功能，我们会在下面给予介绍。

4.4 第一个正式的概率主题模型

LSI 在映射表示中引入了一个语义维度，即"文档→语义→词"，然后通过线性代数的方法挖掘词汇之间的共现关系，提取"语义"维度。我们还可以使用其他方式刻画这种思路。随着概率统计分析在文本建模应用中的不断发展，潜在语义分析从线性代数的分析模式提升到概率统计的展现模式，代表性模型为 pLSI（probabilistic Latent Semantic Indexing，亦称为 pLSA）。原始的 pLSI 论文没有用到 topic model 这个专业术语[②]，而称主题模型为 aspect model。其实在情感分析领域的一些文章里，我们经常看到 aspect 这个单词，它通常指情感分析对象的各个属性特征。

在 LSI 中，每个语义维度对应一个特征向量。在概率模型中，每个语义维度 t 则对应一个词典 V 上的概率分布，即 $\{\Pr(w|t)\}$，其中 w 是来自词典 V 中的单词。如果将文档对每个语义维度的权重对应到概率模型中，则每个文档 d 便表示成一个语义空间上 T 的概率分布，即 $\{\Pr(t|d)\}$。所以不难发现，pLSI 就是 LSI 的一种概率呈

[①] 注意，这是基于权重的"软"聚合，而不是基于 0 或者 1 的"硬"聚合，因此一个词汇会出现在多个主题内部，但是权重不同。

[②] 这个模型有 pLSI 和 pLSA 两种叫法，pLSI 中的 I 是"indexing"的缩写。因为 LSI 最早是在检索背景下提出的，所以 pLSI 沿用了之前的叫法。随着后续工作的开展，其实 pLSI 已经不局限于检索问题，所以使用 pLSA 更科学。

现。在原始的 pLSI 论文中，作者清晰地讲解了 pLSI 和 LSI 形式化的对应联系，本节不予详述。本节只强调模型假设：在 LSI 里，假设主题向量之间是正交的；对应到 pLSI 里的假设是：不同主题变量之间是相互独立的。

下面给出 pLSI 的图模型示意图，如图 4.3 所示。

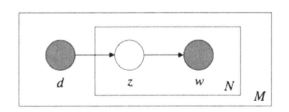

图 4.3　pLSI 的图模型示意图

每个矩形方框代表重复生成过程若干次，方框右下角的字母表示重复次数；每个圆圈代表一种变量，灰圆圈表示已知变量，白圆圈表示隐含变量。箭头表示变量间的依赖关系。从图 4.3 中可见，每一个词的生成过程，就是从 d 到 w 的一个路径"$d{\rightarrow}z{\rightarrow}w$"。其中，$d{\rightarrow}z$ 的生成过程是为 w 根据概率 $\Pr(z|d)$ 选择一个主题标签；$z{\rightarrow}w$ 的生成过程，则是根据已经生成的主题标签 z，依据概率 $\Pr(w|z)$ 生成 w。我们会在下面的内容中详细介绍主题模型的生成过程。

4.5　第一个正式的贝叶斯主题模型

尽管 pLSI 采用了概率模型作为刻画方法，但是它并没有"将概率表示进行到底"。严格地讲，pLSI 不是一个完整的贝叶斯模型：其中的 $\{\Pr(w|t)\}$ 和 $\{\Pr(t|d)\}$ 都是直接根据数据估计出来的，都是模型参数，而没有对这些参数引入先验。

在这种背景下，David Blei 首次提出全贝叶斯版本的 pLSI，并将其称为**主题模型**（Latent Dirichlet Allocation）（Blei, et al., 2003），简称 LDA。LDA 对 pLSI 做出的改进可以归结为以下几点：

（1）实现了 pLSI 的一个全贝叶斯视角的模型和解释。

（2）提出了基于变分法的模型推导方法。

（3）第一次显式地提出了主题模型。

（4）将原始 pLSI 中文档与文档、词与词之间的独立假设（bag-of-word 假设），替换为可交换性（可以简单理解为条件独立）假设。

但是，LDA 并没有提出主题模型思想上的改进，其生成过程基本上和 pLSI 保持一致。其在模型上所做的主要贡献，可以概括为把 $\{Pr(w|t)\}$ 和 $\{Pr(t|d)\}$ 这些 pLSI 中的参数看作模型变量，进而为其增加了 Dirichlet（狄利克雷）先验。读者可能会注意到，Latent Dirichlet Allocation 中包含的一个主要词汇就是 Dirichlet，在此笔者不详细地介绍该概率公式，只介绍为什么使用 Dirichlet 分布作为这些模型变量的先验概率函数，而不使用其他概率函数。其原因只有一个：方便模型推导。Dirichlet 和 Multinomial（多项式）是一对好兄弟：Dirichlet 是多项式的共轭先验。所谓共轭先验，是指后验的概率函数形式和先验的概率函数形式一样。这样带来的好处是数学推导极其方便。所以采用 Dirichlet 先验并没有什么神奇的秘密，而是为了方便求解，我们需要那样做。

尽管来自 LDA 的创新点并不多，但是它着实带来了很多好处，例如容易引入更多的信息（作者、时间维度）和对模型进行拓展。除了这些显而易见的好处，更本质的优势是借助贝叶斯这棵大树，大踏步地成长起来：通俗地说，所有贝叶斯的相关技术和研究成果都可以套用在 LDA 这个模型上。所以，当贝叶斯火得一塌糊涂的时候，LDA 又怎么能不火呢？从另一个角度看，单从模型估计和数据拟合上来说，pLSI 确实有着一些弊病，如过拟合数据、"零频率"问题（对于领域外词汇无法处理）。总体来说，LDA 是一个直观却又足够灵活的模型。

4.6 LDA 的概要介绍

LDA 是一种层次化贝叶斯模型。为了方便以后的叙述，我们先详细地介绍一些形式化定义作为基础。假设整个文档集合一共有 T 个主题，每个主题 z 被表示成一个词典 V 上的一元语言模型 θ_z，即词典上的一个多项式分布。进一步假设每个文档 d 对应这 T 个主题有一个文档特定的多项式分布 d。

图 4.4 展示了 LDA 的生成过程。以文档为例，生成过程如下：

（1）采样 $\theta_d \sim \mathrm{Dir}(\alpha)$。

（2）对文档 d 中的每一个词 w，我们

- 采样一个主题标签 $z \sim \mathrm{Multi}(\theta_d)$；
- 生成对应的 $w \sim \mathrm{Multi}(\varphi_z)$。

其中 $\varphi \sim \mathrm{Dir}(\beta)$。

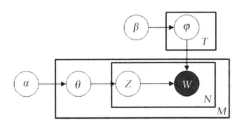

图 4.4　LDA 的生成过程

对初学者来说，可以只关注"文档→主题→词汇"这条生成链，从中提取两种概率：一种是"文档→主题"的分布；另一种是"主题→词汇"的分布。因为这两种分布都是使用多项式分布刻画的，因此读者可以将生成过程类比为抛一个多面体的骰子。我们有两种不同类型的骰子：第一种是"文档→主题"骰子，每个文档对应这样一个骰子，骰子的每个面表示一个主题标签，每一个文档由不同的骰子面生成概率；第二种是"主题→词汇"骰子，每个主题对应这样一个骰子，骰子的每个面表示一个词，每一个主题由不同的骰子面生成概率。

基于这些类比，一个词的生成过程就可以理解为抛两次骰子的过程，第一次抛"文档→主题"骰子选择一个主题标签，第二次抛"主题→词汇"骰子，根据已经选择的主题标签生成对应的词汇。

下面具体介绍什么是主题及 LDA 中文本的生成过程。主题的语义依赖于具体的语料集合。主题是语料集合上语义的高度抽象、压缩表示。在主题模型中，每个主题被表示成一个多项式分布。在实际应用中，往往截取前 10 个关键字作为结果展示。每个主题相对文档表达的内容形成了更加浓缩的表示。表 4.1 列出了 5 个样例主题，我们可以看到每个主题对应一个比较一致的语义。

表4.1　5个样例主题

口 头 语	足 球	电 视 剧	教 育	健 康
回复	足球	电视剧	老师	健康
呵呵	比赛	卫视	学生	医生
支持	球迷	演员	同学	身体
谢谢	体育	后援会	学习	事务
嘻嘻	球队	导演	学校	医院
偷笑	球员	杀青	大学	锻炼
快乐	女足	拍摄	教育	运动
不错	联赛	拍戏	教授	治疗
感谢	曼联	剧组	培训	营养
分享	赛季	影视	课程	减肥

如果将一个名人所发表的所有微博聚合成一个文档，就可以得到该文档对应的主题分布，也就是这个名人的兴趣分布。假设只有表 4.1 中的 5 个主题，那么可以获得如表 4.2 所示的名人在 5 个主题中的兴趣分布。

表4.2　名人在5个主题中的兴趣分布

名人类别	口 头 语	足 球	电 视 剧	教 育	健 康
某影视演员	0.20	0.01	0.70	0.04	0.05
某足球球星	0.10	0.70	0.01	0.04	0.15
某教学机构创始人	0.20	0.02	0.03	0.70	0.05

假设一个足球球星发了一条微博："哈哈，终于赢了这场比赛，今晚要好好休息。"对每一个词，LDA 先根据该足球球星的兴趣选择一个主题标签，然后根据该标签生成该词。如图 4.5 所示，该球星的微博主要涉及三个主题：口头语、足球比赛和健康。这体现出该球星更有可能选择他感兴趣的主题标签，而给定一个主题后，模型更有可能生成高概率的词汇。

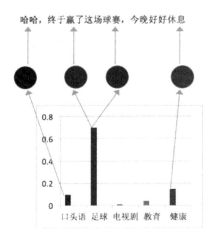

图 4.5　LDA 生成过程示例

下面着重讨论理解 LDA 的一些重要知识，尤其是 LDA 与 pLSA 的不同点。

（1）**贝叶斯层次模型**：LDA 和 pLSI 最大的区别是 LDA 是"完全的"贝叶斯模型，而 pLSI 不是。在 pLSI 中，θ_z 和 φ_d 都是参数，因此参数的数量会随着文档数目和主题数目的增加而增加；而在 LDA 中，则把 θ_z 和 φ_d 看作随机变量，它们都是由一组超参数进行控制的。

（2）**可交换性**：可交换性指的是，给定一个有限长度的变量序列 $z_1 z_2 \dots z_L$，对于该序列的任何一个置换 $\pi: \{1, 2, \dots, L\} \to \{1, 2, \dots, L\}$，有 $P(z_1 z_2 \dots z_L) = P(z_{\pi(1)} z_{\pi(2)} \dots z_{\pi(L)})$。如果一个序列中的变量满足独立同分布(i.i.d.)，那么该序列一定是可交换的，但是反之未必成立。根据 De Finetti 定理，可交换性实际上指的是条件独立同分布，即给定决定这些变量分布的一些信息后（例如，参数及分布函数），这些变量的分布才满足独立同分布。

（3）**概率共轭**：根据贝叶斯定理 $P(\theta|X) \propto P(X|\theta)P(\theta)$，概率共轭指的是后验概率 $P(\theta|X)$ 和先验概率 $P(\theta)$ 有着同样的概率形式，如果满足这一条件，则 $P(\theta|X)$ 和 $P(\theta)$ 就叫作一个共轭对。在 LDA 中，Dirichlet 分布和多项式分布就是一个共轭对。

（4）**先验设定**：在 LDA 中，有两组先验，一种是"文档→主题"的先验，来自一个对称的 Dir(α)；另一种是"主题→词汇"的先验，来自一个对称的 Dir(β)。文献

（Griffiths & Steyvers, 2004）中给出了一些经验性的 α 和 β 的取值方法：$\alpha=50/T$，$\beta=0.1$。由于 LDA 采用了一个完全的贝叶斯途径，对于未知文档、词汇的估计具有更强的刻画能力。实际上，pLSI 也同样可以通过采用 MAP 的估计方法引入先验。在一般的文本挖掘任务中，这两种模型的实际效果应该接近，但是 LDA 显得更灵活、理论基础更扎实，可以有多种模型求解方式，而 pLS 通常只能使用 EM 算法进行参数估计。对于同样思想的模型，不同的求解方法往往会带来效果上的很大差异。特别是当考虑的文本挖掘问题特别复杂时，LDA 更容易实现在一个模型中结合多个模型组件。此外，还有一些非参数贝叶斯的方法引入了更复杂的先验信息，例如狄利克雷过程（Dirichlet Process）（The, 2010；Teh, et al., 2006），在后续章节遇到相关内容时再详细介绍。

4.6.1　LDA 的延伸理解：主题模型广义理解

我们已经介绍了 LDA 的基本形式，本节从混合隐含模型的角度对主题模型进行更深入的理解。

混合模型的本质是基于很简单的组件模型，即利用一些结合技术进一步增强模型的表达能力，以达到通过简单模型建立复杂模型的效果；另外，基于简单组件建立的混合模型往往很容易理解，模型推导也相对清晰。通过学习共同的组件模型，可以寻找数据内部潜在的共享模式，是面对复杂问题的很好选择。LDA 本质上就是一种混合模型，包括之前的 pLSI 和 LSI 都可以理解成"广义的混合模型"。在此，我们对广义混合模型的定义不是局限于概率范畴的，而是一种建立模型和解决问题的思路与方法。

混合模型主要关注两个方面：

（1）组件模型的选择。

（2）如何结合各个组件模型。

先从高斯混合模型出发，介绍混合模型的基本思想。高斯混合模型假设数据的生成是由 K 个不同的高斯分布（K 个"堆"）决定的。每个数据点首先根据"堆"的先验概率挑选一个高斯分布，再由这个高斯分布的参数结构特点生成这个点。每个数据点在高斯混合模型中的概率密度函数可以写作：

$$p(x) = \sum_{k=1}^{K} p(k)p(x\,|\,k)$$

$$= \sum_{k=1}^{K} \pi_k N(x; \mu_k, \sigma_k^2)$$

单一的高斯分布往往只能表达很简单的"圆形"（广义的圆形结构），但是高斯混合模型可以表达很复杂的数据模式。在高斯混合模型中，组件模型是高斯分布函数，而组件的结合方式是线性的概率结合，所有数据点共享同一种线性概率系数。基于对以上混合模型的理解，再从混合模型的角度来理解 LDA。

对照高斯混合模型，在 LDA 中，我们将组件由高斯概率分布换成了多项式概率分布。多项式分布经常用于离散变量的概率建模，特别是文本数据。LDA 与高斯混合模型相同的是采用基于概率的线性结合方式。不同的地方是，高斯混合模型中没有文档的概念，所有的数据点都共享同一组概率系数；而在 LDA 中，同一个文档中的所有词共享同一组概率结合系数，也就是说，概率结合系数是文档特定的。包括后续的 Dirichlet 和层次化的 Dirichlet Process 等，都是基于混合模型的思路。混合模型的重要好处是数据点可以共享组件信息和组件权重系数，这在层次化的 Dirichlet Process 中体现得更明显。

同理，LSI 也可以使用混合模型的思想来理解，虽然它不是概率混合模型。在 LSI 中，组件是空间向量，组件模型结合系数则是权重系数（即文档在主题空间的潜在表示）。

混合模型往往和隐含模型具有很深的关联。很多概率混合模型都是隐含模型，例如高斯混合模型。在隐含模型中，我们假设数据点的信息有一部分是可见的（X），另一部分则是不可见的（Y），即隐含信息。借用期望最大化算法中的术语，我们将可见与不可见结合起来的数据（X, Y）叫作一个完整数据。例如，在高斯混合模型中，一个数据点 x 和生成它的高斯分布的堆的索引 k，叫作一个完整的数据点。在高斯混合模型的原始输入数据中，我们无法获知一个数据点具体属于哪个堆。在主题模型中，我们可见的变量就是词汇，而不可见的变量就是每个词所对应的主题标签。将一个词与其对应的主题标签组合在一起，实际上就构成了一个文本中的完整数据点。对这些隐含变量的推理和求解是主题模型求解的关键问题，一旦获得了对隐含数据的估计，就可以进一步估计主题模型中的关键参数，如"文档→主题"分布、"主题→词汇"分布。上面所讨论的内容，正是主题模型的吉布斯（Gibbs）采样求解方法的基本思想。

4.6.2　模型求解

对于标准的 LDA，模型求解是一个复杂的最优化问题，很难有精确的求解方法，因此通常考虑使用不精确的模型求解方法。大概有两种最常用的模型求解方法：一种是基于 Gibbs 采样的方法（Griffiths & Steyvers, 2004），另一种是基于变分法 EM 求解（Blei, et al., 2003）。一般来说，Gibbs 采样的方法推导起来更简单且求解效果也不错，所以本节我们主要对它进行介绍。

Gibbs 采样是一个 Metropolis-Hastings 算法的特例。其基本思想是，给定一个多维变量的分布，相比于联合分布积分，从条件分布中进行单维度采样更简单。假设我们想要从一个联合分布概率 $P(x_1, x_2, \cdots, x_L)$ 中获得 K 个样本。该方法的两个通用步骤如下：

（1）随机地初始化每个变量获得 $X^{(0)}$。

（2）对于每个样本 $X^{(i)}$（$i=1 \cdots L$），每一维的变量 $X_j^{(i)}$，根据条件分布概率，有 $P(X_j^{(i)} \mid X_1^{(i)}, \cdots, X_{j-1}^{(i)}, X_{j+1}^{(i)}, \cdots, X_L^{(i)})$，在 LDA 的基于 Gibbs 采样的模型求解中，往往采用 Collapsed Gibbs Sampling 方法（Griffiths & Steyvers, 2004），其基本思想就是不考虑 $\{\theta_z\}$ 和 $\{\varphi_d\}$ 两组随机变量，只考虑对每个词主题标签的推理求解：

$$P(z_{d,i} = t \mid \vec{z}_{d,-i}, \vec{w}_{d,-i}, w_{d,i} = v) = \frac{n_{d,t}^{-i} + \alpha}{n_{d,\cdot}^{-i} + T\alpha} \frac{n_{t,v}^{-i} + \beta}{n_{t,\cdot}^{-i} + V\beta}$$

在上面的公式中，主要包括两项，第一项 $\dfrac{n_{d,t}^{-i} + \alpha}{n_{d,\cdot}^{-i} + T\alpha}$ 可以理解为文档 d 内部，词汇被标记为主题 t 的权重比例，第二项 $\dfrac{n_{t,v}^{-i} + \beta}{n_{t,\cdot}^{-i} + V\beta}$ 则可以理解为主题 t 内部，词汇 v 的权重比例。因此，采样过程中同时考虑了文档主题概率分布和主题词汇分布概率。吉布斯采样最大的好处就是采样公式非常容易理解，而且实现方便，大部分有效的推理算法都是基于吉布斯采样的公式对推理算法进行加速的。

在实际应用中，需要考虑文本数量巨大和时序演进等特征，很多研究人员开始关注 LDA 的快速推理算法、在线学习、文本流的推理算法、分布式学习。这些研究会使求解 LDA 模型的效率大大提升，同时将适应文本的时序特征，可以更好地处理文本流数据。

4.6.3　模型评估

主题模型的评估虽然一直受到高度关注，但是并没有得到很好的解决。主要是因为 LDA 本身是一种文本表示方法，很难直接评估一个表示方法的好坏。

目前有的方法，大概可以分为以下三类。

1. 基于复杂度（Perplexity）的方法

复杂度经常被用在语言模型中，用来衡量语言模型对测试语料的建模能力的"好坏"。简单地说，复杂度是根据当前模型对测试数据拟合程度的估计值。当一个新的主题模型被提出后，首先计算该模型在测试集合上的复杂度分数。然后与标准的 LDA 模型对比，如果得到了更小的复杂度分数，就认为该模型的建模效果好于 LDA 模型。但基于复杂度比较的一个基本问题是，复杂度分数小的模型是否一定能在实践中获得更好的效果？更直接地说，是否能够生成更好的主题词汇？这些问题，目前还没有一个确定的研究结果。

2. 基于高概率主题词的评判

每一个主题最终的表示形式是一个一元语言模型，可以根据每个主题内部词汇概率的高低进行主题词汇的排序。得到的这些高概率的主题词汇可以直接作为输出展示给用户，然后让用户进行评估。文献（Chang, et al., 2009a）第一次系统地构建了主题模型的人工评测方法。主要考虑两个评估方向：第一个方向是主题内部一致性。具体来说，对于一个主题，首先选择具有最高概率的 5 个主题词，然后随机地添加一个在当前主题下有着较低概率但是在其他主题内部具有较高概率的词汇；第二个方向是文档内部主题分布的一致性。具体来说，对于一个文档，首先计算得到概率最高的若干个主题，然后随机地添加一个其他主题。对这两个评估方向，都要请人评估，找出随机添加的不相关词或者主题的难易程度。尽管这种方法简单易懂，但是需要人工判断，因此并不适用于实践。应用较广的是 Mimno 提出的基于主题内部高概率词汇之间的一致性的指标（Mimno, et al., 2011），这种方法计算简单，通过实验证明，这种方法与人工判断的结果具有很好的关联性。

3. 利用其他任务的效果间接评估

对于一个主题模型，通过模型求解后，可以得到两种概率：第一种是"文档→主题"的概率；第二种是"主题→词汇"的概率。这两种概率可以直接在一些任务中使用，如文档相似度的计算、主题间相似度的计算，等等。通过这些间接任务来比较主题模型的好坏存在一个问题：对于不同的任务，每个主题模型的优点可能不一样，所以一个任务不能衡量两个主题模型之间孰优孰劣。

4.6.4 模型选择：主题数目的确定

对主题模型来说，一个非常重要的问题就是如何确定主题数目。这实际上是一个模型选择的子问题。与模型评估相似，它们都是非常困难的研究课题。目前，确定主题数目的方法大概有三种：

1. 经验设定

在一些文本挖掘工作中，研究人员往往通过反复调试或者枚举主题的数目来观察实验效果的好坏，例如观察高概率主题词汇的好坏、语义是否一致等。这种方法虽然是启发式的，但往往在实际中简单易行，因而是最常用的方法。实际上，大部分基于主题模型的应用工作都直接采用这种经验性的方法来设定主题数目。

2. 基于复杂度的确定方法

在模型评估中，如果一个主题模型在测试语料集合上获得了较低的复杂度数值，就认为这个主题模型具有更好的模型表示能力。这种方法仍然是对主题数目进行枚举，然后观察复杂度的变化。此外，复杂度数值的大小和主题模型在实际任务中表现的好坏，在理论上并没有直接关联。所以在一些具体的文本挖掘工作中，这种方法并不被采用，而是直接使用经验设定的方法；但对于机器学习的研究群体，往往通过此方法验证一个新的主题模型的好坏。

3. 使用非参数的贝叶斯方法对主体模型进行拓展

我们将在 4.7 节对这个方法进行详细介绍，其核心思想是利用一些随机过程作为先验，通过数据的自适应自动学习出主题数量。尽管主题数量是自动学习出来的，但是需要很仔细地设置模型，引入其他超参数，所以这个方法没有从本质上解决主题数量的自动确定问题。非参数模型的一个可能的优点就是将寻找最优的单一主题参数，变为寻找多个超参数。这样有可能使潜在的最优参数搜索空间变大，因此更有可能发现最优模型。

4.7　主题模型的变形与应用

4.7.1　基于 LDA 的变种模型

自 2003 年 LDA 模型被首次提出以来，截至 2019 年年初，该原始论文已被引用超过 25000 次。大批学者在基本的 LDA 模型基础上，进行了各种变形和拓展，还将其应用在各种任务上。在此，我们试图将这些模型的变化和拓展进行一个粗略的总结，以便读者了解主题模型的发展。

1．打破原有的可交换假设

在原始的 LDA 模型中，可交换性主要体现在以下三个方面：

（1）文档集合内部，文档之间的顺序是没有关系的。

（2）文档内部，词与词之间的顺序是没有关系的。

（3）各个主题间没有关联。

原始的可交换假设主要是为了数学建模和求解的方便，实际上这些假设在一定程度上限制了模型的表示能力。因此，有一些模型开始对这些可交换假设放松限制，如引入文档间的关联（Chang & Blei, 2009）、引入文档内部词与词之间的（顺序）关联（Gruber, et al., 2007）、引入主题之间的关联（Blei & Lafferty, 2007）等。通常情况下，一旦打破原有的可交换性，模型的复杂度将显著增加，所以需要考虑模型表现能力与模型复杂度之间的权衡。另一个折中的方法，是并不打破这些可交换假设，而是在优化公式上加入刻画关联关系的正则化因子（Mei, et al., 2008）或者利用结构化的先验信息（Chen & Liu, 2014）（Andrzejewski, et al., 2009）等。

2. 基于非参数贝叶斯方法的变形

其中，比较有代表性的就是基于 Dirichlet Process 的方法，这种方法可以自动学习出主题的数目（The, 2010）（Teh, et al., 2006）。那么问题来了：基于 Dirichlet Process 的方法是不是可以解决主题模型中的自动确定主题数目这个问题呢？答案是多方面的：

（1）这种方法在一定程度上解决了主题模型中自动确定主题数目这个问题。

（2）代价是必须更细心地设定、调整其他参数的数值，例如超参数的设定。

（3）基于 Dirichlet Process 的方法在实际运行中复杂度往往更高。由于在学习过程中总有主题模型的产生与消亡，这将增加模型运行和维护的复杂性。所以在实际中，往往要看自动确定主题数目这个问题到底对于整个应用问题的需求有多重要。如果经验设定就可以满足，就不必采用基于非参数的方法；而对于一些非经验设定可满足的问题（如为了引入一些先验知识或者结构化信息），则往往优先选择非参数的方法，例如树状层次的主题先验结构。

3. 从无结构到结构化或者半结构化

标准的主题模型是一种无监督学习方法，只需要输入主题数目和一个文档集合的所有文档，就能够进行主题的自动学习。对于一些特定的应用问题，例如文档分类，如果已经有了部分训练数据（例如，文本的类别标签等），那么在主题模型中如何使用这些训练数据的信息呢？在很多情况下，可能很难直接获取训练数据，但是可以获得很多文档附加信息。纯文本往往把文本直接看作词袋而没有任何附加信息。随着文档数据格式的丰富和互联网数据的发展，传统的纯文本建模方法不能完全胜任，容易忽略其他很重要的特征，例如时间标签、类别标签、用户提供的标签等。所以对主题模型而言，一个非常重要的发展方向就是如何在主题模型中融入这些有用的特征。在所有这些特征中，作者实体、时间、网络结构、标签信息等都是非常典型的特征，获得了学者们的广泛关注。这种信息的融入可以看作某种监督学习或者弱监督学习的方法，实际上在主题模型中融入结构化信息的途径，已有的方法就是通过主题先验进行注入、将主题信息与响应变量进行关联、增加正则化因子，等等。

4.7.2　基于 LDA 的典型应用

随着社交媒体的不断发展，文本的形式有了很大的变化。传统的主题模型（如 LDA）在这些新类型文本的语料上，效果远没有其在传统文档集合上的好。因此，我们围绕这些新特征探讨如何应用和改进传统的主题模型。

1. 短文本

由于社交媒体的内容是由用户生成的，很多网站为了方便用户发表观点，都支持短文本的发表，典型的应用网站如微博、电子商务网站、论坛，等等。在此，主要以微博为例回顾当前短文本建模的一些研究成果。微博，由于其灵活的发布消息机制及丰富的社交关系，一经推出就被大量用户使用，最近几年已成为最活跃的社交媒体平台之一。微博短小精悍的特点为用户发表和阅读带来了很大方便，一般微博网站都限制消息在 140 字以内。短文本建模的主要问题就是单一文档长度过短。因此，完全凭借单一短文本中的文本信息，有时很难推测整个文档的全部语义。

第一种思路是使用短文本聚合技术，这也是目前最简单而又有效的方法。将短文本进行聚合，实际上相当于引入单一短文本的上下文背景信息，从而更好地满足主题模型对文档内容长度的要求（Tang, et al., 2013）。文献（Hong & Davison, 2010）经验性地将微博按照作者进行聚合，形成新的长文档，并在后续实验中发现这种聚合方式是最有效的。这种聚合方式实际上是 Author-Topic 模型（Rosen-Zvi, et al., 2004）单一作者的特例，即每一个作者都唯一对应着一个文档。按照作者进行微博聚合只是一种聚合方法，还可以按照其他方式进行聚合，如先将微博按照语义相似度进行聚类，再将每类当作一个文档；还可以根据微博中所含有的标签信息，根据标签进行微博聚合。这里的主导思想就是，我们将语义有关联的微博进行聚合，这些微博拥有一个统一的“文档”主题分布。配合这种聚合方式，还可以对文本片段进行切分和重组，引入各种粒度的语义信息单元，如二元组（Yan, et al., 2013）、单一短句（Zhao, et al., 2011）、段落（Titov, et al., 2008）。

第二种思路，就是引入一些外部附加的知识来丰富短文本的语义信息，如附加的标签等（Ramage, et al., 2009）。具体来说，假设这些外部的附加知识与主题分布间具有一些关联，借助这些附加信息来挖掘短文本所隐含的主题信息，文献（Tang, et al., 2013）将这一想法进行了泛化。除了短文本自身携带的附加知识，还可以考虑引入其他外部语义信息，如相关文档集合、知识图谱等。

第三种思路主要是在模型稀疏性上施加一些限制，本质的想法就是每个文档只和一小部分主题有关，每个主题只和一小部分词汇有关（Wang, et al., 2013）（Lin, et al., 2014）。这种技术主要是施加了一些模型的稀疏性假设，比较适用于短文本主题建模。

2. 情感文本

社交文本的另一个重要特点就是包含用户的情感或者观点。随着用户在线评论数据的不断增加，消费者开始把在线评论当作一个非常重要的消费意见参考资源。因此，对用户评论中所表达的情感观点进行理解、抽取和摘要成了一个非常重要的研究问题，受到国内外学者的广泛关注（Pang ＆ Lee, 2008）。围绕着在线评论数据，科研工作者相继展开了一系列任务，从粗粒度文档层面的极性分类（Pang, et al., 2002）到细粒度的情感观点抽取（Wu, et al., 2009）。例如，一个餐馆的主题词汇可能包括食物、服务员、环境和价格，其中对应服务员的情感观点词汇可能包括友善的、粗鲁的，等等。有关情感分析和意见挖掘的详细内容，请阅读本书后面的章节。

接下来，我们主要介绍如何同时刻画主题和情感。通常有两种方式：

（1）对于所有主题，设定一系列公共的情感语言模型（通常包括褒义、贬义和中性三种情感标签）（Mei, et al., 2007）。

（2）对每个主题设定一个特定的情感模型。在联合抽取主题和观点的时候，最难的问题就是如何识别情感词汇，换句话说，即如何区分主题词汇和情感词汇。一种方法就是利用一些已有的情感词典作为先验信息，然后在主题模型训练过程中再发现新的情感词汇；另一种方法就是引入一些监督学习的组件到主题模型中，这样我们就可以同时兼有监督学习和主题模型的优点：监督学习比较适合用来区分主题和情感词汇，不适合用来聚类语义相近的词汇；主题模型比较适合聚类语义相近的词汇，但是完全无监督的主题模型不适合用来区分主题词汇和情感词汇。

除了用户评论中所包含的情感词汇，也有很多工作考虑引入用户的打分来改进主题情感分析。

3．关系文本

近年来，随着网络技术的不断发展，网络数据不仅仅局限于传统的文本内容，同时在"文档"间产生了丰富的链接关系，例如论文间的引用关系、用户间的朋友关注关系，等等。因此越来越多的工作开始关注如何利用链接关系改进文本内容主题的建模。实际上，链接关系本身就是一种数据类型，处于和文本同样重要的地位。接下来，我们介绍一些常见的将链接关系信息融入主题模型的方法，其主要思想就是利用主题分布相似性。关系化的主题模型（Relational Topic Model，RTM)（Chang, et al., 2009b）试图利用主题分布的相似性进一步生成附加的链接结构。实际上，这是使用了一个隐含的假设：如果两个文档（或者用户）之间有链接关系，那么它们之间的主题分布应该更相似。在这里，作者使用分布向量的点积相似度来刻画，也就是从生成链接关系的角度考虑。除了这种刻画分布相似性的方法，正则化技术也是一种特别常用的相似性建模方法。正则化（Regularization）是一种在最优化、统计、机器学习中经常使用的方法，其基本思想是对模型的最优化函数添加一些限制，通过这些限制使得模型避免出现过度拟合等病态学习的现象。文献（Mei, et al., 2008）和（Cai, et al., 2008）提出在主题模型中使用网络正则化因子，其基本思想是：如果两个结点存在链接关系，那么它们之间一定存在一些度量上的相似性。例如，如果两个作者曾经合作发表过论文，那么他们之间的研究兴趣应该相似；如果两个地方在地理位置上临近，那么这两地新闻报道的话题内容应该相似。

4．时序文本

社交文本流是用户随着时间发展不断产生的，因此其中的时态特征非常明显，主题内容是随着时间不断变化和发展的。为了刻画这种主题的动态演变过程，动态主题模型（Dynamic Topic Model，DTM）（Blei & Lafferty, 2006）假设每个时间点都对应着不同的主题，并且每个时间点对应的文档主题分布的先验也随着时间而变化。主要演化的假设就是基于一阶马尔可夫假设，当前的主题信息依赖于前一个时间点的信息。后续虽然有很多延续工作，但大部分都是在此工作基础上进行改进的。

DTM 的一个主要缺点就是不能刻画主题内容产生、发展和消亡的动态过程。一些研究工作试图借鉴非参数模型来解决这一问题，主要是利用 Dirichlet 模型。我们已经介绍过，Dirichlet 模型可以自动学习主题数目，可以随着语料的增多不断生成新的主题，在新主题产生的同时，旧主题也可以随着语料的关注度减少而消亡，其内部的生成过程正好能够反映主题的动态演化过程。

另一种更简单的技术是刻画时态主题的方法，就是除了静态的文档主题分布，对每一个时间点设置一个特定的主题分布。这样，每个文档的生成，是同时由该文档的主题分布和对应的时间点主题分布所形成的。

5. 其他应用

目前，主题模型广泛地应用于各种任务和领域。在此不一一详述。

4.7.3 基于主题模型的新浪名人话题排行榜应用

本节我们给出一个实际的应用案例，帮助读者理解主题模型在我们日常生活中起到的重要作用。

1. 系统设计背景

随着社交媒体平台的不断发展，社会媒体影响力的分析已经受到了国内外研究学者的高度关注。在社交媒体平台上，名人用户的社会媒体影响力尤为重要和明显。当前很多大型社交媒体网站都提供了名人验证注册系统，这些系统认证使得名人在实际社交活动中的身份得以证实。例如，在新浪微博上，大部分验证的名人账号来自商业、教育、媒体和娱乐界，得到了广大微博用户的关注。通常情况下，一个在真实社会中有影响力和威望的人在得到社交网站验证后，可以在很短时间内快速获得大量的粉丝关注。研究名人的影响力具有重要的学术和应用价值。例如，随着互联网商业推广的发展，很多大公司也邀请名人在社交网站平台上为其代言产品，而不仅局限于传统媒体。产品代言中需要考虑的重要因素就是名人的相关性和影响力。例如，给定特定领域的产品，如何对候选的名人进行排序，并且选择合适的名人进行排序是非常重要的应用问题。

在微博平台上，给定一个内容话题后，我们对名人进行话题相关的权威度排序。我们主要的假设是利用微博上的关注关系，如果一个名人 u 关注了另一个名人 v，则意味着用户 u 对用户 v 的权威度认可，然后通过引入话题信息学习话题相关的名人权威度。下面，我们详细地介绍一个基于主题模型的名人话题排行榜演示系统。

2．系统框架和算法设计

系统输入主要包括名人发表的微博内容和相互之间的关注关系。简而言之，包含了名人在微博平台上的文本和关系两种数据。系统输出为一系列话题内容和在每个话题内部的名人权威度排序。

整个系统处理流程主要包括 4 个步骤：预处理、话题抽取和名人兴趣分布学习、话题特定的名人排序算法及话题特定的名人标签生成。下面分步骤详细介绍其内部实现方法。

1）预处理

我们选择中国娱乐、科技、商业和体育 4 个领域的名人，通过使用名人的名字在新浪微博中进行查询（由于新浪微博已经验证了这些名人），可以很方便地找到其对应的新浪账号。接下来，通过新浪 API 爬取名人账号发表的微博、名人之间的关注关系、个人信息资料，等等。对每一条短消息，通过 API 接口能够获得一些关键的统计量，如被转发次数、被评论次数等。我们限定爬取微博的时间范围为 2011 年 4 月到 2013 年 4 月。通过上述方法，我们最终收集了 13,864 位名人和对应的 26,725,958 条短消息。我们对这些微博进行了一些基本的预处理，如分词、去停用词、低频词（<50），等等。

2）话题抽取和名人兴趣分布学习

经过预处理，每个名人用户所发表的内容形成了一个文本文档。由于单一微博文档长度较短，在此，采用之前提到的文档聚合技术，将一个名人微博中包含的所有内容聚合成一个文档，采用词袋模型来表示。为了进一步降低噪声的影响，我们对原始的 LDA（或者说 Author-Topic Model）进行改动，引入背景模型。在生成每个词汇的时候，首先引入一个二元隐变量来判断一个词是背景词汇还是主题词汇：如果是背景词汇，则使用背景模型生成该词汇；如果是主题词汇，则使用主题模型生成该词汇。

话题抽取：我们设置话题数目为 100，通过人工检查，去掉 13 个模糊不清的话题，最终剩下了 87 个话题。为了展示方便，我们进一步将这 87 个话题分成了以下 8 个类别：微博口头语、娱乐、健康养生美容、媒体–政治、人生–感悟–运势–教育、体育、旅游、经济–科技–商业。图 4.6 展示了一个类别–话题的组织结构图。最左列是 8 个大类别，通过点击每个类别，可以看到该类别内部对应的话题内容。每个话题，我们根据"话题–词汇"分布选择前 10 个主题词汇，并使用"词云"技术展示。

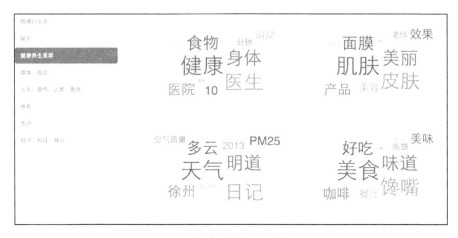

图 4.6　类别–话题的组织结构图

名人话题兴趣分布学习：由于将用户微博内容聚合成单一文档，很容易得到"文档–话题"分布，这个分布就可以看作是名人的话题兴趣分布。

3）话题特定的名人排序算法

这个系统不是对一个名人给出单一排序，而是对每个话题生成一个权威度的排序。我们的想法是对传统的 PageRank 算法进行修改，在算法中融入各种主题相关的信息。系统采用（Weng, et al., 2010）中提出的 Topical PageRank 算法对名人进行排序。

给定一个话题 z，假设每个名人 u 具有一个话题特定的权威度 $P_u^{(z)}$：

$$p_u^{(z)} \propto (1 - \gamma) \sum_{v \to u} \mathrm{sim}^{(z)}(v \to u) p_v^{(z)} + \lambda \tilde{p}_u^{(z)}$$

其中有两处引入了主题信息。首先是先验信息的设定:

$$\tilde{p}_u^{(z)} = \frac{p(z\,|\,u)}{\sum_u p(z\,|\,u')}$$

其中,分子用来学习得到每个用户的话题兴趣分布,分母对所有名人进行归一化。

其次是转移概率权重的设定:

$$\mathrm{sim}^{(z)}(v \to u) \propto 1 - \left| p_v^{(z)} - p_u^{(z)} \right|$$

其中每两个用户对每个话题都有一个话题特定的转移权重,这里引入两个用户对话题 Z 的兴趣来控制转移权重。

对每个话题,都可以使用以上方法得到名人话题权威度的排序,如图 4.7 所示。

图 4.7　名人话题权威度排序

4）话题特定的名人标签生成

话题标签的主要作用是可以清晰地展示出名人的兴趣。之前，我们采用 Gibbs 采样方法进行主题模型的推理，它的主要优点是可以保存主题标签的样本。

具体地说，给定一个名人发表的内容（词袋）：$w_1w_2w_3...w_N$，使用 Gibbs 采样方法，可以得到对应的主题标签 $z_1z_2z_3...z_N$。给定一个名人，通过这个主题标签序列，可以进一步统计一个话题内部每个词的使用频率，这样就可以在一个特定话题内部，对所有名人所使用的词汇按照频率进行排序。对每个话题，我们使用排序较高的 K 个词汇作为该名人的话题标签。

如图 4.8 所示，话题标签浓缩展示了名人在特定话题内部发表的内容，方便用户了解名人的兴趣。

图 4.8　名人在一个特定话题内所使用词汇的排序

4.8　内容回顾与推荐阅读

LDA 的原始论文并不适合初学者学习，建议初学者阅读中文的 LDA 简介（靳志辉，2013）和英文的 LDA 简介（Heinrich, 2005）。这两个参考文献主要介绍的是 LDA 的 Gibbs 采样推导。对于变分法的推导可以参考技术报告（Zhao, 2013）。对主题模型的具体应用感兴趣的读者，请参考调研报告（赵鑫，2011）。

下面针对主题模型的不同研究方向，列出一些参考文献供读者深入学习。

- 非参数学习（Teh, 2010；Teh, et al., 2006）；
- 矩阵分解（Deerwester, et al., 1988；Wang, et al., 2013）；

- （半）监督学习（Blei & McAuliffe, 2007）、辅助信息学习、层次化先验（Bakalov, et al., 2012）、领域知识（Chen & Liu, 2014；Andrzejewski, et al., 2009）；
- 主题模型评测（Chang, et al., 2009a；Mimno, et al., 2011）；
- LDA 的快速推理和实现（Yuan, et al., 2015；Liu, et al., 2009；Yao, et al., 2009）；
- 信息检索（Wei & Croft, 2006）；
- 情感分析（Mei, et al., 2007；Zhao, et al., 2010；Titov & McDonald, 2008a，Titov & McDonald, 2008b）；
- 短文本分析（Hong & Davison, 2010；Tang, et al., 2013b；Zhao, et al., 2011a；Zhao, et al., 2011b）；
- 链接分析（Chang, et al., 2009b；Mei, et al., 2008；Cai, et al., 2008）；
- 时序分析（Blei & Lafferty, 2006；Wang & McCallum, 2006；Wang, et al., 2008）。
- 实体分析（Newman, et al., 2006；Xu, et al., 2009）；
- 自然语言处理：词义消歧（Boyd-Graber, et al., 2007）、句（语）法分析（Boyd-Graber & Blei, 2008；Griffiths, et al., 2004）、跨语言分析（Mimno, et al., 2009；Ni, et al., 2009）、摘要（Tang, et al., 2009；Daumé III & Marcu, 2006）。

4.9 参考文献

[1] David Andrzejewski, Xiaojin Zhu, and Mark Craven.2009.Incorporating domain knowledge into topic modeling via Dirichlet Forest priors. ICML.

[2] David Anton Bakalov, Andrew McCallum, Hanna M. Wallach, et al.2012.Topic models for taxonomies. JCDL.

[3] David M. Blei, Andrew Y. Ng, and Michael I. Jordan.2003.Latent dirichlet allocation. JMLR.

[4] D. Blei and J. Lafferty. 2006.Dynamic topic models. ICML.

[5] David M. Blei and John D. Lafferty.2007.A correlated topic model of science. The Annals of Applied Statistics.

[6] David M. Blei and Jon McAuliffe.2007.Supervised topic models. NIPS.

[7] Jordan Boyd-Graber, David M. Blei, and Xiaojin Zhu.2007.A topic model for word sense disambiguation. EMNLP.

[8] Jordan Boyd-Graber and David M. Blei.2008.Syntactic topic models. NIPS.

[9] Deng Cai, Qiaozhu Mei, Jiawei Han, et al.2008.Modeling hidden topics on document manifold. CIKM.

[10] Jonathan Chang, Jordan Boyd-Graber, Chong Wang, et al.2009a.Reading tea leaves: how humans interpret topic models. NIPS.

[11] Jonathan Chang, David Blei.2009b.Relational topic models for document networks. AIStats.

[12] Zhiyuan Chen and Bing Liu.2014.Mining topics in documents: standing on the shoulders of big data. KDD.

[13] Daumé III H, Marcu D.2006.Bayesian query-focused summarization. COLING-ACL.

[14] Deerwester, S., et al. 1988.Improving information retrieval with latent semantic indexing, Proceedings of the 51st Annual Meeting of the American Society for Information Science.

[15] Thomas L. Griffiths, Mark Steyvers. 2004. Finding scientific topics. PNAS.

[16] Thomas L. Griffiths, Mark Steyvers, David M. Blei, et al.2004.Integrating topics and syntax. NIPS.

[17] Amit Gruber, Yair Weiss, and Michal Rosen-Zvi.2007.Hidden topic markov models. AIStats.

[18] Heinrich, Gregor.2005. Parameter estimation for text analysis. Technical report.

[19] Thomas Hofmann.2001.Unsupervised learning by probabilistic latent semantic analysis. Machince Learning.

[20] Liangjie Hong, Brian D. Davison. 2010. Empirical study of topic modeling in Twitter. SOMA.

[21] Tianyi Lin, Wentao Tian, Qiaozhu Mei, et al.2014. The dual-sparse topic model:

mining focused topics and focused terms in short text. WWW.

[22] Liu, Zhiyuan, et al. 2009.PLDA+: Parallel latent dirichlet allocation with data placement and pipeline processing. ACM TIST.

[23] Qiaozhu Mei, Xu Ling, Matthew Wondra, et al.2007.Topic sentiment mixture: modeling facets and opinions in weblogs. WWW.

[24] Qiaozhu Mei, Deng Cai, Duo Zhang, et al. 2008.Topic modeling with network regularization. WWW.

[25] David Mimno and Andrew McCallum. 2008.Topic models conditioned on arbitrary features with dirichlet-multinomial regression. UAI.

[26] David Mimno, Hanna Wallach, Jason Naradowsky, et al. 2009. Polylingual topic models. EMNLP.

[27] David Mimno, Hanna Wallach, Edmund Talley, et al. 2011. Optimizing semantic coherence in topic models. EMNLP.

[28] David Newman, Chaitanya Chemudugunta, and Padhraic Smyth.2006.Statistical entity-topic models. KDD.

[29] Xiaochuan Ni, Jian-Tao Sun, Jian Hu, et al. 2009. Mining multilingual topics from Wikipedia. WWW.

[30] Bo Pang, Lillian Lee.2008. Opinion mining and sentiment analysis. Foundations and Trends in Information Retrieval.

[31] Bo Pang, Lillian Lee, Shivakumar Vaithyanathan.2002.Thumbs up? sentiment classification using machine learning techniques. EMNLP.

[32] Jay M. Ponte and W. Bruce Croft.1998. A language modeling approach to information retrieval. SIGIR.

[33] Daniel Ramage, David Hall, Ramesh Nallapati, et al.2009. Labeled LDA: a supervised topic model for credit attribution in multi-labeled corpora. EMNLP.

[34] Michal Rosen-Zvi, Thomas Griffiths, Mark Steyvers, et al.2004. The author-topic model for authors and documents. UAI.

[35] G. Salton, A. Wong, and C. S. Yang.1975. A vector space model for automatic indexing. Communications of the ACM.

[36] Jian Tang, Zhaoshi Mao, Xuanlong Nguyen, et al. 2013a. Understanding the limiting factors of topic modeling via posterior contraction analysis. ICML.

[37] Jie Tang, Limin Yao, and Dewei Chen.2009.Multi-topic based query-oriented summarization. SDM.

[38] Jian Tang, Ming Zhang, Qiaozhu Mei.2013b.One theme in all views: modeling consensus topics in multiple contexts. KDD.

[39] Y. W. Teh. 2010.Dirichlet processes. In Encyclopedia of Machine Learning.

[40] Y. W. Teh, M. I. Jordan, M. J. Beal, et al. 2006. Hierarchical Dirichlet processes. Journal of the American Statistical Association.

[41] Ivan Titov and Ryan McDonald. 2008a. A joint model of text and aspect ratings for sentiment summarization. ACL-HLT.

[42] Ivan Titov, Ryan McDonald. 2008b. Modeling online reviews with multi-grain topic models. WWW.

[43] Chong Wang, David M. Blei, and David Heckerman. 2008.Continuous time dynamic topic models. UAI.

[44] Xuerui Wang and Andrew McCallum.2006.Topics over time: a non-markov continuous-time model of topical trends. KDD.

[45] Quan Wang, Jun Xu, Hang Li, et al. 2013. Regularized latent semantic indexing: a new approach to large scale topic modeling. ACM TOIS.

[46] Xing Wei and W. Bruce Croft.2006.LDA-based document models for ad-hoc retrieval. SIGIR.

[47] Jianshu Weng, Ee-Peng Lim, Jing Jiang et al. 2010. TwitterRank: finding topic-sensitive influential Twitterers. WSDM.

[48] Yuanbin Wu, Qi Zhang, Xuangjing Huang, et al. 2009. Phrase dependency parsing for opinion mining. EMNLP.

[49] Gu Xu, Shuang-Hong Yang, and Hang Li.2009. Named entity mining from click-through data using weakly supervised latent dirichlet allocation. KDD.

[50] Xiaohui Yan, Jiafeng Guo, Yanyan Lan, et al. 2013. A biterm topic model for short texts. WWW.

[51] Limin Yao, David Mimno, and Andrew McCallum. 2009.Efficient methods for topic model inference on stream- ing document collections. KDD.

[52] Jinhui Yuan, Fei Gao, Qirong Ho, et al. 2015. LightLDA: big topic models on modest computer clusters. WWW.

[53] Wayne Xin Zhao, 2013. Varitional methods for latent Dirichlet allocation. Technical report.

[54] Wayne Xin Zhao, Jing Jiang, Jianshu Weng, et al.2011a. Comparing Twitter and traditional media using topic models. ECIR.

[55] Xin Zhao, Jing Jiang, Jing He, et al. 2011b. Topical keyphrase extraction from twitter. ACL-HLT.

[56] Xin Zhao, Jing Jiang, Hongfei Yan, et al. 2010. Jointly modeling aspects and opinions with a MaxEnt-LDA hybrid. EMNLP.

[57] 赵鑫，李晓明. 主题模型在文本挖掘中的应用，2011.

[58] 靳志辉. LDA 数学八卦（读者可从 52nlp 网站中搜索）.

机器翻译

——机器如何跨越语言障碍

苏劲松　厦门大学

横看成岭侧成峰，远近高低各不同。

——苏轼《题西林壁》

5.1　机器翻译的意义

机器翻译是指利用计算机将一种自然语言（源语言）转换成另一种自然语言（目标语言）的过程。1949 年，美国洛克菲勒基金会自然科学部门的负责人 Warren Weaver 发表了一份以《翻译》为题的备忘录，正式提出了机器翻译这一概念。70 年来，作为语言学、计算机科学、数学等多个学科的交叉研究领域，机器翻译大大加深了人们对语言等相关人工智能问题的了解，极大地促进了相关学科的发展。

虽然机器翻译的现状离人们的期望和市场的需求还有一定的距离，但研究人员对机器翻译的研究依然充满热情，这有着来自应用和研究两方面的动力。

一方面，克服人类交流过程中的语言障碍，使得使用不同语言的人之间可以自由地相互交流，是人类长久以来的梦想。与此同时，随着经济全球化进程的加速和互联网的飞速发展，如何克服不同国家和民族之间信息传递的语言障碍已经成为国际社会共同面对的问题。日益激增的多语种政治、经济、文化等信息，仅依靠代价高昂且周期较长的人工翻译无法完成。而机器翻译可以为人工翻译减轻负担并提高翻译效率，在部分场景和任务下为人们提供只需要少量矫正的译文，有着极其广阔的应用前景。例如，谷歌、微软必应、百度、网易有道等互联网公司都有各自的机器翻译产品。图 5.1 给出了谷歌翻译示例。可以说，机器翻译已经广泛应用于人们的日常生活（如教育学习、购物、旅游等）中。

图 5.1　谷歌翻译示例

另一方面，从学术角度看，机器翻译也是一个非常有意义的研究课题，其复杂性、挑战性和高难度对研究人员而言充满了魅力。同时，机器翻译作为涉及计算机技术、语言学、数学等学科和技术的综合性研究课题，其研究和发展与各学科息息相关，这些学科的发展将推动机器翻译的进步；反之，机器翻译性能的提升也能在一定程度上促进相关学科的进一步深入研究，同时带动计算手段的创新。

5.2　机器翻译的发展历史

与人工翻译的过程类似，机器翻译的过程将翻译任务划分为以下两个阶段进行：

（1）解译源语言文本的文意。

（2）使用目标语言的文法将源语言文本的文意进行重新编译，并转换成目标语言表述。

纵观机器翻译的发展历程，前后经历了三个发展阶段：基于规则的机器翻译，基于语料库的机器翻译和基于神经网络的机器翻译。

5.2.1　基于规则的机器翻译

在 20 世纪 90 年代以前，机器翻译的主流方法一直是基于规则的机器翻译（Rule-Based Machine Translation，RBMT）。该类方法主要依赖人类专家观察不同自然语言之间的转换规律得到的规则信息集合，以此为翻译知识的积累，以完成翻译的过程。为了构建一个实用的基于规则的机器翻译系统，往往需要建立各类知识库，描述源语言和目标语言的词法、句法及语义知识，甚至需要描述和语言知识无关的世界知识。然而，这些知识库的建立是非常困难的。首先，知识库必须由许多训练有素的专家创建并进行维护，开发周期长、人工成本高昂。其次，随着知识库规模的不断扩大，如何保证新引入的知识不与旧知识相矛盾也成了一个难题。因此，知识的获取和维护成了基于规则的机器翻译系统发展的瓶颈。

5.2.2　基于语料库的机器翻译

在 20 世纪 80 年代中后期，一些研究人员提出了基于语料库的机器翻译方法。与基于规则的机器翻译方法不同，基于语料库的方法不对语言进行深层次的分析，而是大规模收集互为翻译的双语平行语料，利用多语言文本数据所提供的关于源语言和目标语言的文法结构、词汇辨识、固定搭配的对应等知识，通过自动训练的数学模型建模自然语言间的翻译过程。基于语料库的方法分为两大分支：一类称为基于实例的机器翻译方法（Example-Based Machine Translation，EBMT），这类方法通过在双语平行语料中查找最相似的翻译实例，替换其中有差异的词，但不破坏句子结构，从而获得源语言的翻译；另一类称为基于统计的机器翻译方法（Statistical Machine Translation，SMT），即统计机器翻译方法。其核心思想是：对于一个待翻译的句子，为其所对应的每个候选译文都赋予一定的概率，并选择概率最大者作为最终译文。统计机器翻译方法主张对翻译过程建立数学模型，并利用双语平行语料库估计模型参数，进而根据模型及经过估计的参数完成翻译任务。与早期基于人工书写规则及翻译模板的方法相比，统计机器翻译的方法具有翻译质量较好、系统健壮性强、人工干预少和系统构建容易等优点，受到学术界和工业界的青睐。

统计机器翻译方法的本质是对翻译过程进行数学建模。而对于翻译概率的建模而言，一个给定的源语言文本可能对应着无数个译文，因此想要枚举所有源语言句子和译文的二元组，并找到其中概率最大的一对，几乎是不可能的。所以，如何建模翻译模型、搜索最优译文是统计机器翻译方法中最重要的问题。一般来说，对统计机器翻译而言，需要解决如下三个问题：

（1）如何根据源语言句子计算潜在译文的生成概率。

（2）如何更新模型参数。

（3）如何在整个翻译候选集里找到最优的翻译结果。

事实上，这三个问题也是后文将要谈到的神经网络机器翻译面临的最重要的研究问题。就统计机器翻译而言，众多专家学者已经给出了一些经典的解决方案。例如，针对如何计算译文生成概率的问题，如今统计机器翻译领域已有三种经典模型框架：基于词的翻译模型、基于短语的翻译模型及基于句法的翻译模型。其中，基于词的翻译模型处理的基本单位是词，而不考虑其间包含的上下文信息，模型的能力十分有限。此外，这类模型的复杂度过高，训练与解码过程都十分困难，因此针对该类模型的研究早已停止。而基于短语的翻译模型一般包含三个步骤，依次为短语划分、短语重排序和短语翻译。虽然基于短语的模型能够考虑上下文信息，并且能够较好地翻译常用短语，但其仍然存在概率估计不准确、短语切分困难等难题。而基于句法的翻译模型则致力于将句法知识引入翻译模型中来提升译文质量。基于短语和句法的翻译模型一度是统计机器翻译中的主流模型。它们的出现极大地推动了机器翻译的发展。

尽管统计机器翻译模型取得了不错的效果，但是它依然存在几个问题：一方面，在长期以来的统计机器翻译研究中，对翻译模型、语言模型等概率模型的建模大多以字、词或者短语为基本单元，并通过极大似然估计进行模型的参数学习。在这样的模型中，不同的字、词或者短语被认为是不同的符号标记，而完全忽略了这些符号标记之间的形态学关系，以及句法、语义等更深层次的联系，使得参数估计的效果并不理想。另一方面，传统的统计机器翻译模型中采用对数线性模型对翻译过程进行建模，通过最小错误率训练对翻译过程中涉及的不同翻译子模型进行重要性控制。这样的建模方式简洁而有效，但也在一定程度上忽略了子模型之间可能存在的复杂的内在联系。

5.2.3　基于神经网络的机器翻译

近年来，随着深度学习方法在语音、图像等领域不断取得广泛应用且效果显著，基于人工神经网络的机器翻译模型逐渐兴起。神经网络机器翻译（Neural Machine Translation，NMT）的雏形可以追溯至 20 世纪 90 年代，西班牙阿利坎特大学的 Forcada 和 Ñeco 于 1997 年提出用"编码器－解码器"结构进行翻译转换。之后的数年间，研究人员陆续开展了一些基于神经网络的语言模型及翻译模型的工作。2013 年提出的序列到序列（sequence to sequence，S2S）翻译模型在机器翻译任务上取得了重要进展，成了机器翻译领域的主流模型。该类模型采用编码器－解码器框架实现了序列到序列的翻译转换：给定一个源语言句子，先使用编码器将其映射为一个连续、稠密的向量序列，然后使用解码器基于该向量序列生成相应的目标语言句子。向量表示的引入为解决统计机器翻译模型所面临的问题带来了新的思路：通过将字、词和短语的符号表示转换成连续实数值构成的向量表示，不同符号之间的关联可以在一定程度上通过计算向量之间的距离进行建模。此外，通过神经网络对翻译过程进行建模和参数训练，从而对不同子模型之间的复杂关系进行刻画和描述，也是利用深度学习进行机器翻译建模的一大优势。

目前，神经网络机器翻译已经成为机器翻译乃至自然语言处理领域的研究热点。从近几年国际机器翻译评测的成绩来看，神经网络机器翻译模型的水平已经显著超过基于统计的机器翻译模型，成为机器翻译的主流技术。接下来，我们将介绍三个经典的神经网络机器翻译模型。

5.3　经典的神经网络机器翻译模型

5.3.1　基于循环神经网络的神经网络机器翻译

2013 年，英国牛津大学的 Kalchbrenner 等人提出了一种端到端的神经网络机器翻译模型（Kalchbrenner & Blunsom, 2013），该模型采用编码器－解码器框架实现序列到序列的翻译转换。其中，编码器采用卷积神经网络（Lecun & Bengio, 1995），将源语言句子编码成向量表示，解码器采用循环神经网络（Cho, et al., 2014），基于编码器生成的向量表示生成目标语言句子。然而，端到端神经网络机器翻译最初并没有获得理想的翻译性能，一个重要的原因在于循环神经网络训练存在着严重的"梯度消失"和"梯度爆炸"问题（Bengio, et al., 1994；Hochreiter, 1991）。

对此，谷歌公司的 Sutskever 等人将长短时记忆（Long Short-Term Memory，LSTM）（Hochreiter & Schmidhuber, 1997）单元引入端到端的神经网络机器翻译（Sutskever, et al., 2014）。长短时记忆通过引入门（Gating）机制，较好地捕获长距离上下文信息，缓解了循环神经网络的"梯度消失"和"梯度爆炸"现象。与 Kalchbrenner 等人提出的翻译系统不同，无论是编码器还是解码器，Sutskever 等人的模型均采用了循环神经网络，因此被称为基于循环神经网络的神经网络机器翻译（RNN-based NMT，RNMT）。基于这种框架的神经网络机器翻译系统的性能得到了大幅提升，取得了比传统的统计机器翻译更好的翻译性能。该模型的优势在于：当生成目标语言词时，解码器不仅考虑源语言句子的全局信息，还考虑已经生成的部分译文。基于循环神经网络的编码器–解码器框架如图 5.2 所示，给定源语言句子 $(x_1, x_2, x_3, …, </s>)$，其中"$</s>$"为句尾结束标记，通过编码器编码得到源语言句子的向量表示后，将其作为解码器的输入信息进行解码，生成对应的翻译 $(y_1, y_2, y_3, …, </s>)$。解码过程在解码器生成句尾结束标记"$</s>$"后结束。其中，解码过程中生成的每一个新的英文词，都作为下一个英文词生成过程中的上下文信息。

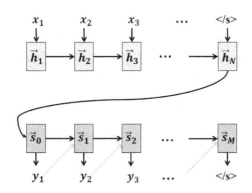

图 5.2　基于循环神经网络的编码器–解码器框架

总体而言，相较于传统的统计机器翻译，端到端的神经网络机器翻译具有以下显著优点。

1. 自动学习数据表示

传统的统计机器翻译需要人类专家设计隐式结构，并在此基础上设计相应特征，建模相应的翻译过程；而神经网络机器翻译通过神经网络，可以直接将输入句中所包含的语义、语法等信息压缩到生成的向量表示中，无须人工干预。同时，这种向量表示使得意义相同但句法结构不同的句子聚集在一起，而意义不同但句法结构相同的句子则从向量空间中分离出来。

2. 长距离上下文信息建模

传统的统计机器翻译面临的一大挑战是如何对翻译得到的译文进行顺序调整，使之成为通顺合理的自然语言句子：一方面，它在指数级别的结构空间中使用动态规划，根据局部特征进行近似搜索处理，建模能力有限；另一方面，它采用手工构造特征的离散数据表示方法，这造成严重的数据稀疏问题，难以捕获和建模长距离上下文信息，容易导致单个词翻译准确但整句不通顺、不合理。相比之下，神经网络机器翻译通过神经网络学习到的稠密、紧凑的句子向量表示，较好地解决了数据稀疏问题；同时，通过采用长短时记忆网络等网络模型建模长距离上下文信息，极大地缓解了长距离依赖问题，大大提升了译文的流畅度。

然而，上述神经网络机器翻译框架存在一个严重的问题，即任意长度的源语言句子均在编码器中被映射为一个固定维度大小的向量表示。对较短的源语言句子，过大维度的向量造成了存储空间和训练时间上的浪费；而对较长的源语言句子，过小维度的向量则不足以充分包含源语言句子中蕴含的完整语义、语法等信息。同时，源句子仅作为解码器初始化状态的向量表示，在解码过程中，随着向量信息被不断更新，源语言句子的信息逐渐被目标语言的信息覆盖而消失，从而导致长句子的翻译质量明显下降。

为解决上述问题，加拿大蒙特利尔大学的 Bahdanau 等人以上述框架为基础，进一步引入了注意力机制（Attention Mechanism），显著提高了神经网络机器翻译的性能，从而确定了基于注意力机制的神经网络机器翻译模型在机器翻译任务中的主流地位（Bahdanau, et al., 2015）。该模型的具体做法为：为源语言句子中的每个词生成包含源语言句子全局信息的向量表示，作为翻译过程中的源语言上下文信息。不同于传统模型，基于注意力机制的神经网络机器翻译模型不再局限于只使用源语言句子的单一向量表示，而是在生成目标语言词的过程中，动态计算所需要的源语言上下文信息，从而解决长距离依赖问题。以图 5.3 为例，基于注意力机制的神经网络机器翻译模型使用双向循环神经网络生成源语言句子"$(x_1, x_2, x_3, ..., </s>)$"中的词向量表示序列。这个向量由正向和反向循环神经网络中每个词对应的隐层状态拼接得到。其中，正向循环神经网络自左向右进行建模，使生成的词向量包含其左侧的历史信息；而反向循环神经网络自右向左进行建模，使生成的词向量包含其右侧的历史信息。在解码端生成目标语言词的过程中，注意力机制动态捕获与之最为相关的源语言词，生成表示源语言上下文信息的向量。

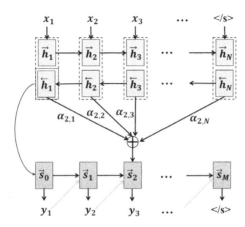

图 5.3 基于注意力机制的循环神经网络机器翻译模型

5.3.2 从卷积序列到序列模型

2017 年 5 月，Facebook AI 实验室提出将卷积神经网络引入序列到序列的神经网络机器翻译模型中（Gehring, et al., 2017）。卷积神经网络通常用于图像信息抽取，在神经网络机器翻译模型中采用卷积神经网络对句子进行建模，可以避免以循环神经网络为基础的模型的一些缺陷；同时，得益于卷积操作的并行性，使得模型的计算效率得到了大幅提高。

卷积序列到序列（ConvS2S）模型的架构如图 5.4 所示，它包括编码器和解码器两个部分。其中，编码器和解码器采用的是相同的卷积操作，然后经过门控线性单元（Gated Linear Unit）进行非线性变换得到相应的隐层表示。该模型的编码器与解码器之间的注意力机制为多步注意力（Multi-step Attention），即每个卷积层都进行注意力建模，并且上一层的卷积的输出作为下一层卷积的输入，经过层层堆叠得到最终的输出。

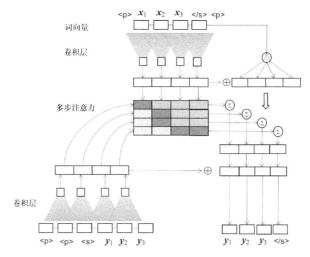

图 5.4　ConvS2S 模型的架构

由于在循环神经网络中的单元所经过的非线性变换的数量是不固定的，序列中靠前的单元进行的非线性计算要多于序列中靠后的单元，而在卷积神经网络中，每个单元需要进行的非线性计算数量是固定的。Facebook AI 实验室的这项工作表明，固定对输入单元进行的非线性变换次数，有助于模型的训练。

5.3.3　基于自注意力机制的 Transformer 模型

与此同时，谷歌公司提出了基于自注意力机制的 Transformer 模型（Vaswani, et al., 2017）。该模型抛弃了传统模型必须结合循环或卷积神经网络的固有模式，只用注意力机制模型进行建模，在减少计算量的同时，模型的并行效率及相应的译文质量也得到了提升。

Transformer 模型的架构如图 5.5 所示，模型同样分为编码器和解码器两个部分。编码器由 L 个相同的注意力建模层堆叠在一起，每个注意力建模层包含两个部分：一个多重自注意力（Multi-Head Attention）机制和一个简单的全连接前馈（Feed Forward）网络，并添加了残差连接（Residual Connection）和层规范化（Layer Normalization）。同样，解码器堆叠了 L 个相同的注意力建模层，每个注意力建模层包含三个部分：Masked 多重自注意力机制建模目标语言的上下文信息、多重注意力机制建模源语言的上下文信息和简单的全连接前馈网络，并添加了残差连接和层规范化。其中，多重注意力机制以 Queries、Values 和 Keys 作为输入，如图 5.6 所示，先将其进行多次不同的线性映射，随后对每个映射得到的 Queries、Values 和 Keys 进行并行的注意力机制操作，将所有结果进行拼接作为多重自注意力机制的输出。

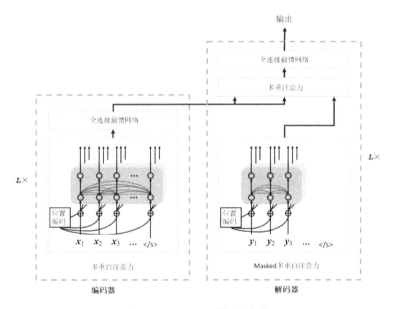

图 5.5　Transformer 模型的架构

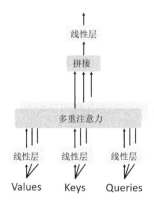

图 5.6　多重自注意力机制

值得注意的是，Transformer 模型以三种不同的方式使用了多重自注意力机制。

（1）作为编码器中的自注意力机制，在一个注意力建模层中，所有的 Queries、Values 和 Keys 相同，均来自前一层注意力建模层的输出。

（2）类似地，在解码器的自注意力建模层中，所有的 Queries、Values 和 Keys 相同，均来自前一层注意力建模层的输出。为了保证预测过程中，后续未知的词的信息不被考虑到自注意力建模过程中，作者引入 Masked 多重自注意力机制，在训练过程中将未知的词的信息屏蔽，不参与当前词预测的信息建模过程。

（3）翻译时，解码器对编码器得到的隐状态表示执行注意力操作，得到上下文信息，辅助当前词的预测。这里的 Queries 来自前一层注意力建模层的输出，而 Values 和 Keys 均来自编码器的输出。

5.4 机器翻译译文质量评价

如何评价译文的好坏？思想家、翻译家严复提出了"信、达、雅"的翻译理论，简单地说就是准确、通顺、风格得体。对机器翻译系统来说，机器翻译所产生的译文，要想做到这三点是很难的。过去，通常采用人工评价的方式对机器翻译系统的性能进行评估，但这种方式耗时长、成本高、不可复用，且高度依赖评价人员的专业水平和相关经验。为了解决这一问题，机器翻译领域的研究人员提出了一些自动评价的指标，比如 BLEU（Bilingual Evaluation Understudy）（Papineni, et al., 2002）、METEOR（Lavie and Agarwal, 2007），等等。在这些指标中，BLEU 以其容易计算，与人工评价较为接近的优势，成为评价机器翻译译文质量的主流评测指标。虽然这与理想的翻译评价仍有距离，但这种量化的、自动的评价方法可以使机器自动学习训练，符合大数据、大规模语料的实际场景。

具体而言，BLEU 采用了 N-gram 的匹配规则，以此计算候选译文和参考译文之间相匹配的 N 元组的比例。此外，BLEU 还引入了长度惩罚因子，以避免短句的匹配精确度计算偏差。具体计算步骤在此不做赘述。尽管 BLEU 具有方便、快速等优点，但其依然存在以下几点不足。

（1）未考虑 N 元组匹配过程中在语言表达（语法、句法）上的匹配信息。

（2）测评精度会受常用词的干扰。

（3）在短译文句子的测评上存在偏差，对这类句子的评分有时会偏高。

（4）没有考虑同义词及翻译的多样性的情况，可能导致合理的翻译评分偏低。

5.5 机器翻译面临的挑战

由于自然语言的灵活性和固有的歧义性，神经网络机器翻译模型建模受到语料库领域、语料库质量及源语言和目标语言之间词汇、文法结构、语系，甚至文化差异等因素影响，其面临的挑战依然不容小觑。总体而言，神经网络机器翻译研究面临的挑战可以归纳为以下几方面。

1. 低资源的机器翻译

目前，主流的神经网络机器翻译模型参数规模庞大，模型的性能高度依赖于平行语料的规模和质量。然而，人工构建平行语料库需要耗费大量的人力和物力。除了几个资源丰富的语言对，如中–英、英–法等，世界上绝大多数语言对都缺乏大规模、高质量、覆盖率高的平行语料，这导致翻译模型的翻译效果不够理想。此外，获取的平行语料通常来自互联网上的政府文献和时政新闻，对于绝大多数领域而言，符合目标领域的平行语料依然严重缺乏。由于自然语言中一些词或短语具有领域限制性，缺乏特定领域的数据参与翻译建模将使生成的译文与原文表达的内容不符、忠实度较低。

2. 先验知识的使用

神经网络机器翻译模型是一种数据驱动的学习方法，能自动地从训练数据中提炼知识，学习文本语义和语法结构。但是它并没有将数据之外的先验知识融入神经网络建模学习中，因此存在明显的缺陷：一方面，神经网络用连续的向量表示学习到的文本语义和语法结构等信息，但是它们却很难从语言学的角度来解释，这使得研究人员对模型的分析和调试变得十分困难；另一方面，先验知识通常表示为离散的符号，比如双语词典或者翻译规则，如何将其转化为连续的向量表示也是一个难题。因而，如何将人类先验知识与数据驱动的神经网络方法相结合成了神经网络机器翻译的一个重要研究方向。

3. 深层次语言知识的应用

自然语言具有歧义性，因此需要背景知识的支撑才能完成消歧的任务。此时就需要借助句中其他词提供的上下文信息或相似句子提供的上下文信息中的深层次的语言知识。这些语言知识包括平仄、韵律等语音知识，分词、构词方式、曲折变化等词级别知识，句法知识，语义偏向、语义角色、情境、情感偏向等语义级别知识，指代消解等篇章级别知识，等等。通过何种方式将这些深层次语言知识融入神经网络机器翻译模型中，并由此提高翻译模型对语言的理解能力，最终输出更优质的译文，是目前神经网络机器翻译的热门研究方向之一。

4. 复杂形态学信息语言的建模

有一些具有丰富形态学信息的语言，例如德语，词的变化形式可能从几十种到几千种不等。目前的机器翻译模型还无法有效地对这些词的时态、人称、单复数、阴性和阳性、否定、疑问等变化进行建模。如果能使翻译模型准确学习这些形态学信息，则翻译模型就能够更好地处理词的各种变化形式，更好地应用于实际翻译任务。

5. 针对特定语言现象的自动评价指标

当下机器翻译的自动评价指标仍然比较单一，并且缺乏能够真正准确地评价译文质量的指标。例如，现在应用广泛的 BLEU 指标，仅仅根据生成译文与标准答案之间的词语重合度来评价译文质量的好坏，因此只有与标准答案一字不差的译文才是 BLEU 指标评价下最好的译文，无法考虑其他同义句的情况。同时，BLEU 指标不考虑句子中不同词语的重要程度，名词实体等重要词语与冠词、标点等量齐观。如果能针对特定语言现象提出特定的自动评价指标，则能对机器翻译译文做出更全面客观的评价。目前，神经网络机器翻译模型的参数优化、模型选取等工作，大部分都是以这些自动评价指标为根据。因此，这些评价指标的好坏也在很大程度上决定了机器翻译模型的质量上限。

6. 模型简化加速

目前，基于神经网络的机器翻译模型虽然能够取得很好的翻译效果，但是随着翻译效果的不断提升，翻译模型也变得更加庞大、复杂，其训练、解码都需要消耗更大量的计算资源。因此，许多研究人员开始探索神经网络模型的简化与加速。一些工作致力于模型压缩，以减少模型的参数量。还有一些工作通过将模型内部的计算步骤并行化，甚至在生成译文时让所有单词并行生成，从而大大提高模型计算的速度。但这些方法仍然存在着损失翻译精度的问题，输出的译文质量或多或少会有所下降。如何在性能损失可以接受的前提下减少模型训练及解码所需的计算资源和时间，也是目前神经网络机器翻译的一个重要研究课题。

7. 新模型架构设计

神经网络机器翻译模型的主流架构主要以 RNMT、Transformer 及 ConvS2S 为主，不同的模型之间各有优缺点。如何解决现有模型存在的问题，将不同架构的优点进行融合，设计出更好的翻译模型架构是研究人员不断探索的一大研究问题。

8. 模型的可解释性

神经网络的可解释性一直是深度学习的研究重点，相较于计算机视觉、图像处理等领域，基于神经网络的机器翻译模型一直被当作一个黑盒，在模型可解释性上的研究更为缺乏。句子翻译得好与不好，研究人员无法直接从神经网络上找到根本原因，这也导致了对神经网络机器翻译模型的改进很难做到真正的有的放矢。虽然有许多研究人员提出了形形色色的模型可视化方法，试图从直觉上解释一些现象，但目前为止，还没有一个方法能够从最根本的科学原理上解释神经网络机器翻译模型。有关神经网络机器翻译模型的可解释性的工作仍然任重而道远。

5.6　参考文献

[1] Kalchbrenner, Nal, and Phil Blunsom.2013. Recurrent continuous translation models. In Proceedings of the 2013 Conference on Empirical Methods in Natural Language Processing, pp. 1700-1709.

[2] LeCun, Yann, and Yoshua Bengio. 1995. Convolutional networks for images, speech, and time series. The handbook of brain theory and neural networks 3361, no. 10 .

[3] Cho, Kyunghyun, Bart van Merrienboer, Caglar Gulcehre, et al. 2014. Learning Phrase Representations using RNN Encoder–Decoder for Statistical Machine Translation. Proceedings of the 2014 Conference on Empirical Methods in Natural

Language Processing (EMNLP), pp. 1724-1734.

[4] Bengio, Yoshua, Patrice Simard, and Paolo Frasconi.1994.Learning long-term dependencies with gradient descent is difficult. IEEE transactions on neural networks 5, no. 2 (1994): 157-166.

[5] Hochreiter, Sepp.1991.Untersuchungen zu dynamischen neuronalen Netzen. Diploma, Technische Universität München 91, no. 1.

[6] Hochreiter, Sepp, and Jürgen Schmidhuber.1997. Long short-term memory. Neural computation 9, no. 8. pp. 1735-1780.

[7] Sutskever, Ilya, Oriol Vinyals, and Quoc V. Le.2014.Sequence to sequence learning with neural networks. Advances in neural information processing systems, pp. 3104-3112.

[8] Vaswani, Ashish, Noam Shazeer, Niki Parmar, et al. 2017. Attention is all you need. In Advances in Neural Information Processing Systems, pp. 5998-6008.

[9] Bahdanau, Dzmitry, Kyunghyun Cho, et al. 2015. Neural machine translation by jointly learning to align and translate. Proceedings of the 2015 International Conference on Learning Representations. pages 1-15.

[10] Gehring, Jonas, Michael Auli, et al. 2017. Convolutional sequence to sequence learning. In Proceedings of the 34th International Conference on Machine Learning-Volume 70, pp. 1243-1252. JMLR. org.

[11] Papineni, Kishore, Salim Roukos, et al. 2002. BLEU: a method for automatic evaluation of machine translation. In Proceedings of the 40th annual meeting on association for computational linguistics, pp. 311-318. Association for Computational Linguistics.

[12] Alon Lavie and Abhaya Agarwal.2007. METEOR: An Automatic Metric for MT Evaluation with High Levels of Correlation with Human Judgments. In proceedings of the Second Workshop on Statistical Machine Translation, WMT@ACL 2007, Prague, Czech Republic.

6

情感分析与意见挖掘

——机器如何了解人类情感

崔安顺　薄言 RSVP.ai

此情无计可消除，才下眉头，却上心头。

——李清照《一剪梅》

6.1　情感可以计算吗

最近一段时间，"情商"这个概念突然火了起来。人们越来越重视情绪的表达、情感的抒发，以及探查、感受其他人情绪、情感的能力。情绪、情感和意见是人类思维的重要特征，可计算机是一台冷冰冰的机器，计算机程序只是一些语句、符号的堆砌，算法原理无非是数学模型的应用。至于计算机程序员，常被认为是整天只跟机器打交道的，不善言辞、不善表达情感的操作工。在文本领域，如何让计算机了解人类的喜怒哀乐，根据互联网大数据定量分析用户情感，是大数据智能的重要体现。本章将着重介绍情感分析和意见挖掘的相关理念和技术，读者将会看到计算机是如何读懂人们心思的。

人们的情绪会流露在文本中，谈论的话题、讨论的语气、使用的字词都与情感相关。在我们身边有这样一个例子：很多上班族中流传着"星期一综合征"这样一种说法，即周末结束，周一开始上班时，人们刚刚从放松状态回复到紧张的工作中，心情焦虑、烦躁。也就是说，周一、周二心情焦躁；周三、周四逐渐看到了周末来临的希望，周五、周六心情逐渐变好，周六时的开心程度达到高峰；由于周日想到第二天就要上班，心情又有所回落。身边人有这样的感受不假，但是这样的现象普遍吗？这样一个社会学、心理学的现象，在大数据时代，可以方便地利用计算机科学加以验证。

6.2 哪里需要文本情感分析

除了网络用户发表的个人情感信息，很多用户产生内容（User-Generated Content，UGC）的网站的评论信息也是重要的用户意见集散地，它们吸引了业界和研究人员的注意。

我们熟知的电子商务网站，如淘宝网、京东、亚马逊等，都允许用户购买商品后进行评价。尤其是淘宝网，由于买家和卖家都是普通用户，评价尤为重要。买家和卖家在交易完成后，可以根据交易情况对对方进行评价：好评、中评、差评。对卖家而言，如果得到的"好评"多，就体现出自己口碑好、有诚信，容易吸引更多的买家。淘宝网根据这些评价数目设立了"好评率"这一指标，买家可以看到一家店铺的用户评分情况，在消费之前做出更好的选择。这些指标如此重要，因此很多商家为了得到用户的好评，不但在售前有专人和客户进行交流，甚至可能提供附带赠品、包邮费等"小恩小惠"讨客户的欢心；如果得到了差评，一些商家会再和客户沟通，希望客户修改评价；有的不法商家甚至会对客户"软硬兼施"，迫使其将评价改得更好。这些现象反映出这一评价体系的重要作用。这种完全由网站用户提供的信息，成为影响用户行为的关键一环。

通过上面的例子，我们看到淘宝网作为平台服务提供方，并不需要直接对买家和卖家的信用做出评价，而是通过广大用户的群体智慧（Wisdom of the Crowd）形成评价。这是 Web 2.0 时代互联网服务的重要特点。类似地，一些餐馆评价网站、书评影评交流网站，都有用户的评价、打分功能。用户通过阅读他人评价，决定自己是否去某家餐馆吃饭、点哪些招牌菜，决定自己要看哪部电影、读哪本书；通过给出自己的评价，可以让自己的观点影响其他人，也可以找到有相同口味、相同审美的同好。这种现象在大数据时代越来越普遍。

相信读者对上述场景都不陌生。那么，情感分析的计算结果是如何影响个人或企业决策的呢？我们可以从宏观和微观两个角度分析。

6.2.1 情感分析的宏观反映

用户表达主观意见的文本，与新闻报道、百科知识文章不同，其对社会的影响更直接。因此，在互联网大数据中，对这些主观性文本的定性、定量分析十分重要。例如，商家通过收集对自身的评价，可以找出自己的产品、经营方面的优点和缺点，胜过费时费力的小样本用户调查；政府、组织通过了解网民发表的观点，可以更快捷地得知这些人群的关注点，便于体察民情。一些国家在选举前，用这种方式较为客观地获知部分选情；此外，一些研究人员还发现股票走势同社交媒体中的公众情绪有一定关联。公众在互联网上表现出的情绪特别具有宏观意义。

近年来，很多行业都开始使用情感分析技术辅助决策。互联网产品中，淘宝的商品评论、携程的酒店评论（如图 6.1 所示）、美团点评的餐饮评论、豆瓣的电影评论和书籍评论等，都是用户意见表达的集中场所。因此，商家、店家格外重视用户评论，对用户评论里反映的自身问题做出改进，节省了大量的调研成本，但也有店家购买虚假评论服务（"水军"），发表虚假的赞扬类评论。不管怎样，网络平台会通过评论的总体情况，对这些商家进行综合排序；大数据反映的宏观指标也能对行业起到提示作用。

图 6.1　携程的酒店评论展示

对政府机构而言，公众对社会事件的情感表达，即"舆情"，也是十分重要的。例如，2016 年美国总统选举，就有传言指俄罗斯有关部门通过美国社交媒体对该国网民散布特定倾向的文章，通过影响网民观点间接干预选举。在互联网、大数据时代，网络社交媒体是网民接触社会、分享观点的主要平台，因此"网络舆情"越发重要。例如，在新浪微博平台上，明星的一言一行颇受关注。一些关注量大、粉丝多的微博用户（"大 V"）也能影响公众倾向，他们成为网络上的"意见领袖"。有些"大 V"用户甚至收取某些特定企业的费用，帮助这些企业宣传特定产品。图 6.2 展示的是 ORGSense 企业舆情分析演示系统的首页（Amiri, et al., 2012）。针对特定的组织、企业，该系统可以自动收集网上与之有关的微博，并分析其中的关键用户，便于追踪和了解详情。

图 6.2　ORGSense 企业舆情分析演示系统

上面给出的案例是从宏观的视角分析情感，是整体层面的需求。对用户来说，同样需要情感分析技术。例如，如果能便捷地检索自己感兴趣的观点，就可以从海量的主观文本中找到最需要的信息，指导自己的消费行为。下面，我们介绍微观视角是怎样接触到情感分析技术的。

6.2.2　情感分析的微观特征

以电子购物网站为例，这里汇聚了大量的用户评论信息。但通常，购物网站的检索方式只能按照某种好评率指标排序筛选。对于复杂的商品，如果想检索某一种性能的指标，就需要人工浏览所有的评论。京东商城提供了"大家说"这项筛选方式。如图 6.3 所示，针对"平板电脑"类商品，从用户评论中自动找出产品特征（如屏幕、待机时间、分辨率、电池等）或用户需求（如看电影、玩游戏等），就可以细粒度地筛选特定功能的产品，便于用户选择。类似地，亚马逊商城也提供了按这类特征筛选商品评论的功能（如图 6.4 所示）。显然，人工总结每个产品的特征、性能是不现实的，然而用户会在评论里提及这些特性，这就使自动总结产品特征、评价成为可能。

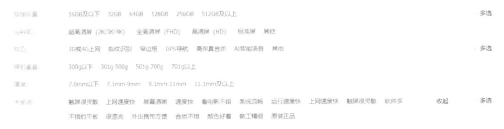

图 6.3　京东商城"平板电脑"类商品的部分筛选指标

图 6.4　亚马逊商城中某款相机的热评话题筛选

在大数据时代，用户产生的数据非常多，不可能人工逐条分析。同时，一项宏观的评价结果只有在大数据上才更有统计意义，更有说服力。这就是计算机科学的用武之地：尝试用计算机处理这些海量的主观性文本，提取文本中表达的情感和意见。

6.3　情感分析的主要研究问题

在介绍本领域相关的研究和应用问题之前，读者可能已经注意到本章章名由情感分析（Sentiment Analysis）和意见挖掘（Opinion Mining，又称观点挖掘）两部分组成。狭义上，似乎前者更偏重于分析喜怒哀乐这些情感，后者更偏重于理解用户表达的意见和观点。广义上，在研究界这两个词通常表示相同的研究内容。为了叙述方便，本章以"情感分析"表示广义的研究领域。有兴趣的读者可以阅读文献（Pang & Lee, 2008）的 1.5 节，了解这两个词在学术研究界诞生和发展的历史。

提到文本的情感分析，我们最先想到的是判断一个句子有没有表达情感或观点。这个研究问题也有自己的名称，叫作主观性分析（Subjectivity Analysis）或主观性分类（Subjectivity Classification）。具体地说，句子的主观性跟情感色彩并不等价，例如下面几个句子：

（1）这一章讲的是情感分析的主要技术。

（2）这本书的作者学术水平很高。

（3）我想写完程序再去吃饭。

例句（1）是一个客观句（Objective Sentence）；例句（2）和（3）是主观句（Subjective Sentence），表达了一些个人观点。例句（2）表达了褒义的色彩，例句（3）虽然表达了个人的观点，却并没有褒义、贬义的情感色彩。

接下来，判断文本的情感色彩也形成了一项具体的研究课题，即狭义的情感分析/分类。待识别的情感色彩都有哪些，这涉及具体的研究问题。例如，可以认为句子的情感分析是一个二分类问题：褒义或贬义，或者增加一类"中性"，用于处理无情感色彩的句子。这样，情感分析就转化为二分类或三分类的分类问题，或者多步的二分类问题（第一步识别是否有情感，第二步针对有情感的句子，判断其是褒义还是贬义）。如果将情感色彩按照人的情绪区分，例如"喜悦""愤怒""悲哀""恐惧""惊讶"等，则可视作多分类，或者多个二分类（有无喜悦情绪、有无愤怒情绪等）问题。当然，也可以将分类进一步细化，如图 6.5 所示，豆瓣网站将图书推荐分为 5 个级别，用 5 颗星表示，1 星~5 星依次表示很差、较差、还行、推荐和力荐。这样体现出的情感程度更加具体。笔者注意到，截至 2019 年 5 月，本书的前身《大数据智能——互联网时代的机器学习和自然语言处理技术》在豆瓣上的用户评分以 4 星为主。希望本书的水平有所提升，能收到更多的 5 星评分。

大数据智能

作者: 刘知远 / 崔安颀
出版社: 电子工业出版社
副标题: 互联网时代的机器学习和自然语言处理技术
出版年: 2016-1
页数: 232
定价: 49.00元
装帧: 平装
ISBN: 9787121276484

豆瓣评分

7.2 ★★★★☆
81人评价

5星　　　　28.4%
4星　　　　37.0%
3星　　　　27.2%
2星　　6.2%
1星　1.2%

图 6.5　豆瓣网站将图书推荐分为 5 个级别

上面提到的都是分类任务，毕竟分类任务的定量指标比较适合数学模型的应用场景。这些任务的主要研究方法将在后文介绍。除了分类，人们还希望得到更具体的理解结果，例如：

（4）这款手机的屏幕显示很清晰。

（5）这款手机的性价比挺高。

（6）这款手机的续航时间不太差。

上面 3 句话都表达了褒义的情感色彩，但抒发情感的主体各不相同，分别针对手机的"屏幕"、"性价比"和"续航时间"。这就涉及理解人的观点，对观点表达的方方面面深入挖掘，即狭义的观点挖掘问题。前文提到的商品"大家说"功能，就是我们在实际应用中接触到的（狭义的）观点挖掘。

看到这几个例子，有的读者可能已经体会到"观点"是由多个要素组成的，例如，例句针对的事物是"手机"，抒发的观点具体到手机的"屏幕""性价比"等属性，具体的观点是"清晰""高"，等等。在实际工作中，我们从原始文本中提取出观点的各个要素，这通常被称为观点抽取（Opinion Extraction），是观点挖掘的基础工作。抽取之后，我们还需要将抽取出的观点予以适当地组织，形成结构良好、便于应用的知识，作为一种情感资源，这就是情感资源构建（Sentiment Resource Construction）的主要目的。有了这些资源，用户便能迅速查询某一种观点的相关信息，这就是观点检索（Opinion Retrieval）。我们也可以认为它是信息检索（Information Retrieval）的一部分。

在情感、观点的分析基础上，针对不同的子问题和应用领域，又形成了很多具体的研究课题。例如：

（1）垃圾观点识别（Opinion Spam Detection）。由于分析时采用的互联网数据大多是用户提供的，自然就会存在虚假的、不真实的观点文本。例如，商家可以雇佣"水军"（写手）为自己写好评、对竞争对手口诛笔伐。因此，需要对原始数据进行过滤，从而提供给用户更可信的结果。

（2）情感摘要（Sentiment Summarization）。传统的文本摘要（Text Summarization）是对长篇幅的文本提取最有代表性、最能概括思想的一些句子，经过适当的连接修饰，形成短篇幅的摘要；情感摘要则侧重于提取主要观点，使用户迅速理解原文的观点倾向。

（3）舆情分析（Public Opinion Analysis）。这是针对公众舆论进行的分析。舆情在商业领域又称口碑（Word-of-Mouth，WOM）。舆情分析除了需要情感分析方面的技术，通常还涉及其他研究内容，如主题检测跟踪（Topic Detection and Tracking，TDT）、趋势分析（Trending Analysis），以及社交网络分析（Social Network Analysis）领域常用的用户影响力分析（Social Influence Analysis）、信息扩散（Information Diffusion）技术，等等。

这些研究内容的层次更加深入，与具体的应用领域密切相关，也会涉及其他方面的技术。如果读者想深入了解，请参看文献（Liu, 2012）的相关内容。

6.4　情感分析的主要方法

6.4.1　构成情感和观点的基本元素

如何判断一句话是否表达情感，表达的情感是褒义还是贬义？让我们想想人是怎么判断的。6.3 节的例句（2）中，"很高"表达出了该句的情感；例句（4）中的"清晰"一词也是对该款手机的一种肯定。可以看出，情感词是最常见的表达情感的元素。因此，倘若我们有一个很全面的情感词典，收录着各类情感词及其情感倾向，甚至情感程度，就可以按图索骥，在句中查找出现的情感词并将它们的情感倾向合并，即可得到一句话整体的情感倾向。后面将会介绍多种情感词典的构造方式。

除了汉字表示的词语，其他文本中的语言现象也可能表示情感。表 6.1 所示为常见的表情符号和表情图标及其含义，在网络文本中非常常见，更加形象生动地表达作者的情感。这是网络文本情感的重要语言现象，许多学者借此开展了深入的研究。

表6.1　常见的表情符号和表情图标及其含义

表情符号	含　义	表情图标	含　义
:-)	微笑		微笑
:-(	难过		委屈
:-D	大笑		哈哈大笑
:'-(	哭泣		哭泣

即便是相同的情感词，出现在不同的场合，也可能表示截然相反的情感倾向。例如前面提到的例句（5），性价比高是褒义倾向。例句（7）这款手机的价格太高了，"高"一词用于产品价格时，则有贬义倾向。因此，一些情感词的情感倾向并不是始终如一的，需要结合具体的特征（属性）才能确定这一对特征词－观点词是褒义还是贬义。这在产品评论的分析中尤为明显。因此，构造"属性－观点对"也是观点挖掘中的一项基础工作。

在学术研究界，学者们通常定义"观点"为如下要素组成的多元组。由于不同学者采用的要素名称不完全一致，以下列出主要的称呼：

- 观点的持有者（holder）：是表达这个观点的主体，如发表评论的作者、对一个事件表达同一反应的群体、发布报告的机构等；
- 观点对象或客体（target、entity、object）：是持有者所评论的、观点针对的对象，如某款产品、某个事件、某个人物等；
- 对象的属性、方面、特征（attribute、aspect、feature）：是对象的某个属性，如手机的屏幕、价格等；
- 表达观点的极性（orientation、polarity）：是指这个观点是褒义还是贬义，或者褒贬的程度是多少，表达哪种情绪等。

不同应用场景下，观点可能需要包含如下要素：

- 观点的载体（carrier）：是指持有人发表的、承载观点的文章、评论等；
- 观点的时间（time）：有些观点的时效性较强，为分析观点随时间的变化状况，需要一并记录发表该观点的时间。

在观点抽取任务中，最关键的是自动识别和抽取对象的特征，并对其极性予以判断。我们将在 6.4.3 节介绍"属性 – 观点对"的分析方法。

此外，还有一类比较句，例如：

（1）我觉得中文的自然语言处理技术比英文技术更复杂。

（2）有人说，基于规则的方法不如基于统计的方法准确度高。

这不光需要抽取出对象，还需要理解情感词作用在哪个对象上，否则就会判断错误。通常，我们要对句子进行更深入、更准确的句法分析，识别其中的多个命名实体及其关系。这是进一步的研究内容，不在本节深入展开，读者可以阅读相关的文献予以了解。

至于反语、讽刺句，通常需要结合上下文理解，本节不做探讨。

6.4.2　情感极性与情感词典

前面的示例已经介绍了常见的情感极性，即将人的情感划分为几种离散取值。常见的包括按照褒义、贬义及中性划分，也可以按照"喜怒哀乐"的情绪划分，如喜悦、愤怒、悲哀、恐惧、惊讶等（Xu, et al., 2010）。在心理学中，人的情感情绪还有多种模型来评价。例如：

- 美国心理学家罗伯特·普拉契克（Robert Plutchik）在 1980 年提出了"情绪轮"（Wheel of Emotions）模型（Plutchik, 2001），如图 6.6 所示。这个模型包含了 8 种基本情绪：喜悦（joy）、信任（trust）、恐惧（fear）和惊讶（surprise）及其对立情绪悲伤（sadness）、厌恶（disgust）、愤怒（anger）和期待（anticipation）。其中一些情绪两两组合还能形成其他情绪，例如喜爱（love）由喜悦与信任构成，其反面悲伤与厌恶则形成懊悔（remorse）；

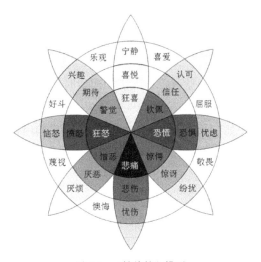

图 6.6 "情绪轮"模型

- 美国丹佛大学菲利普·谢弗（Phillip Shaver）教授与心理学家谢拉德·帕洛特（W. Gerrod Parrot）教授分别提出了情绪的层次模型（Shaver, et al., 1987; Parrot, 2001）。在第一层中，情绪分为喜爱、喜悦、惊讶、愤怒、悲伤和恐惧 6 种；每种情绪分为若干子情绪，例如喜爱包括爱慕（affection）、色欲（lust / sexual desire）与渴望（longing），所有子情绪共25 个，形成第二层；类似地，第三层又有 100 多种情绪；

- 美国心理学家查尔斯·奥斯古德（Charles E. Osgood）将人的情绪按效价（valence）、唤醒度（arousal）、优势度（dominance）评价（Osgood, 1952）。以此为模型，美国佛罗里达大学几位学者整理了千余个英语单词所表达出的情绪程度，得到归一化的情感得分（Bradley & Lang, 1999）；之后，加拿大和比利时的学者在此基础上，进一步整理了近 14,000 个英语单词、词组的情感得分（Warriner, et al., 2013），还分析了不同性别、年龄、教育程度的人群对这些词语的情绪感受程度差别。

可见，当我们把人的情感用较为规范的若干类别来定义时，便可以整理得到各个词语究竟属于哪些情感类别。正如《新华字典》提供字义、《现代汉语词典》提供词义一样，情感词典提供给我们每个词的情感色彩，甚至情感程度。例如，"好"是褒义、"坏"是贬义；"手舞足蹈"比"喜形于色"的褒义程度更大。研究人员构建并公开发布的情感词典，虽然规模不大，但可信度高，可以作为情感分析的第一步工具。

然而，词典收录的词条毕竟有限，人工构建费时费力且不现实。那么，有没有办法用计算机算法识别词条的情感倾向呢？进一步说，词典收录的词条总是固定的，网络新词那么多（如"给力""喜大普奔"等），我们用什么办法自动扩展词典呢？我们所采用的方法就是从已知到未知：从已知情感的词语出发，通过词语间的相互联系，探索未知情感的词语，如图 6.7 所示。

图 6.7　从已知情感的词语探索未知情感的词语

因此，自动构建（扩展）情感词典可以通过如下三步完成。

第一步，确定目标：选取合适的候选情感词。在文本中，大部分词语并没有情感倾向。我们需要找出能够表达情感的词或词组（短语），以免混入过多噪声。

第二步，建立桥梁：通过词汇间的关系，建立合适的度量。通过人工或自动构建的词义网络，我们可以得到候选词语之间的相互联系，作为从已知到未知间的桥梁。

第三步，传播情感倾向：确定了候选词，相当于架起了桥墩；建立了度量，相当于搭上了桥面；接下来就可以采用适当的方法，从已知情感倾向的词语出发，把它们的情感信息传播出去，使每个未知的候选情感词都被赋予一定的情感倾向。从数学角度而言，倾向性可以用得分（情感得分）来表示，这便可以用数学模型来计算情感倾向了。

这三步之间是相互联系的。例如，如果目标广（噪声多），则需要选取比较准确的度量，否则错误的信息也会被传播出去，造成干扰；如果候选词语含有很多新词，那么采用的词语关系度量也应当能覆盖这些传统词典未收录的词汇，否则新词就成了孤立点，无从联系。以下我们从第二步出发，针对常见的几种词汇关系进行介绍。

方法一：词义关系

在文本中，词语的情感倾向取决于词义。因此，对于已知情感倾向的词语，它们的近义词应该具有相似的情感倾向，反义词应该具有相反的情感倾向。这样，寻找未知词语的情感倾向问题就转化为寻找相似词语的问题。

在自然语言处理研究界，已有许多学者对词汇的含义、关系进行了梳理，并建立了词义网络。常用的中英文词汇知识库如下。

- 英文资源：普林斯顿大学研发的 WordNet。它不但收录了大量的词条，而且针对各个词语的不同词性、不同含义，按照相同含义进行分组，形成同义词集合（synset）。不同的同义词集合间也建立了联系。这样，所有词汇形成了一个网络，可以便捷地查询到一个词语某个含义的近义词等；
- 中文资源：由董振东、董强等学者研发的知网（HowNet）。这是一个词语含义的关系网络，也可以认为是揭示词语概念关系的一个知识网络。不同概念间的同义、反义关系，施事、受事关系等，知网都有所体现。知网还有词条相对应的英文释义，为研究人员提供了极大的方便。

有了近义词关系网络，我们可以扩展情感词集。例如，我们知道"高兴"具有褒义情感，那么它的近义词如"快乐""欣喜"等都是褒义的。当然，这样描述比较粗糙，特别是经多次传递后，两个词语间的含义可能不那么接近了，那么其相互影响就应当减弱。利用一些数学模型，可以较好地传播情感倾向（情感得分）。

值得一提的是 SentiWordNet（Esuli & Sebastiani, 2006；Baccianella, et al., 2010）。顾名思义，SentiWordNet 是在 WordNet 基础上计算得到的一个英文情感词典，生成词典的步骤如下。

（1）选取种子词集合：从较少的几个明确的褒贬义词语出发，通过 WordNet 定义的二元关系（如相同极性的"also-see"或相反极性的"direct antonymy"等关系），扩展这些词语（可控制传播半径），形成褒义和贬义的词语集合，作为"种子"集合。

（2）训练分类器：将上述褒贬种子词集和一个中性种子词集作为训练数据，即训练一个三分类器。WordNet 定义了同义词集，使分类器训练的单位不再针对一个个词语，而是针对一个个同义词集。

（3）标记其他同义词集：利用上一步得到的分类器，可以对 WordNet 中所有的同义词集进行标记，得到它们的情感倾向。

（4）研究人员发现，最佳的分类效果需要训练多个分类器，分别采用不同的传播半径和分类模型，最后由多个分类器投票决定待标记词集的情感倾向。

（5）采用随机游走（random walk）模型分别对得到的褒义词集、贬义词集的情感倾向进行调整。游走过程收敛后，即得到最终结果。

其他利用 WordNet 的工作方法也类似。例如，文献（Kim & Hovy, 2004；Hu & Liu, 2004）选取了一些已知情感倾向的动词或形容词作为种子词，利用同义词关系扩展这个集合，或计算与之在 WordNet 中的共现概率。这样，在 WordNet 中出现的其他词语，只要被同义词关系覆盖，都可以计算出一定的情感倾向。

方法二：句法关系

词义关系依靠的是已总结出的关系网络。但有时，一些词语并不能被网络覆盖；还有些词语的用法、词义比较灵活，现有的知识库尚未涵盖。这就需要寻找其他关系。

我们可以利用句子信息建立词语间的桥梁。在较长的句子中，不同分句间往往有连词做连接。并列连词连接并列含义的句子，转折连词连接相反含义的句子。因此，两个分句中的词语就可以用连词信息判断是相近含义还是相反含义。如果我们的语料足够大，那么这些词汇在分句间的联系就有了一定的统计意义，可以作为比较可信的关系度量。

在文献（Hatzivassiloglou, et al., 1997）中，作者采用了两千多万篇新闻语料。选取形容词作为候选词语，进而利用 "and" "or" "but" 等连词构建词语间的相互联系。这些近义或反义的词对形成了一张图，接下来可以采用优化或聚类的方式，将相近倾向的词语划分为一个个簇；再根据簇内已知情感倾向词语的多少，标记整个簇内词语的情感倾向。

这种句子间的关系，比前面的词义关系弱了许多，会有更多的噪声。但对于大的数据规模而言，真实的词语关系会多次出现在语料中；不真实的词语关系出现次数较少。因此，这个方法可以在大数据下得到较好的应用。

如果我们的句子连词较少，各个句子之间的联系并不紧密，那么我们还能找到词语间的关系吗？

方法三：同现关系

研究人员注意到了这样一个现象：表示相同情感倾向的词语更可能共同出现，但相反倾向的词语则较少共同出现（Beineke, et al., 2004）。在较大尺度的数据中，这个现象更加突出。在大数据时代，语料是相对充足的，因此利用"共同出现"——即"同现"这个特点便可以计算词语的情感倾向。

可以看出，同现关系比前面两者更弱，噪声更多。一方面，我们可以增强同现关系的可靠性；另一方面，我们可以在倾向性得分传播时，予以过滤，以滤除噪声。

增强同现关系的常用方法是扩大语料规模，使同现关系更可靠。但是语料扩大会导致计算能力需求的攀升，而且并不是所有噪声都能被降低。因此，还可以采取的方法如下。

- 选取一个适当的"窗口"，即一个词的上下文中，相邻 k 个以内的词才算是同现；或者按照词间距离，将其同现的权重逐渐衰减——这其实表明同现关系不能无边无沿；
- 采用适当的方法衡量同现关系。我们不能仅根据同现次数的多少认为两个词之间是有联系的。例如，"的"字频繁地跟很多词同现，但这并不能说明其独特性。这时，除了用概率估计，还可以采用"点对互信息"（Pointwise Mutual Information，PMI）衡量两个词（或词组）之间的相关性：

$$PMI (word_1, word_2) = \log (P (word_1, word_2) / P (word_1) / P (word_2))$$

例如，文献（Turney, 2002）中利用下式计算了一个短语的褒贬程度：

$$Polarity (phrase) = PMI (phrase, \text{"excellent"}) - PMI (phrase, \text{"poor"})$$

这表示短语的情感极性为它与"好"词相关程度和"坏"词相关程度之差。

利用"词嵌入"（word embedding）方法，将每个词用多维向量表示。通过学习算法，可以使相似含义的词语向量距离较近，从而发现相似词语。这一方法把成千上万的词汇（高维空间）转化为低维向量表示，便于计算和挖掘词义。谷歌公司的研究人员提出的 Word2vec 算法是一个经典的例子，可以改善情感分析任务的性能。

对于过滤得分传播的方法，研究人员通常都选用适当的算法进行传播计算。

考虑同现关系将词语组成的一个个词对可以构造一个图，之后可以仿照前面的做法计算候选词语的情感倾向。这里选用的算法需要能对强的关系予以增强，弱的关系予以减弱。例如，文献（Serban, et al., 2012）中将子图中的完全图（clique）作为强关系；文献（Banea, et al., 2008）在每次迭代计算新候选词的情感得分后，采用相似性度量进行过滤，只保留与原始种子集最相似的新词集合。

以上是常见的几种词语度量关系。至于候选情感词的选取，通常和应用问题或语料密切相关。例如上文也提到了，传统文本中通常只采用形容词、动词等词语作为候选情感词。然而在很多评论文本中，一些短语也可能具有整体的情感倾向。文献（Turney, 2002）中定义了若干规则，通过特定词性的词生成候选的情感词组，如表 6.2 所示。

表 6.2　表达情感的短语构成规则

第 1 个词	第 2 个词	第 3 个词	短语示例
形容词	名词	（任意）	online experience，在线的体验
副词	形容词	非名词	very handy，非常方便
形容词	形容词	非名词	（多为句子片段）
名词	形容词	非名词	programs such（句子片段）
副词	动词	（任意）	probably wondering，可能想知道

此外，在本节开始提到在社交网络类文本中，情感符号也是常见的表达情感倾向的元素。因此，情感符号也可以作为情感候选词的一类（崔安颀，2013）。尤其是在微博等互联网新媒体文本中，各式情感符号、情感图标层出不穷，而这些"词"并不为传统词典所涵盖。因此，采用前述的基于同现的分析方法可以自动计算得到情感符号的情感倾向，从而对这类新媒体文本进行情感分析。

对于情感得分的传播，由于词义关系构成了图，自然可以采用多种基于图的算法进行计算。除了前文提到的图内聚类方法，常用的算法还有图传播（graph propagation）（Velikovich, et al., 2010）与标签传播（label propagation）（Zhu & Ghahramani, 2002）。两者的基本思想都是从若干种子词出发，每次更新与已有得分词相连的新词得分，使情感得分逐渐传播到全图。两者的区别在于：在标签传播算法中，未知得分词受所有与之相连的已知得分词影响；而在图传播算法中，未知词只受到关系最强的一个已知词影响。如果全图中有许多比较密集的子图，或者图的质量不高，那么采用标签传播算法就会使这些子图涉及的词语受到很强的噪声干扰。因此，需要根据语料、度量方式，选择适当的传播算法。

6.4.3　属性－观点对

在观点挖掘任务中，观点的倾向性只是其中一个要素。观点的对象、属性同样重要。例如，在舆情分析这一类应用中，仅仅知道观点的褒贬是不够的。如购物网站，一款手机的总体评价只能给人一个粗略的判断，尚不足以影响人的行为。消费者、商家需要知道手机的哪个功能到底好不好用、是否符合需求。因此，挖掘观点所针对的对象属性是一项很有意义的研究工作。类似识别情感词的步骤，我们也可以从语料中提取属性词和与之对应的观点词，这称之为属性－观点对。采用"对"作为整体的原因，是同一个观点词针对不同的属性词，其情感倾向可能不同，例如前文所述的"价格－高"与"性价比－高"。当我们将每个"对"作为节点，它们便不再受单一的倾向制约。

情感词之间有语义、句法等层次的联系。通过这种联系，我们可以从已知情感词出发，探索到新的情感词。现在，我们面对的是属性词和观点词（即修饰属性的情感词），那么这两者之间有没有联系呢？实际上在多数情况下，属性词和观点词是出现在同一个句子中的，这就是一个自然的同现关系。通过这种联系，我们就可以利用传播的方式发现属性－观点对。此外，直接采用联合模型，同时识别二者及其联系，通常可以取得更好的效果。这与分词和词性标注这个序列标注任务类似。

值得一提的是，确定候选的属性词和观点词的规则。前面我们介绍了采用词性筛选候选词的一些规则，同样，这里我们可以将一句话中的形容词作为候选观点词，而名词（或名词组合等）作为候选属性词。例如，文献（李智超, 2011）以如表

6.3 所示的规则作为抽取属性词的模式，模式里出现的"动词"代表同一词语的名词含义，但被词性标注标记为动词的情形。

表 6.3　模式匹配抽取属性词的示例（李智超, 2011）

模　　　式	示　　　例
名词	价格、电池、画质
名词+名词	快门/速度；照片/效果
动词	设计、成像、摄影
动词+名词	续航/能力；成像/效果
缩略语	性价比、质保

利用规则寻找候选属性词的前提是分词算法能正确地将该词语识别出来，并赋予正确的词性。但有一些传统词典未收录的词（称为"未登录词"），可能会被划分为多个字、词。例如，提到数码相机时常用的"防抖"一词，是指相机的一项属性，但传统的分词算法通常会将其识别为一个动宾短语并分为两个词"防/抖"。这时，我们可以利用一些新词发现的方法，特别是对于大规模的语料，采用基于统计的办法来识别。以文献（李智超, 2011）中采用的"上下文熵"（Context Entropy）的方法为例，如图 6.8 所示。

图 6.8　数码相机评论语料中"抖"字（左）和"防抖"（右）的左侧上下文示例

在图 6.8 的左图中，"抖"字左侧出现的大部分都是"防"字，因此"抖"字可向左扩展，吸收"防"字形成一个完整的（可能）词语——"防抖"。但在图 6.8 的右图中，"防抖"的左侧并无某一集中出现的字，说明"防"字左侧不应继续扩展，已到达词语边界。采用这种方法，可以较为全面地提取出候选的属性词。

当然，这样提取出的候选属性词、候选观点词仍然较为粗糙，可以再通过一些语法规则或背景语料进行过滤。例如，连词"和""与"左右两侧连接的词语（名词），如果其中一个是已知的属性词（或观点词），那么另一个可能也是一个属性词（或观点词）。紧挨着已知属性词之后的形容词更可能是观点词。根据句法分析得到的依存关系树（Dependency Tree），可以提取包含已知属性词（或观点词）的主谓关系结构（Subject-Verb，SBV）中的另一成分作为候选观点词（或属性词）；或者从大量的与现有语料无关的背景语料中，统计出现频率最高的词语（称为"高频词"），这些词不太可能是与领域相关的属性词（李智超，2011；翟忠武，2011）。在这一过程中，给定一个已知的属性词或观点词列表，可以逐步（迭代地）扩展生成更多的属性词或观点词。这与我们之前介绍的情感倾向计算方法也有相似之处。

现在我们得到了候选的观点词和属性词，利用句中（上下文）的同现关系将它们构成了"属性 – 观点"对。这个观点词、属性词网络与之前的情感词网络十分相似，只不过这里的节点不只是单一的一种情感词，而是两类。我们以每一对属性 – 观点对作为一个基本单元，考察它们在上下文间的关系是由并列连词还是转折连词相连接的，这就构建了一个新的图。之后，便可用与前面相似的算法进行迭代与传播，直到把每个属性 – 观点对都赋予一定的情感得分为止。

结合深度神经网络模型，例如循环神经网络、长短时记忆网络，也可以学习属性词、观点词的语义表示，在此不再赘述。

6.4.4　情感极性分析

我们构建情感词典、属性 – 观点对这些情感资源，是为了对一篇文本进行情感分析，即识别该文本表达了哪种情绪，其情感的强烈程度是多少。最基本、最常见的是情感分类任务：识别一段文本的情感是褒义、贬义还是中性。作为一项文本分类任务，通常有无监督学习（Unsupervised Learning）和有监督学习（Supervised Learning）两种方式。下面我们就依次介绍无监督学习、有监督学习的情感分析方法。

1. 无监督学习

句子的情感信息完全来源于其中的情感词（或涉及的观点词等）及其在句中的

地位。以无监督学习方式对文本进行情感分类，由于无须训练语料，我们需要人工找出情感词与句子情感之间的联系。

最直接的想法是在一句话中对出现的情感词、属性－观点对进行匹配，并将匹配到的各个情感倾向得分相加，得到整句话、整段的总体情感倾向。例如：

这个手机很漂亮，价格也便宜，就是电池发热现象太严重了。

这句话中涉及的情感词语有"漂亮""价格－便宜""发热－严重"。假定它们的情感分数分别是：0.8、0.3、−0.7（正分表示褒义、负分表示贬义），那么整句话的情感得分为 0.8+0.3−0.7=0.4，句子总体表达了褒义的情感。只要我们能保证情感词典等资源的情感信息质量较高（比较准确），采用这种方式，特别是对一些短文本、句式简单的文本，就不失为一种解决方案（崔安颀，等. 2011）。

但这样得到的结果一定正确吗？如下面的三个例句：

（1）这种情感分析方法很成功。

（2）这种情感分析方法不是很成功。

（3）这种情感分析方法很不成功。

三个例句中都有褒义的"成功"一词，但因为否定副词"不"的出现，使后两句表达的情感倾向出现反转，表达贬义倾向。另外，其中程度副词"很"的位置差异，还会影响情感的程度：例句（2）中的"不是很"表达较弱的否定，而例句（3）中的"很不"则是强烈的否定。因此，我们需要对句子中的否定副词、程度副词等成分加以提取和分析。如例句所示，通常的做法是寻找邻近的否定副词、程度副词、情感词，并根据它们之间的排列顺序，用程度副词作为情感词的加权系数、用否定副词作为反转系数。假定"成功"一词的情感得分为 0.8，"很"字的加权系数为 1.2，那么：

（1）程度副词+情感词：情感得分为 1.2×0.8=0.96。

（2）否定副词+程度副词+情感词：情感得分为 (−1)×(1/1.2)×0.8= −0.67。

（3）程度副词+否定副词+情感词：情感得分为 (−1)×1.2×0.8= −0.96。

注意："不是很"的否定效果比单独用"不"字弱，因此对程度副词的加权效果取倒数处理。

与之类似，多个句子之间可能也有起衔接作用的词语，这将影响由几个句子组成的篇章的情感倾向。例如：

（4）这个电影的演员是一流的，画面也不错，就是剧情太烂了！

如果统计褒贬情感词语的个数，那么褒义词（"一流""不错"）有 2 个，贬义词（"烂"）只有 1 个，但整句话读下来，相信读者会感受到，作者把重点放在最后一句，批评剧情。因此，如果仅采用一些简单的词汇搭配规则，则容易出现错误。特别是对较长的句子或篇章，准确率将会降低。

如果能够用数学模型自动从大规模的训练语料中表达（学习）出词汇、语句、篇章的一些内在规律，会比我们人工逐条总结得到的规律有效得多。因此，我们可以采用有监督的机器学习模型完成情感分析任务。

2. 有监督学习

1）训练数据

进行有监督学习的一项必不可少的环节就是训练数据。通过训练，模型可以建立起特征与结果类别之间的分布关系，对未知答案的数据给出其类别的估计。在情感分析任务中，互联网大数据是一个很好的训练数据来源。本章开始提到的产品评论网站、餐馆评价网站、书评影评网站都汇聚了大量的情感分析语料。最重要的是，这些网站为了让数据处理更加方便，在用户提交文字评论的同时，通常还有一个打分项，即用 1~5 或给出星级的方式让用户给出一个总体评价。从机器学习的角度看，这个项目可作为对应文字评论的情感标注。这样，我们就可以获得充足的训练语料。

如果不是这种评论类文本、网站，而是像微博这样的文本，那么我们该如何获得训练数据呢？人工标注固然是一种解决方案，但费时费力，而且情感本身比较主观，因此对标注员的数量、素质都有一定要求。针对这一现象，有研究人员注意到一些互联网文本（特别是微博）中的表情符号揭示了作者的心情，而且这些符号是作者自己写的，可靠程度高。因此，可以挑选出一些简单的、包含表情符号的文本，用这些表情符号作为标注。当然，采用这样的标注原则形成训练数据，噪声较多。在这种"远监督"（distant supervision）的框架下，有噪声标注数据在用于训练时需要经过多重处理，逐步去粗取精，最终得到优质分类器（Go, et al., 2009；Pak & Paroubek, 2010）。

2）特征空间

获得足够的训练数据后，我们还需要从文本中提取特征，将每个文本映射到一个向量上。在这样的空间内，机器学习模型才能发挥作用。在此，我们综合多位研究人员的工作，列举常见的与情感相关的文本特征，供读者参考。

（1）基于 n-gram 的词袋模型，通常选取 $n=1\sim3$，即 unigram、bigram 和 trigram。

（2）基于分词的词袋模型，亦可参照 n-gram 的做法，以词为基本单位（unigram），并形成 bigram、trigram 等。

（3）出现的情感词，在给定情感词典的情况下，情感词更有可能揭示整段文本的情感倾向，因此将命中的情感词作为向量的维度，有助于模型学习。这里的情感词可能包括正规词语、表情符号等。

（4）词性特征，可以反映文本中各个词性的分布。

（5）副词类特征，包括否定词、最高级及比较级类词汇等。

（6）词汇的扩展。可以对出现的词语按词义进行扩展，如同义词、反义词等，从而增加命中特定词汇的机会。

（7）句法特征。如词语在句法分析树中的父亲节点词，在句中的地位（主语、宾语等），以及是否是连接词等。

（8）其他符号如下。

- 标点符号：问号、感叹号的出现往往表示有较强的情感，而分号、顿号通常用于大段排比句中，有可能是客观句；
- 百分号、数字编号：较多的百分号、数字编号可能是在罗列一串条目，较为书面和中立；

- URL（网址）：对于短句，如果有 URL，则通常是陈述或广告，因此其更有可能是客观句。

在计算权重时，除了采用词的次数，还可以采用比例、对数、tf-idf 等加权方式进行调整。

虽然列出了较多文本特征，但在实际工作中可以采用一些特征选择的方法予以筛选，或采用压缩（compression）、提取特征值（eigenvalue）、SVD 等方法，减小向量空间的维度，从而在一定程度上缓解输入过于稀疏的问题。

3）学习模型

在情感分析中，常见的分类器及其应用方法包括如下几种。

（1）朴素贝叶斯（Naive Bayes）：分类的类别集合为 $C = \{$褒义，贬义，中性$\}$，假设各个特征之间相互独立，则给定文本 S，它属于类别 c_i 的概率 $p(c_i|S) \propto \prod p(w_j|c_i)$，其中 $p(w_j|c_i)$ 为训练样例中类别为 c_i 的数据中特征 w_j 出现的概率。最终 S 的所属分类取 $p(c_i|S)$ 较大的那个所对应的 c_i。

（2）k 近邻（k-Nearest Neighbors，kNN）：给定文本 S，首先选出 S 与训练样例中最近的 k 个数据点，对这 k 个点的倾向性，按其与 S 的距离倒数加权，并求和作为 $p(c_i|S)$。

（3）支持向量机（Support Vector Machine，SVM）：在核函数的作用下，该模型将向量投射到超空间中的支持向量上，并寻找一个最优的超平面，使支持向量到这个超平面的距离最大。

（4）最大熵模型（Max Entropy）：在满足约束条件的前提下，使熵值 $-\sum p(c_i|S) \cdot \log p(c_i|S)$ 达到最大。因此 $p(c_i|S) = Z(S)^{-1} \exp(\sum \lambda_j \cdot w_j)$。

此外，如果将情感词的识别作为一个结构化标注问题看待，则可以采用隐马尔可夫模型（Hidden Markov Model，HMM）（Jin & Ho，2009）、条件随机场模型（Conditional Random Field，CRF）（李方涛，2011；Yang & Cardie，2012）等，详见相关文献。

4）深度模型

同其他机器学习任务类似，研究人员基于卷积神经网络、长短时记忆网络等模型，在减少人工设计特征的情况下，也可以在情感分类任务上取得很好的效果，详见文献（Kalchbrenner, et al., 2014；Tai, et al., 2015）。

6.5 主要的情感分析资源

在前面章节的叙述中，已经穿插介绍了一些公开的情感词典，整理如下，方便读者参考。

中文领域有如下几个情感词典及其词语条目数（如表 6.4 所示）。

表 6.4 中文情感词典及其词语条目数

词　　典	褒义（正面倾向性）词数（个）	贬义（负面倾向性）词数（个）
《学生褒贬义词典》（张伟, 等. 2004）	728	933
知网 "情感分析用词语集"	836	1,254
《台湾大学情感词典》（Ku & Chen, 2007）	2,810	8,276
《清华大学构建的情感词词典》（Li & Sun, 2007）	5,567	4,468

此外，还有北京大学研发的情绪词典（Xu, et al., 2010），包括喜悦情绪的词条 91 个，愤怒的词条 112 个，悲哀的词条 89 个，恐惧的词条 103 个，以及惊讶情绪的词条 92 个。虽然数量较少，但这种情绪划分方式比褒贬情感更细致，对一些针对细粒度的情绪分析很有帮助。

英文领域的情感词典包括如下几项。

（1）SentiWordNet。基于 WordNet 网络计算得到的情感词典，优势在于同一词语的不同释义可能得到不同的情感得分。

（2）LIWC（Linguistic Inquiry and Word Count）。这是由美国德州大学奥斯汀分校、新西兰奥克兰大学的几位研究人员开发的一套软件，也包含多语言的情感词典。对词语的区分很细，包括心理特性（情感词、认知词等）、个人化（工作、休闲等）等不同维度的标注，但使用需要收费。

（3）ANEW（Affective Norms for English Words）（Bradley & Lang, 1999）。千余个英语单词的归一化情感，按照效价、唤醒度、优势度这三个维度进行评价。

（4）MPQA（Multi-Perspective Question Answering）。由美国匹兹堡大学研发的若干情感语料（英文），对情感词标记了词性、情感倾向、情感强度等信息。

随着时代的发展、语境的变迁，词典收录词条的情感倾向也可能发生变化。因此，在实际应用中还需要结合现实背景和应用需求，选择合适的词典。

近年来，一些学术团体组织了情感分析任务的比赛。在比赛中，组织者会协调整理、标注情感数据，供参赛者和感兴趣的团队训练、测试自己的模型。这些比赛包括日本国立情报学（信息学）研究所组织的 NTCIR 系列任务、国际语义评测比赛（SemEval）的系列比赛等。在我国，也有中文信息学会、中国计算机学会等团体组织中文情感分析评测。

6.6　前景与挑战

科技的日新月异，使得智能设备深入人们的生活；数字化的、用户产生数据的平台越来越多。因此，对用户提交的文本进行情感分析、意见挖掘就显得越来越重要，只有这样才能更好地想用户之所想，急用户之所急，做出更好的产品、满足用户的需求。

人的情感变化既有规律，又有一定波动。举个通俗的例子：在相声创作中，一个好的"包袱"通常是"意料之外，情理之中"。"意料之外"体现思路的转折，用相声行话来讲，要注意"铺平垫稳"，通过"三翻四抖"形成包袱，即通过多次平稳的铺垫（翻包袱），诱导观众的思路走向某种思维定式，然后突然打破这个定式（抖包袱），通过对比和反差形成笑料。从情感分析的角度，前几次翻包袱延续着相同的情感，而到最后一次抖包袱时突然转折，情感（可能是情感极性、情感主体等要素）的变化引人发笑。"情理之中"表示这个过程合情合理，并不突兀，这才能回味无穷。这个情理的逻辑，体现了大多数人或大多数场合下的情感，是有逻辑和常识能验证的。我们评价很多文艺作品"脑洞大开"，为了剧情需要不顾逻辑，戏剧效果减弱。如果能识别在每个场合下，符合情理、逻辑的情感是怎样的，那么前面提到的反语、讽刺现象也能得到识别。

一方面，结合认知、神经科学研究人的思维、情感变化，是较新的（交叉学科）研究方向；另一方面，机器如果能输出更自然的情感，符合相应的场景，也可以改善机器的用户体验。

6.7　内容回顾与推荐阅读

本章介绍了什么是情感分析和意见挖掘，以及它的重要意义和应用价值；了解了情感分析的主要研究内容，并且一步步地熟悉了完成情感分析和意见挖掘的基本流程。限于篇幅，大部分方法没有详细展开，数学模型、计算方法的细节没有一一列出。有兴趣的读者可以阅读相关的文献。

在本章开始处，我们提到了"星期一综合征"。在大数据时代，通过对网民发表的文本进行分析，就可以了解这些群体的整体情感倾向。笔者在 2010 年年初分析了当时的一百万条新浪微博数据，绘制成的一周微博情感变化如图 6.9 所示。请看，网友的心情变化趋势是不是像左侧漫画中的那样呢？

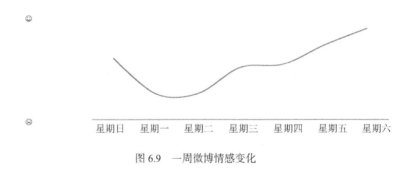

| 星期日 | 星期一 | 星期二 | 星期三 | 星期四 | 星期五 | 星期六 |

图 6.9　一周微博情感变化

读到这里，相信读者一定能体会到情感分析在互联网时代的重要价值。我们也看到，对情感分析方面的研究仍然有很广阔的拓展空间。希望本章能给读者带来一些启发，使更多的人能够参与到这方面的研究和应用中，使计算机真正读懂人们的心。

以下是一些推荐阅读的文献。与参考文献内条目重复的不再另列。

Liu, B. 2010. Sentiment analysis and subjectivity. Handbook of natural language processing, 2, 627-666.

Liu, B. 2012. Sentiment analysis and opinion mining. Synthesis Lectures on Human Language Technologies, 5(1), 1-167.

Pang, B., & Lee, L.2008. Opinion mining and sentiment analysis. Foundations and trends in information retrieval, 2(1-2), 1-135.

Turney, P. D. 2002. Thumbs up or thumbs down? semantic orientation applied to unsupervised classification of reviews. In Proceedings of the 40th annual meeting on association for computational linguistics (pp.417-424). Association for Computational Linguistics.

Zhang, L., Wang, S., & Liu, B. 2018. Deep learning for sentiment analysis: A survey. Wiley Interdisciplinary Reviews: Data Mining and Knowledge Discovery, e1253.

6.8　参考文献

[1]　Amiri, H., & Chua, T. S. 2012.Mining sentiment terminology through time. CIKM.

[2]　Baccianella, S., Esuli, A., & Sebastiani, F. 2010. SentiWordNet 3.0: An Enhanced Lexical Resource for Sentiment Analysis and Opinion Mining. LREC.

[3]　Banea, C., Wiebe, J. M., & Mihalcea. 2008. R. A bootstrapping method for building subjectivity lexicons for languages with scarce resources. LREC.

[4]　Beineke, P., Hastie, T., & Vaithyanathan, S. 2004. The sentimental factor: Improving review classification via human-provided information. ACL.

[5]　Bradley, M. M., & Lang, P. J. 1999. Affective norms for English words (ANEW): Instruction manual and affective ratings. Technical Report C-1, The Center for Research in Psychophysiology, University of Florida.

[6]　Cui, A., Zhang, M., Liu, Y., et al. 2011. Emotion tokens: Bridging the gap among multilingual twitter sentiment analysis. Information Retrieval Technology.

[7]　Esuli, A., & Sebastiani, F. 2006. Sentiwordnet: A publicly available lexical resource

for opinion mining. LREC.

[8] Go, A., Bhayani, R., & Huang, L. 2009. Twitter sentiment classification using distant supervision. CS224N Project Report, Stanford.

[9] Hatzivassiloglou, V., & McKeown, K. R. 1997. Predicting the semantic orientation of adjectives. EACL.

[10] Hu, M., & Liu, B. 2004. Mining and summarizing customer reviews. KDD.

[11] Jin, W., Ho, H. H., & Srihari, R. K. 2009. A novel lexicalized HMM-based learning framework for web opinion mining. ICML.

[12] Kalchbrenner, N., Grefenstette, E., & Blunsom, P. 2014. A Convolutional Neural Network for Modelling Sentences. ACL.

[13] Kim, S. M., & Hovy, E. 2004. Determining the sentiment of opinions. COLING.

[14] Ku, L. W., & Chen, H. H. 2007. Mining opinions from the Web: Beyond relevance retrieval. JASIST.

[15] Li, J., & Sun. 2007. M. Experimental study on sentiment classification of Chinese review using machine learning techniques. NLP-KE.

[16] Osgood, C. E. 1952.The nature and measurement of meaning. Psychological Bulletin.

[17] Pak, A., & Paroubek, P. 2010. Twitter as a corpus for sentiment analysis and opinion mining. LREC.

[18] Parrott, W. G. 2001. Emotions in social psychology: Essential readings. Psychology Press.

[19] Plutchik, R. 2001. The nature of emotions. American Scientist.

[20] Serban, O., Pauchet, A., Rogozan, A., et al. 2012. Semantic propagation on contextonyms using sentiwordnet. WACAI 2012 Workshop Affect, Compagnon Artificiel, Interaction.

[21] Shaver, P., Schwartz, J., Kirson, D., et al. 1987. Emotion knowledge: further exploration of a prototype approach. Journal of personality and social psychology.

[22] Velikovich, L., Blair-Goldensohn, S., Hannan, K., et al. 2010. The viability of web-derived polarity lexicons. HLT-NAACL.

[23] Warriner, A. B., Kuperman, V., & Brysbaert, M. 2013. Norms of valence, arousal, and

dominance for 13,915 English lemmas. Behavior Research Methods.

[24] Xu, G., Meng, X., & Wang, H. 2010. Build Chinese emotion lexicons using a graph-based algorithm and multiple resources. COLING.

[25] Yang, B., & Cardie, C. 2012. Extracting opinion expressions with semi-Markov Conditional Random Fields. EMNLP.

[26] Zhu, X., & Ghahramani, Z. 2002. Learning from labeled and unlabeled data with label propagation. Technical Report CMU-CALD-02-107, Carnegie Mellon University.

[27] 崔安顾. 微博热点事件的公众情感分析研究 [博士学位论文]. 北京：清华大学计算机科学与技术系，2013.

[28] 李方涛. 基于产品评论的情感分析研究 [博士学位论文]. 北京：清华大学计算机科学与技术系，2011.

[29] 李智超. 面向互联网评论的情感资源构建及应用研究 [博士学位论文]. 北京：清华大学计算机科学与技术系，2011.

[30] 翟忠武. 网络舆情分析方法研究 [博士学位论文]. 北京：清华大学计算机科学与技术系，2011.

[31] 张伟，刘缙，郭先珍，等. 学生褒贬义词典. 北京：中国大百科全书出版社，2004.

智能问答与对话系统

——智能助手是如何炼成的

崔安颀　薄言 RSVP.ai

白发渔樵江渚上，惯看秋月春风。

一壶浊酒喜相逢。古今多少事，都付笑谈中。

——杨慎《临江仙》

7.1　问答：图灵测试的基本形式

在著名的图灵测试中，图灵设计的"模仿游戏"（Imitation Game）是通过问答实现的，即提问者提出问题，机器和被模仿者均回答该问题。经过一段时间的互动，如果机器可以"以假乱真"，就表明它模仿成功（后被引申为具有智能）。

不单对机器如此，我们评价一个人是否聪明，往往也通过一系列测试来完成。读书时代的各种考试，是检验学生是否掌握所学知识的基本形式；社会上的各类资格考试，是检验人才是否拥有某种能力的公认标准；至于面试，则是通过当面交流来检验应试者是否能胜任岗位要求。更有大量的智力竞猜类电视节目，根据选手回答的正确性评价其"聪明"程度。这些测试过程都离不开"问答"这一基本的互动形式。

在大数据时代，大量的人类知识已经被数字化。特别是随着互联网的普及、搜索引擎技术的发展，任何人只要学会了使用关键词检索，便可以找到大部分自己需要的信息。从这个角度看，"大数据"已经做到了"上知天文，下知地理"。可即使这样，机器的智能还达不到我们的预期，这是因为信息检索的方式与我们通常的交流方式相去甚远。以搜索引擎为例，传统的搜索引擎只能根据用户输入的关键词返回匹配的网页，用户还需要进一步从这些网页中查找需要的信息。只有当机器能够自动提取答案，直接完成用户的信息获取需求时，才能成为用户最贴心的智能助手。

总的来说，问答系统的工作流程与人的思考过程相近：理解问题、寻找知识、确定答案。这个流程既可以分步骤处理，也可以用"端到端"（end-to-end）的思路建立模型。"知识"的数字化形式多种多样，因此对不同的知识表示需要采用不同的技术方案进行寻找。例如，基于检索的问答系统是围绕"检索"展开的，即先理解问题，知道检索什么；然后在合适的知识库中检索；最后筛选检索到的答案，整理输出。虽然机器回答了问题，但这个答案不是"想"（推理）出来的，而是"搜"出来的。这类问答系统可以借助信息检索技术实现。但与传统的信息检索（如搜索引擎）相比，用户问的不再是若干关键词，而是整句话；系统回复的也不再是若干包含关键词的文档，而是更精确的答案。可以看出，问答系统的输入部分（即问题）更不容易被计算机理解，输出部分（即答案）需要更准确。此外，答案的来源（知识）也多种多样：既有结构化的信息，又有非结构化的信息，因此问答系统的难度更大。本章，我们将介绍问答系统的案例，希望通过讲解它们的原理，使读者有所启发。

7.2　从问答到对话

传统意义上的智能问答（Question Answering）以提问和解答为主，侧重于满足人们寻找知识，特别是事实类知识的需求。然而，问答过程实际上是一种对话交流，于是"问答"这个概念逐渐被扩展到了人机对话，即人与机器进行（自然）语言交流。特别是近年来，硬件设备的计算能力越来越强，语音技术发展迅速，因此人与硬件（机器）的自然交流成为问答技术的典型场景。与硬件交互的用户界面，从晦涩难懂、"专业"的命令行控制（Command Line Interface，CLI），到一目了然的图形用户界面（Graphical User Interface，GUI），未来将发展为自然亲切的对话式用户界面（Conversational User Interface，CUI）。

日渐流行的交流对话（聊天）系统与问答系统相比，更侧重于交流和应答：首先，用户的输入不一定是问题，而可能是打招呼、下指令、抒发情感等句子。从这个角度看，对话系统比问答系统更复杂；其次，即使我们无法回答输入的问题，也可以给出一些建议，让用户到其他地方寻找答案，甚至老老实实地承认不知道。在图灵测试中，机器的目标是让人分辨不出是机器还是人在作答，并非以回答正确作为检验标准。从这个角度看，对话系统比问答系统更"简单"。在过去，我们可以撰写对话模板（例如【地点】的天气怎么样），匹配用户输入（"北京的天气怎么样""上海的天气怎么样"），输出相应的回复。但用户的表达方式多种多样，模板很难覆盖全部表述形式（怎么样/如何/是怎样的/……）；在大数据时代，通过挖掘网络论坛、微博回复等网民互动，可以获取更多的对话方式和对话内容，利用检索模型、机器翻译模型、深度学习模型及情感模型，自动学习出对话过程，甚至结合情感的变化做出不同的反应。目前，常见的对话模型有其自身的优点和缺点，在对话中有各自的用武之地。

7.2.1　对话系统的基本过程

从技术角度看，一个完整的人机对话过程如图 7.1 所示。

图 7.1　人机对话过程

这个过程涉及的技术包括：

- 从语音信号转换为文本，即语音识别（Automated Speech Recognition，ASR）；
- 从文本转换为语音信号，即语音合成（Speech Synthesis）。在自然语言处理领域又称为文本-语音转换（Text-To-Speech，TTS）；

- 从语音信号中还可以提取语气、语速、情绪等其他信息。

篇幅所限，上述技术不在本章进行介绍。读者可以参考语音信号处理相关的资料。

此外，有些复杂的对话场景需要结合其他形式的输入。例如，甲指着乙问丙："他是谁？"丙回答："他（乙）是我爸爸。"这段对话中，甲提问中的"他"并不能在对话文本中找到解释，而需要根据现场手势（画面）来判断；丙在回答时，也需要先认出乙是谁，再作答。这种处理声音、图像、文本等不同信息形式（模态，modality）的问答称为多模态（multimodality）问答。

7.2.2 文本对话系统的常见场景

回到我们关心的文本问答技术。我们先来看图 7.2 所示的例子。

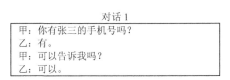

图 7.2 一组不同"情商"的对话示例

相信大家都能看出，虽然乙的每个答句都符合问句的提问要求，但他的表现显然十分"讨打"。问答、对话的内涵十分复杂，要做到既有"智商"，又有"情商"，尚需时日。现有技术主要解决"智商"的部分；虽已对融合情感的对话技术有一些研究，但与成熟应用还有距离。现在社会上有很多书籍、播客类的"教程"教我们"说话"，在不同场合说什么、怎么说才恰当得体。可见"说话"对人来说尚不容易，要想机器做好这一点，还需要所有从业者继续努力。

为了在现有技术条件下解决实际问题，人们通常考虑如下因素：

（1）对话涉及的知识是某些特定领域的，还是包罗万象（通用领域）？

（2）对话过程是为了寻找答案，还是理解问题后即可执行动作（指令）？

在这些因素下，根据现有的技术路线和成熟度，可以将文本对话的应用场景粗略地分为以下几类（如图 7.3 所示）。

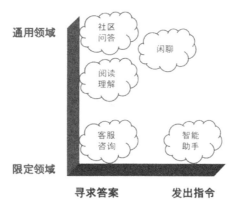

图 7.3　智能问答的常见应用场景

具体来说，根据人的目的可以分为：

（1）需要寻求确切的答案或知识。逛淘宝店铺时，向客服了解产品详情；使用手机出现问题，给客服人员打电话咨询；出门旅游，查询当地的特色美食和餐馆。前面提到，搜索引擎可以在很大程度上满足人们检索信息（知识）的需求，如果这一过程更自然，那么不但可以降低用户的使用门槛，还将极大提升产品的体验。例如，我们想在北京王府井找一家川菜馆，通常需要打开点评类、地图类网站，选择王府井周边作为位置范围，再选择川菜这个口味。如果用搜索引擎，则需要提取"王府井""川菜"这些关键词（或者再加上"餐馆""餐厅"）进行检索，从结果中逐条查看网页，找到满足我们需要的结果，并从其中提取关键信息，如餐厅名称、地址、联系电话等。与此相反，如果面对一个人（例如导游），你便可以直接问："王府井附近有什么川菜馆？"对方直接告诉你答案："有家某某餐厅（餐厅名称）很不错，位置就在王府井百货大楼隔壁（地址）。"这才是最自然的交流方式。

（2）为达到一个目标而指示机器完成一项功能。例如，各类设备上的智能助手，其最核心的功能是操作该设备，例如操作智能音箱播放歌曲、操作智能电视播放节目。现在，几乎每个品牌的智能手机都带有助手功能，例如苹果公司的 Siri、谷歌公司的 Google Assistant、微软公司的 Cortana（小娜）等，它们可以理解多种自然语言指令。例如，"给张三打电话（拨号功能）""提醒我明早 9 点开会（设置日程功能）""寻找附近的餐馆（本地生活信息检索）"等。有些产品功能设计得十分有趣，如果你问"找找附近的厕所"，则它还会推荐周边的麦当劳快餐店的厕所给你。

应用了问答技术的智能助手让人感觉非常亲切，容易交流。尤其在没有键盘、触摸等输入设备时，只能通过语言进行交流，这时只能依靠对话系统、问答技术来解决问题。例如，亚马逊公司 Echo 音箱的 Alexa 助手、小米公司智能音箱的"小爱同学"，他们像管家一样，在家庭中通过对话（聊天）解决人们的问题，而不用操作按钮；驾驶汽车时，双手要把握方向盘，自然语言对话的交互方式适用于这个场景，可以让人们在驾车时更方便地操作导航、订餐、查询信息。

（3）无特定目的的聊天、寒暄等。这在聊天机器人的场景中最为常见。有些聊天机器人并不提供正确答案，但只要说的"话术"得体，也会提升人的体验。因此，即便是解决特定任务的对话机器人（客服、订票），闲聊功能也是十分重要的。微软公司推出的"微软小冰"机器人，一经推出，就红遍了社交媒体。这是因为小冰的回答十分自然、亲切，即使不知道答案，也会调侃打趣，活跃气氛，改变人们对机器人"死板"形象的看法。

值得一提的是，上述分类并不严格。在很多对话过程中，人的目的是多重的。即便在使用对话作为交互方式的产品场景中，也贯穿着不同类别的意图。例如，在对话过程中穿插闲聊、寒暄；在获取某些信息后可能做出指令，如图 7.4 所示。

人：小助手，早上好！ 机器：早上好，新的一天开始了。	（寒暄）
人：今天有什么球赛？ 机器：今天晚上 7 点有篮球赛的实况转播。	（信息查询）
人：提前 5 分钟转到那个频道。 机器：好的。	（控制指令）

图 7.4　多种意图的自然交流过程

本章主要介绍"问答"（狭义），即通过自然的提问，获取确切的知识。

7.3　问答系统的主要组成

问答系统的基本组成，与人进行提问→思考→回答的思维过程相近，大致分为 3 个部分（如图 7.5 所示）。

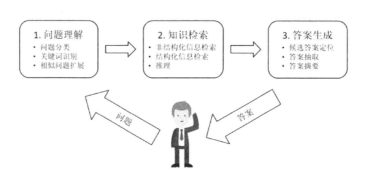

图 7.5　问答系统结构图

1．问题理解

对于自然语言输入的问题，首先需要理解问题问的是什么：是在问一个词语的定义，是在查询某项智力知识，是在检索身边的生活信息，还是问某一事件的发生原因，等等。只有准确地理解问题，才有可能到正确的知识库中检索答案。例如，"北京的温度是多少"是在问北京这个城市的气温；而"太阳的温度是多少"则是在问一项天文（物理）知识。字面看来很相近的两句话，如果理解错误，在气象信息里寻找"太阳"这个城市的气温，则南辕北辙，无法提供答案。

2．知识检索

在理解了自然语言提出的问题后，通常会组织成一个计算机可理解的检索式，检索式的格式由知识库的结构决定。例如，如果我们采用搜索引擎作为知识来源，那么理解后的问题就可以是若干关键词；如果采用百科全书作为知识来源，那么问题就应组织为一个主条目及其属性。以"北京的面积有多大"这个问题为例，如果用搜索引擎检索，可以生成"北京""面积"这两个关键词；如果用百科全书检索，则应在"北京市"这个词条中，检索"面积"这一属性信息。如果用神经网络这样端到端的模型，则将问题理解后得到的向量（矩阵），与知识源的数学表示（矩阵）进行运算，得到的计算结果也蕴含了答案信息。

3．答案生成

通常，检索到知识并不能直接作为答案返回。这是因为最精确的答案往往混杂在上下文中，我们需要提取出其中与问题最相关的部分。例如，用搜索引擎检索到若干相关的文档，然后从这些文档的大量内容中提取核心的段落、句子甚至词语；百科全书的知识结构可能与提问并不一一对应，例如，北京市的城市面积可能在不同历史时期有多个不同数值，就"北京的面积有多大"这个问题而言，我们可以取最新数值作为答案；而如果加上限定词如"建国初期"（当时北京市行政区仅包含现在城区的一部分），则需要针对这些约束条件，选取最佳的答案。

上面的概述是问答系统的基本流程，但根据知识组织形式的不同，问答系统还有很多种，下面我们就一一介绍。

7.4　文本问答系统

文本问答系统是最基本的一类问答系统，其包含的模块和技术涉及了问答系统的方方面面，也是各类问答的基础。下面就按照问答系统的三个基本环节逐一展开。

7.4.1　问题理解

问题理解的核心是理解用户在"问什么"——一方面理解问的是什么事情，另一方面理解问题是什么类型的。由于一个问题可能有不同问法，问答系统还需要进行适当的扩展，以便找到所有相似的问法。

1. 问题理解的内容

描述一个事件通常包含"时间""地点""人物"等要素，人提的问题无非是在询问这些信息点。有的研究人员把问答系统的目标定义为解答这样一个问题：

谁（Who）对谁（Whom）在何时（When）何地（Where）做了什么（What），是怎么做的（How），为什么这样做（Why）？

在英文中，问句通常由上述疑问词起始。在中文中则不尽相同。然而，这些基本要素的提问形式仍然是相近的。研究人员总结了提问的目标和要素，整理出若干种分类体系（taxonomy），既有平面分类（flat），又有层次分类（hierarchical）。这些分类体系有助于在候选答案中做筛选。

（1）UIUC 分类体系（Li and Roth, 2002）：这是一个双层的层次结构体系，主要针对事实类（factoid）问题，设计了 6 个大类和 50 个小类。大类包括缩写、实体（某种事物）、描述（询问定义、原因等）、人物、地点和数值。

（2）Moldovan 等人的分类体系（Moldovan, et al., 1999）：这也是双层的层次结构体系，但第一层主要针对问句的形式（疑问词），第二层针对答案的类别。其中，问句形式包括什么（What）、谁（Who, 施动方）、谁（Whom, 受动方）、怎么/多么（How）、哪里（Where）、何时（When）、哪个（Which）、名字和为什么（Why）。

（3）Radev 等人的单层平面分类（Radev, et al., 2005）设计了 17 个类别，包括人物、数字、描述、原因、地点、定义、缩写、长度、日期等。

（4）可以根据问题所属的垂直领域（主题）进行分类，如天气类、导航类、餐馆类等。这样做的目的是采用特定垂直领域的功能处理相应问题，例如天气类问题交由天气数据接口回答，导航类问题切换至导航算法处理。

为了理解问题，我们需要知道问题是怎么问的（疑问词），以及问题的关注点是什么。例如"泰山有多高"这个问题，问的是"泰山"这个事物的"高度"（数值）；"怎么做红烧肉"这个问题则是问"红烧肉"这个事物的制作方法（即烹饪方法）。确定了这两个关键因素，便可以得知用户究竟需要什么信息，以及信息的类型是什么。

2．问题理解的方法

从问题中提取关键成分的过程主要涉及自然语言处理的语义分析技术。

最直观的做法是采用字符串模板匹配的策略，将同类问题的共性部分提取出来作为模板，有变化的部分自然就是查询的关键词了。例如，可以用"×××是什么"这个模板识别一定义类查询的句式。在用户输入问句后，如果该句能匹配上这个模板，则×××的部分即为关键词。

模板匹配的优势在于逻辑清晰直观，易于理解和编写。但它的劣势也是显而易见的：模板形式固定，无法适应千变万化的自然语言表达方式——直到用户编写了相应的模板。例如，即使是菜谱查询这个简单的例子，人们在描述时也有多种问法：红烧肉怎么做，怎么做红烧肉，红烧肉的烹制方法是什么，红烧肉的制作过程……可以说，每多一种提问句式，我们就要多写一条模板匹配规则。此外，在实际应用中，人们的提问可能有一些以句子开头或结尾的虚词，例如"怎么做呀""是什么啊""请问""我想知道"等。这些词语同样要被模板覆盖，否则即便在人看来意思完全相同的两句话，计算机也无法"理解"。

灵活的技术要从词法、句法的分析入手。例如，将问句分词进行词性标注，做句法分析，分析出主语、谓语、宾语等成分；哪些词语是名词、动词、形容词；哪些词语是命名实体（Named Entity）；哪些词语更"重要"（关键词）……进而移除停用词、非关键词，提取问题的关注点及其限定词。例如，基于依存关系可以解析出句子中的各种组合修饰（尤其是量词、状语等限定成分），进而构建 λ-DCS 逻辑表达式（如图 7.6 所示），便于利用知识库进行运算。

图 7.6　句子推导过程示例，译自（Berant, et al., 2013）

λ-DCS 表达式的构建过程由如下几种操作完成：

- 一元实体（Unary）：实体词，例如"西雅图"；
- 二元关系（Binary）：属性词，例如"出生地点"。

完整的知识可以用三元组表示，例如，(比尔·盖茨, 出生地点, 西雅图)或者(西雅图, 在这里出生的人, {比尔·盖茨, 保罗·艾伦, 斯宾塞·霍伊斯, ……})。

- 连接（Join）：将一元实体与二元关系相连接，得到关系另外一侧所有可能的实体。在图 7.6 中用点（"."）表示。例如，连接"出生地点.西雅图"代表所有出生在西雅图的人；连接"在这里出生的人. 巴拉克·奥巴马"表示奥巴马的出生地点；

- 交集（Intersection）：两个一元实体集合的相交部分，用 ∏ 表示。例如，"职业.科学家∏出生地点.西雅图"代表所有出生在西雅图的科学家；

- 计数（Aggregate）：一元实体集合的元素数量，记作 count(•)。

基于上述操作，如果用户问：汤姆·克鲁斯出演过多少部影视剧？则这个提问的 λ-DCS 表达式是 count(类型. 影视剧∏演员. 汤姆·克鲁斯)。

与模板匹配策略相比，自然语言处理技术可以更灵活地分析不同的问句，特别是基于机器学习方法在大数据（大规模语料）上训练出的语义分析模型，通常可以较准确地分析出句子及其各类变种。这类基于大数据的模型虽然可以处理常见词、常见句型，但一旦某些词、某些句型较为罕见，模型就可能出错，影响后续步骤的效果。而且这类模型并不像模板那样直观、解释性强，机器的自动计算结果无法人为干预。一旦出错，我们甚至不知道如何修改。此外，自然语言处理技术要求的技术储备较多，门槛高，未必适合小规模系统的快速开发和部署。

3. 问题扩展

自然语言的复杂性增加了问题理解的难度。一个问句除了可能有句式变化，还可能有同义词造成的多样性。对于不同的问题理解方法和知识组织形式，有的可能更适应句式变化，有的可能更易于理解词义。通常，我们还需使用其他自然语言分析工具消除句子歧义，并针对相同意思扩展原始问题。例如，"谁是贝克汉姆的老婆？"和"小贝妻子叫什么？"这两个问题没有一个词相同，却表达了同样的含义。

在词的级别上，借助《同义词词林》、知网这样的同义词词典及词语知识图谱，可以扩展我们的词库，或者从语料中学习新词的词义，如上句例子中的"贝克汉姆"别名"小贝"；在句子的级别上，借助句子复述技术可以识别同一含义的不同表达方式，如上句例子中"谁是+某人物关系"与"某人物关系+叫什么"是同一含义（汤洋，2010）。

值得一提的是，基于大数据构建问答系统的过程，往往将建立知识库和问题理解、答案抽取共同完成。这是因为大数据中的知识一般是用自然语言描述的，同样需要进行句法分析。如果带着问题去大数据中找答案，则可以利用问句中的信息，例如问句类型（问"哪里"则找地点；问"谁"则找人物）、关系识别，等等；而答案则可作为标注，用于指导有监督的学习过程。在本章后面介绍的端到端问答系统中，这个思路体现得更加充分。

7.4.2　知识检索

知识库直接影响了问答系统回答问题的能力和效率。一个大而全的知识库可以使问答系统更"聪明"，能够回答更多的问题，但可能降低性能，影响用户体验。因此，知识库的组织管理通常和信息检索技术密不可分。

前面提到，知识库既可以由人工整理成结构化的数据，又可以以非结构化的方式存储以便后期检索。在大数据时代，结构化的数据少而精，非结构化的数据多而全。我们可以利用这两方面的优势，从少而精的知识中提供精准答案，从多而全的数据中挖掘更有可能正确的答案，从而满足问答用户的需要。

1．非结构化信息检索

非结构化的信息，通常是指没有或很少标注的整篇文档组成的集合。在这些文档中，信息蕴含在文本中，并没有组织成实体、属性这样的结构。这时，我们可以借助信息检索技术挖掘与问题相关的信息。

最直观的理解是使用搜索引擎。我们从问题中提取关键词，便可以查询索引，得到与这些关键词最相关的文档。再通过后续的筛选和提取步骤，生成最终答案。事实上，我们可以借助商业化的搜索引擎来完成这项工作，特别是现在的很多商业搜索引擎已经具备了一定的自然语言理解能力。以 Siri 为例，它采用的策略是：当输入的句子无法被其识别（模板未匹配中）时，它便将整句话提交给搜索引擎，并把检索到的文档集合列出来，供用户自行选择。从某种意义上讲，这种方式虽然不能直接提供准确答案，但可以减少用户输入关键词的过程，也算是一种帮助。

使用商业搜索引擎的主要障碍是商业授权许可和网络延迟，因此我们还可以自行建立索引，搭建自己的搜索引擎。现在的信息检索技术已经相对成熟，如 Lucene 等开源搜索引擎框架给开发者提供了极大便利。因为大数据资源丰富，所以很多问答系统采用信息检索技术搭建索引。由于这里涉及的技术细节较多，读者可自行参考信息检索的相关书籍。

值得一提的是，基于检索得到的文档虽然都与查询（关键词）相关，但传统信息检索任务的相关性计算方法并不一定适用于问答任务。这是因为问答任务的检索式通常已经经过筛选，所以检索出的文档应当尽量满足所有查询词的查询条件。同时，由于问答系统存在后处理步骤（即选取合适的文档和合适的答案），检索步骤得到的文档并不一定要准，而要尽可能全。

在问答系统中，如果一篇文档包含与关键词相关的答案，那么这些关键词在文档中的位置应当较为靠近，而不能分散在整篇文档中。因此，常用的策略是以段落为单位来衡量的，计算连续的少量段落内是否出现了所有的关键词。这样可以去除一些虽与关键词相关，但与问题答案并不相关的文档。

类似地，在挑选出的多篇文档的多个段落中，也需要找出更可能包含答案的段落或局部文本，因此也要对这些文本块进行排序。在圈定文本范围时，通常只取一个最小的窗口，使得窗口内的文本包含尽可能多的问题关键词。这个局部文本块称为"段落窗口"（Paragraph Window）。问答系统中的经典做法是采用标准基数排序（Standard Radix Sort）算法。排序指标通常包含以下 3 个因素。

（1）相同顺序的关键词数目：按照问题中各个关键词的先后顺序，统计在段落窗口内具有相同顺序的关键词数目。

（2）最远关键词间距：这个段落窗口中相距最远的两个问题关键词之间的单词数目。

（3）未命中关键词数：段落窗口未包含的问题关键词数目。

经过这一步骤，检索到的文档被提炼为若干文本块，这便于之后答案生成步骤的答案提取，使问答系统的回答更加精准。

2. 结构化知识检索

应用于问答领域的结构化知识，主要侧重于一个实体的各个属性（attribute）及它们之间的关系。主要的结构化知识有如下类别。

（1）百科类知识：传统的如百科全书，现在互联网上流行的如维基百科

（Wikipedia）、互动百科、百度百科等。这些百科数据是由一个个条目（以实体为主）组成的。每个条目都有其简介、属性及其他相关信息。百科条目的属性通常清晰明了，结构性强，但其他部分均为整篇非结构化文本。例如，维基百科中的"北京市"条目，其结构化属性包括"面积""人口""邮政编码"等，但对其历史、交通的介绍则为非结构化文本。当然，在网络百科中，一个文本中的实体名称往往以超链接的方式标明。这对我们识别主条目引用实体的情况有利，便于定位答案。

（2）关系类知识（本体）：在实际数据表示中，通常可以简化为关系类结构——两个事物 E_1、E_2，以及它们之间的关系 R，即三元组(E_1, R, E_2)。这可以解决问答领域中的一些事实类问题。例如"北京的面积是多少？"这个问题，通过理解问题，我们得知问题是找"北京"这个实体（E_1）通过"面积"这个关系（R）连接的另一个事物（E_2），利用关系知识(北京, 面积, 16,801 平方公里)可得到答案"16,801 平方公里"。比较著名的关系类知识库有 DBpedia 和 YAGO，这些都是从维基百科中抽取并组织形成的关系结构数据库（Wang, 2012）。

可以看出，目前规模较大的关系类知识都是从百科类知识甚至非结构化知识中抽取构建的。这是大数据时代的一项知识构建工作，也吸引了许多研究人员的注意。仿照这种思路，我们可以根据需求，针对特定垂直领域收集数据，自行组织成结构化知识。以自动客服类的问答系统为例，我们可以从电子商务网站中获取大量的商品信息，从而解决商品类的询问和答复。例如，"某某相机多少钱""多少价位内的羽绒服有哪些厂家生产"等问题。

3. 本体与推理

从人类的思维逻辑上讲，对问题的理解是基于一系列推理进行的，通过推理匹配到现有的知识，进而做出回答。例如提问："蜜蜂有几条腿？"，如果我们知道蜜蜂是一种昆虫，而昆虫有 6 条腿，那么自然可以做出回答："蜜蜂有 6 条腿。"这种问答的思路形成了人工智能的一个重要分支——专家系统（Expert System），在 20世纪 80 年代十分流行。在我国，亦有一些医疗诊断软件是基于这项技术编写的。显见，专家系统依赖于精确组织的知识结构（例如昆虫有 6 条腿、哺乳动物有脊椎等），又称本体。关于动物的概念及其相互关系所构成的语义网络如图 7.7 所示。整理好的知识领域，可以搭建这样的技术框架。然而，更多的门类并没有组织好的知识结构，推理便无从进行。特别是人类的科学技术发展日新月异，人工整理知识库越来越力不从心。因此，基于专家系统方式的问答技术已逐渐退出了历史的舞台。值得一提的是，近年来，利用互联网语料自动挖掘实体关系、知识图谱的思路为这项技术注入了新鲜的血液（详见本书第 2 章）。结构化知识仍然是问答系统的重要知识来源之一。

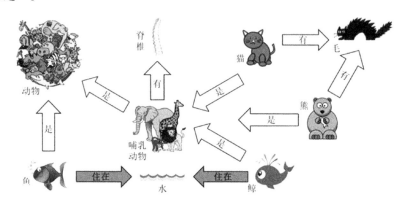

图 7.7　关于动物的概念及其相互关系所构成的语义网络

此外，基于深度神经网络模型，让机器自动学习知识并完成推理，也是一个有前景的研究方向。脸书公司设立了一个文本理解和推理的数据集 bAbI。每个问题给出很多（可能冗余的）事实，要求机器自动找出有用的事实，经过推理解答问题。如表 7.1 所示，当询问 Brian 的颜色时，首先找到 Brian 是只狮子，再通过 Bernhard 是狮子、是白色的，推理出 Brian 也是白色的。

表 7.1　脸书文本理解与推理数据集 bAbI 示例，译自（Yue, et al., 2017）

推理顺序	事　　实	问　　题	答　　案
2	Lily 是只天鹅。		
	Bernhard 是只狮子。		
	Greg 是只天鹅。		
3	Bernhard 是白色的。		
1	Brian 是只狮子。	Brian 是什么颜色的?	白色
	Lily 是灰色的。		
	Julius 是只犀牛。		
	Julius 是灰色的。		
	Greg 是灰色的。		

使用端到端的神经网络模型，可以充分发挥其"记忆"功能，将事实隐式地存储在向量、权重中，从而完成推理。

7.4.3　答案生成

问答系统检索到的信息，如果结构化特性不够强，则需要进一步地筛选过滤，提取其中最精准的答案。这对非结构化信息检索知识来说是必不可少的。特别是前面提到的排列出的文本块，其中很有可能包含答案。如果把整块文本返回用户，也算是给出了"正确"回答，但离人能做出的精准回答还相去甚远。究竟哪个词、哪个短语是答案呢？

在问题理解步骤中，除了理解问题是在"问什么"（提取关键词），还可以理解问题的类型，例如问的是人物还是数值，这个信息便可以用来筛选答案。借助自然语言处理技术，我们可以分析答案文本块中的词语，例如命名实体识别、词性标注等，从中筛选出更可能是答案的词语或词组。

问题的关键词和答案的词语之间必然存在某种联系，因此我们可以考察问题和候选答案的相似度，如问题关键词和答案词之间语义联系的远近。此外，答案与问题也可能存在句式的联系。例如，在问题"北京的面积是多少？"中，词语"多少"可以被替换为答案，即在答案文本中寻找类似问题句式"北京的面积是×××"的句子（Allam and Haggag, 2012）。

随着候选答案范围的逐步缩小，我们还可以借助其他工具验证答案的可信程度。例如采用其他的信息源（知识库），在其中检索问题（词）和答案（词）的相关性。特别是在互联网中检索答案，验证问题与答案同现的频率，也是一种简单有效的验证方法。

7.5　端到端的阅读理解问答技术

近年来，伴随着深度神经网络模型的发展，自然语言处理领域也用到了很多端到端的网络模型。所谓端到端，是在原始输入到最终输出之间的过程中减少人的干预，只靠模型自己学习。这避免了传统机器学习方法设计特征的环节，而让模型隐式地自动学习特征，通常比专家设计的还要好。

在问答、对话相关的技术中，较为流行的应用包括阅读理解、生成式对话等。这是由于模型的一些"记忆"机制可以记住长距离的上下文信息，自动将多句话的重要知识存储在数学模型中（权重发生变化）。与传统方法相比，这些模型不再需要人工设计知识结构和记忆的逻辑，只要有足够的训练数据，便可自动完成理解任务。由于技术发展迅速，本节介绍的相关工作挂一漏万，读者如有兴趣，可在此基础上深入查询相关文献。

7.5.1　什么是阅读理解任务

自然语言处理领域里的阅读理解（Reading Comprehension）任务，就像语文、英语考试中的阅读理解题一样，即阅读一段文章，然后回答关于该文章的若干问题。对于问答技术来说，阅读理解的要求以理解文中事实为主，不涉及概括归纳篇章的主要内容和中心思想。

斯坦福大学的几位研究人员建立了一个阅读理解任务数据集 SQuAD（Stanford Question Answering Dataset），并开展了一次比赛：基于 536 篇维基百科文章的 23,215 个文本段落，人工构建超过十万个问题，并标注了正确答案。为了简化这个任务，答案一定出现在段落内的文本原文中。在测试时，受试者（人或机器）拿到一个段落和相应问题，要求找到原文内的具体答案。图 7.8 就是这样的一个例子。

在气象学中，降水是大气中水汽在重力作用下凝结的产物。降水的主要形式包括毛毛雨、降雨、雨夹雪、降雪、霰和冰雹……较小的水滴与云层内的其他雨滴或冰晶碰撞而聚结，从而形成降水。在分散的地点短时间激烈的降雨被称为"阵雨"。 　　　　　　　——节选自维基百科"降水"	问：降水过程水汽下落的原因是什么？ 答：重力。 问：除了毛毛雨、降雨、降雪、雨夹雪和冰雹，另外一种降水的主要形式是什么？ 答：霰。 问：水滴在哪里与冰晶碰撞形成降水？ 答：云层内。

图 7.8　SQuAD 阅读理解篇章与问答对示例，译自（Rajpurkar, et al., 2016）

如果给出的答案与标准答案完全匹配（Exact Match，EM），则算答对。人的水平可以达到 82.3 分，截至 2019 年 5 月，已有多个团队提出的数学模型超过了这个得分，例如谷歌的 BERT 系统、谷歌大脑和卡耐基·梅隆大学联合完成的 QANet 系统（Yu, et al., 2018）及百度公司、猿辅导公司的自然语言处理研究团队、哈尔滨工业大学–讯飞公司（Cui, et al., 2017）、微软亚洲研究院–国防科技大学（Wang, et al., 2017；Hu, et al., 2018）、阿里巴巴数据科学与技术研究院等单位都名列前茅。虽然计算机的运算时间和资源还不能与人相比，但单从正确率的角度来说，已经达到了人类的（平均）水平。

此外，微软公司也设立了阅读理解 MS MARCO 评测任务，很多队伍提交了各自的模型，如参考文献（Yang, et al., 2019）。哈尔滨工业大学–讯飞联合实验室推出的中文机器阅读理解评测（CMRC），也受到业界关注。

在这些任务中，知识库是以非结构化的篇章形式出现的，每个"知识点"是以自然语言形式描述的。系统的输入输出也是自然语言，而且问句可能有修饰的状语、分句等较为复杂的情形，这无疑增大了语义解析的难度。此外，阅读理解任务还会包含一些简单的推理过程，如表 7.2 所示。

表 7.2　阅读理解任务中的推理类问题，译自（Rajpurkar, et al., 2016）

推理类别	描　述	示　例
词法变形（同义变换）	问句和答句之间的主要对应词是同义词	问题：朗肯循环有时**叫作**什么？ 源句：朗肯循环有时**被视为**一个<u>现实的卡诺循环</u>
词法变形（基于背景知识）	问句和答句之间的主要对应词需要背景知识来消解	问题：哪些**政府机构**拥有否决权？ 源句：在立法过程中，<u>欧洲议会和欧盟理事会</u>拥有修改权和否决权
句法变形	问句被转写为陈述句后，即使做局部修改，其依存句法结构仍与答句不匹配	问题：有哪些莎士比亚学者目前担任教职？ 源句：目前的教员队伍包括人类学家马歇尔·萨林斯，……，莎士比亚学者<u>大卫·贝温顿</u>
多句推理	有回指或需要更高级别的多句融合	问题：**维多利亚与艾尔伯特表演藏品馆**有哪些藏品？ 源句：**维多利亚与艾尔伯特表演藏品馆**开放于 2009 年 3 月。……该馆收藏的<u>现场表演类藏品</u>是全英最大的国家级收藏

注：加粗表示对应关系，下画线表示答案。

限于篇幅和深度，我们无法展开详述参赛团队的模型。在此，我们概要介绍它们的共通之处，希望对读者有所启发。此外，这些队伍在参赛过程中也会用到其他工程技巧，这对我们解决实际问题也有帮助。

7.5.2　阅读理解任务的模型

前文提到的几名参赛队伍，他们使用的模型有一些共性，概括地说，这类结构如图 7.9 所示。

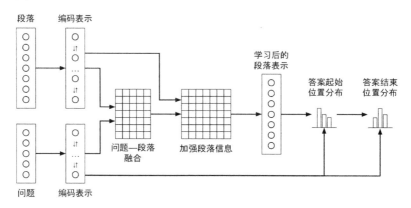

图 7.9　阅读理解任务的端到端神经网络模型结构示例

具体来说，模型的几个层次与作用如下。

（1）输入和编码：在本任务中，问题和段落以文本形式输入网络。对这两个文本中的词和字符，计算它们的嵌入表示（词嵌入和字符嵌入）向量；也可以人工提取一些特征如词性、命名实体、问题类型等形成特征向量。问题和段落各 2 个（或 3 个）向量拼接在一起，输入给双向循环神经网络（BiRNN）、双向长短时记忆网络（BiLSTM）或其他序列模型进行处理，从而分别形成问题和段落的编码表示。

（2）问题－段落的融合：与人在阅读理解任务中的过程类似，神经网络模型需要将问题与段落融合在一起，相当于记住问题然后读段落，或读完段落再解决问题。简单的办法是将问题编码向量和段落编码向量相乘，矩阵元素表示相应的问题单词和段落单词的相关程度；也可以设计其余的融合单元，甚至采用"注意力"机制。这样，得到的结果中同时包含问题和段落的信息，以及二者之间的关联。

进行这次运算，我们只是得到了问题和段落的关联，而我们要找的答案（知识）究竟在什么位置，还不足以体现。因此，研究人员设计了一些方法将其加强：

有的重复几遍上述运算；有的将段落向量反复自乘；有的则利用注意力机制，重复计算段落与段落的关联。最终，我们得到了反复学习后的段落表示。

（3）确定答案：本任务要求找到答案的具体（精确）位置。这一步，研究人员通常使用指针网络（Pointer Network），把问题与前面注意力层的段落表示相结合，即可计算出答案在段落内的概率分布，其最大值就是答案的起始位置。然后将问题与起始位置相作用，即可得到答案的结束位置。也有的研究人员根据概率大小排序，输出多个候选答案，再利用语言学的特征进行重排，以找到最佳答案。

7.5.3　阅读理解任务的其他工程技巧

考虑到比赛的特点，各个参赛团队对方法进行了改进。这些改进不一定是数学上、模型上的改动，但从应用角度讲，也值得我们借鉴。

在比赛排行榜中，前几名队伍的模型都注明"集成"（ensemble）；同一个队伍的集成模型往往优于其单一（single）模型的准确率。在机器学习中，采用集成方法例如平均法、投票法，得到的综合模型通常有更强的泛化能力；多个弱分类器的集成效果反而可能超过单独一个强分类器。这就像俗语说的"三个臭皮匠，赛过诸葛亮"。尤其是深度神经网络模型，其中的很多参数、训练有随机数参与，因此得到的训练结果并非每次都相同。这样，采用集成模型就可以达到好的综合效果。

采用深度神经网络模型的一大瓶颈是训练数据的数量。比赛提供的数据量有限，所有队伍都基于这些数据做训练；在实际应用中，我们往往面临着数据不足的情况。在谷歌大脑团队的模型中，他们采用了卷积神经网络这种计算速度较快的模型类别，因此他们又设计了方法增加训练数据量。考虑到段落（文章）的数量有限，研究人员引入了机器翻译的方法，将英文段落先翻译成法文的文本共 k 种，这 k 个文本之间会有一些语言上的差异；然后将每个法文文本翻译回英文（k 种），累计 k^2 种，这极大增加了训练语料的数量。虽然机器翻译并不能达到100%准确，但英法互译这个相对成熟的语言对，以及语言简单的维基百科文章等特点，使这种数据扩充方法成为现实。

7.6　社区问答系统

在 Web 2.0 时代，用户产生的数据逐渐增多。这些数据使互联网的信息量呈爆炸性增长，形成了"大数据"。这其中有图片分享网站，博客、微博客网站，产品评论网站等，已成为学术界、工业界及全社会的关注热点。

在本章开始处我们提到，当人遇到问题时，希望有一个无所不知的大学问家帮他解惑。在现实中，单凭少数人是无法做到"无所不知"的。然而在大数据时代，如果能把众多网民的智慧汇集在一起，就能形成"三个臭皮匠，赛过诸葛亮"的效果。因此，社区问答（community Question Answering，cQA）网站应运而生。国外的著名社区问答网站有 Quora，国内有知乎、百度知道、搜狗问问等。

社区问答网站给用户提供了公开发布问题征集答案、解答他人问题的平台。在前面几节中我们叙述了用计算机自动进行问答是很困难的，而在社区问答网站中，解答者是人，因此很容易理解提问题人的问题含义。利用"术业有专攻"的道理，用户可以很方便地求来解答。特别是一些"非正规"的问题如脑筋急转弯等，在百科全书中不可能找到答案，而通过网友则可以得到"解答"，虽然未必"正确"，但也可以作为一种合乎逻辑的答案（如图 7.10 所示）。

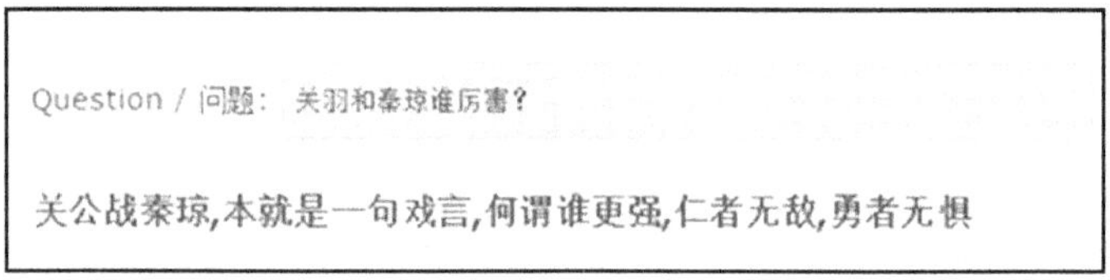

图 7.10　某社区问答系统的示例问题与回答

既然社区问答网站中有很多现成的问题和答案，那么我们能不能用这些社区问答数据实现计算机问答功能呢？这就是本节将要讲述的内容。

7.6.1　社区问答系统的结构

社区问答网站为我们提供了问题及对应的答案，我们称之为"问题–答案对"，简称"问答对"（question-answer pair）。因此，与前面传统问答系统不同，此时我们已经有了问题和答案之间的联系。我们只需要找到合适的问题，再从这些问题的答案中挑出最合适的，即可完成问答任务，如图 7.11 所示。

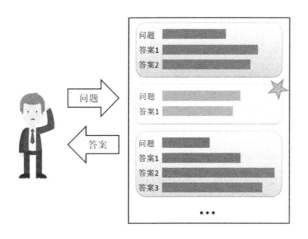

图 7.11　社区问答系统的结构示意

社区问答系统的结构可以分为以下两部分。

（1）问题理解：这里的"理解"与前文含义不同，实质是在问答对数据库中，检索一个或多个与输入问题最相近的问题，作为我们"理解"了的问题。

（2）答案生成：找到的相近问题对应了很多答案。但在社区问答网站中，答案的质量并不一定很高。因此，我们并不能直接把答案返回给用户，而要挑选出一些更有可能准确的答案，或者对多个答案进行综合，或者对长篇答案做摘要。

可见，虽然社区问答平台为我们提供了问题与答案间的桥梁，但问题和答案自身的质量是有噪声的。因此，社区问答系统的主要难点就在于相似问题检索和答案过滤这两方面。

7.6.2　相似问题检索

前面提到的问答系统是用问题检索知识，而在社区问答中是用问题找问题。当问答库较大时，我们需要对问题构建索引，这样便可以通过关键词检索到候选的相似问题。

问题的相似性问题与问题扩展所解决的问题是类似的，同样需要词义的扩展和句式的扩展。但是问题扩展是从一个原始问题生成多个候选问题，而这里的问题相似性衡量是在初步检索到候选相似问题之后进行的，因此计算规模大大减小。我们只需要在这些候选相似问题中找出最接近的一个或几个问题即可。

问题相似性度量有以下几种常见方式：

（1）模板匹配，例如"什么是×××"和"×××是什么"。除了人工书写模板，我们也可以借助自然语言处理技术，对句子结构或依存关系进行分析，从而自动生成更多的模板（Lin and Panel, 2001）。

（2）基于统计机器翻译。其思路是事先找到问题的平行语料，即相同的问题句子被写成多国语言文字的语料。进而学习出同一种含义的不同问法，相当于以外语作为桥梁完成复述工作。我们知道，互联网上有很多网站提供了 FAQ（Frequently Asked Question，常见问题解答）栏目，就人们关心的问题以一问一答的方式列出一些产品细节。其中有一些网站提供多语言版本，这些问答也是一一对应的。因此，我们可以用这些语料来训练复述模型（Riezler, et al., 2007）。

（3）基于词典的方法，主要是基于同义词和近义词的知识扩展关键词，从而识别相似问题句（Bolshakov and Gelbukh, 2004）。

（4）基于信息距离（information distance）的方法（Zhang, et al., 2007）。从问答这个应用场景来看，问句中的部分词语并不会给问题带来更多信息量，例如，"你可不可以告诉我某某是什么"和"某某是什么"，这两句话的信息量是接近的（当然，礼貌程度有所不同）。我们可以借助信息论中的柯尔莫哥洛夫复杂性（Kolmogorov Complexity）定义一系列语义度量，衡量两个问题的语义相似性。

（5）基于深度神经网络的模型，学习句子的表示（向量化），从而利用向量距离计算句子的相似度。例如，基于循环神经网络编码器－解码器（Encoder-Decoder）的结构，可以将问句作为编码器输入，编码后输出至解码器的隐层；解码器将候选句子与其结合，得到相似度的表示，进而计算相似性的概率分布（Ye, et al., 2017）。

诚然，深度模型可以减少人工设计特征的工作，弥补人的受限知识带来的不足，但计算资源、数据资源却会成为瓶颈。在实际应用中，我们可以具体问题具体分析，根据不同场景的特点，选择适用的模型；或将不同模型的优点相结合，取长补短。

7.6.3　答案过滤

社区问答的另外一个特点是答案质量不高（如表 7.3 所示）。从闲聊、调侃的意义上讲，这些答案也算俏皮的回复；但从问答的角度讲，这些答案不能算作准确的回答。虽然很多网站提供了"最佳答案"这项标注功能，供问题提出者标记出最满意的回答，但最佳答案的标注率并不高，并且标注为最佳答案的内容也未必真的是最正确的回答。因此，我们还要综合各方面因素提取出更可能正确的答案。

表 7.3　社区问答低质量答案举例，摘自（汤洋，2010）

问　　题	低质量答案举例
如何找女朋友	你注定一辈子光棍
MATLAB 里最小的正数是多少	你的 IQ
Java 2.0 有什么新的特征	什么也没有

评估答案质量的工作主要集中在两方面。

（1）根据答案提供者的权威性选择答案。权威性越高的用户，他的答案可能越专业。一些问答社区提供了用户级别功能，回答的问题越多、被评为最佳回答的问题越多，用户的级别就越高，他回答的问题也越可能是正确答案。

（2）根据答案内容本身评估质量。如果一个问题有多个答案，这些答案里可能都包含某些特定的关键词，那么这些关键词很有可能是正确答案的一部分。类似地，答案的长度、类别等信息也可以作为特征。当然，我们可以将两部分信息综合运用，例如用户有自己擅长的领域，那么在相关类别的问题上可以侧重考虑该用户的答案，但在其他类别的问题上则不用特殊对待。

上述工作都是针对每条答案来处理的。在实际的系统中，我们可以提取多篇答案的关键要点，并综合形成一篇全面的答案。这也是答案处理的工作内容之一。

7.6.4　社区问答的应用

社区问答的回答来源于广大网民。在这些网民中，既有认真解答的专家，也有调侃搞怪的"砖家"。那么，这项技术是否有实际应用呢？

答案是肯定的。在客服咨询场景中，社区问答的技术可以得到充分应用。我们知道，各家公司在服务客户时，通常会准备好大量的常见问题解答，提高用户提问的效率，减少重复问题造成的处理浪费。这些 FAQ 的形式正是问答对，表 7.4 所示为中文维基百科的常见问题解答。

表 7.4　中文维基百科的常见问题解答（部分）

问　　题	答　　案
什么是 Wiki	Wiki 是一套相连的网页，任何人都可以浏览并修改其内容（甚至包括你现在正在浏览的网页内容和其中的条目！只需点击页面上方的"编辑本页"按钮或条目右边的"[编辑]"按钮，就能修改里面的内容）
什么是维基百科	维基百科是一个正在进行中的自由百科全书，它同时是一个网上的协作计划，见"关于"条目。也可以认为它是一个公用性的知识分享社区
维基百科的目标是什么	我们的目标是创造一个自由的百科全书，而且还应是有史以来最大的。我们也希望维基百科成为一个可信赖的百科全书。实现这个远大的目标可能要好几年，需要大家共同努力
维基百科是何时创建的	英文版维基百科创建于 2001 年 1 月 15 日，直到 2001 年 10 月才真正出现第一条条目。而中文维基百科始于 2002 年 10 月。维基百科的整个构想是在 2001 年 1 月 2 日傍晚，拉里·桑格与本·科维茨的一次谈话中提出的

　　基于这样一种数据结构，我们在搭建自动客服咨询机器人的系统时，可以采用与社区问答类似的策略：针对用户提出的问题，我们在已有的常见问题解答库中检索相似的问题。如果有语义相似的问题，就将该问题的答案返回给用户，保证这个解答是准确的，用户能够满意；如果没有相似的问题，我们可以试着提示用户改变说法，或猜测用户的意图给出推荐的问法，或转入人工客服处理。这里需要注意，社区问答的通用领域数据量较大，重复问题较多；而客服场景的数据量相对较小，而且由于问答对是由专人整理的，重复问题少。因此在实际应用中，衡量句子相似度的算法往往需要针对特定场景和行业领域进行优化，否则评估不够准确。

　　目前，很多搭建客服机器人的平台系统都采用了 FAQ 问答对的技术。如图 7.12 所示的系统，可以由用户（编辑人员）直接修改相关的问答对，并根据需要填写多个相似问题，减少机器算法的误差，提高客服机器人的回答能力。这种搭建方式不受行业知识约束，便于编辑人员理解，因此可以广泛应用于各个行业，其在金融领域的应用，可以参考本书第 13 章。

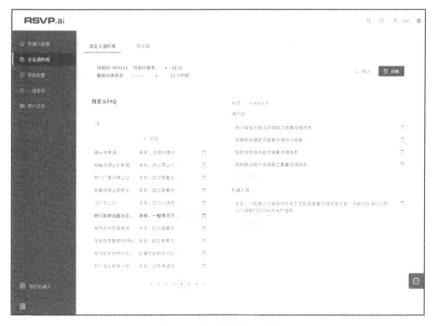

图 7.12　企业助手平台示例

此外，问答对作为用户提供的数据，可以看作有标注的问 – 答语料，用来构建对话系统，即模型以这些用户数据为源，学习对话（Xiong, et al., 2016）。

7.7　多媒体问答系统

本章前面大量的篇幅都在介绍文本问答系统，即问题和答案都是纯文本内容。但我们知道，多媒体内容的表现力更强、更直观、更易于理解。尤其是对某类问题如"如何做……"，以及"……是什么样子的"，如果用文本回答，只能逐步骤地、逐角度地描述。倘若我们能给出一段视频或一幅图像，这些问题的解答就一目了然了。相信读者也有体会，照着菜谱做菜和看视频学做菜，理解难度相差很多。特别是近年来互联网上的多媒体内容数量增长迅速，有图片分享网站、视频分享网站等，因此我们利用这些多媒体内容解答问题再合适不过了。反过来说，有时，我们询问一个难以用语言描述清楚的事物，想问它是什么。如果能够根据音像、视频等多媒体内容直接提问是最方便的。这就是多媒体问答（Multimedia Question Answering，MMQA）系统的主要目标（Hong, et al., 2012）。

笔者就有一个亲身经历。笔者在新加坡时常听到一种新奇的鸟叫声，但这些鸟经常隐蔽在树叶间，人虽然好奇，却看不到它们的样子。无奈之下，笔者便录了一段音频，上传到视频共享网站，然后在社区问答网站里发问，并附上该视频链接。很快便有热心网友提供了答案——"噪鹃"（Asian koel）。这一事例生动地反映了多媒体问答的必要性。

可以想象，多媒体问答系统与文本问答系统在结构上是相似的，只是多媒体问答系统所处理的问题、知识、答案不再限于文本，而包含了图像、音频、视频，等等。从技术角度讲，除了自然语言处理，我们还需要计算机视觉、信号处理等多媒体技术，才能分析出多媒体所表达的内容。这些已超过了本章的范畴。在这里，我们仅对多媒体问答本身进行概要介绍，感兴趣的读者可以参阅相关文献。

从问题出发，文本问答系统采用自然语言处理技术理解问题。而对于多媒体形式的问题，我们就要依靠相应的图像处理、模式识别等技术识别其中的内容。以图像领域为例，有些读者可能已经用过一些商业搜索引擎公司提供的"以图搜图"功能。这个功能的输入和输出其实是同一种介质（图像），因此其中的特征信息是通用的，例如图像颜色、频谱等，这些低层次的特征可以满足任务。而如果以图搜字或以字搜图，就要加上对图像的内容理解。现有的图像处理技术已经可以识别图像中的物体，例如动物、建筑或更细致的人脸，但对问答场景来说，用来提问的图像可能不够清晰、容易跟其他事物混淆。在这一粒度上，这仍然是很有挑战性的课题。

知识的来源同样是多媒体问答系统需要处理的问题。除了文本，我们还能提供图像、视频等生动的信息。但何时提供多媒体？何时提供文本就够用了？这些都需要根据问题、答案类型等特征判断。例如，对于事实类问题如"泰山有多高"，我们提供一个数字就够了；但如果问"泰山的南天门是什么样子的"，就可能要提供图像。如果问的是"如何"（How-to）类问题，最好提供视频供人参考。因此在理解问题后，我们需要到不同的知识库中检索。

答案生成步骤与上面类似。如果只基于文本，我们可以方便地做综合、摘要。如果涉及多媒体内容，我们需要选出最有代表性的相关媒体。例如询问一个人物的介绍，我们在文本部分可以给出其生平，同时挑选一些该人物的代表图片或代表作品列在旁边供参考。这些策略往往取决于具体产品的需求。

多媒体问答系统尚属研究界的前沿课题，相关工作并不像文本问答那样多。从需求看，定义类和"如何"类的问题是多媒体问答技术较好的切入点，但相关的语料仍需完善。现有的大量多媒体内容分散在多个网站中，质量参差不齐，特别是视频，反映其内容的信息很少（通常只有标题和简要的介绍）。因此，对多媒体内容的理解也是制约多媒体问答系统发展的重要瓶颈。现有研究可以从某些特定领域（如新闻事件类多媒体内容）开始并逐步推广到开放领域的问答。

7.8　大型问答系统案例：IBM 沃森问答系统

2011 年 IBM 公司推出了名为"沃森"（Watson）的人工智能系统，它在美国的智力竞赛电视节目《危险边缘》（*Jeopardy!*）中与人类同台竞技，回答主持人提出的涵盖多种主题、学科的智力题，最终在总决赛中击败了人类选手（如图 7.13 所示），引起了很多人的重视。这一新闻就像当年"深蓝"机器人战胜国际象棋大师卡斯帕罗夫一样，既使计算机科学的研究人员深受鼓舞，也激发了社会对人工智能、自然语言处理技术的兴趣，引发人们讨论。沃森系统综合了很多相关的处理技术，集自然语言处理、信息检索、知识表示、自动推理等技术于一身，使用了字/词典、百科全书、新闻作品等数百万的文档，并在硬件上有足够的计算资源支撑，才取得了如此令人瞩目的成绩。本节将对其加以概要介绍，与读者分享其中的奥妙。

图 7.13　沃森系统在《危险边缘》竞赛节目中的答题现场

7.8.1 沃森的总体结构

与所有的问答系统结构相近，沃森的结构也分为问题、知识和答案三部分。但《危险边缘》竞赛的模式并非普通的主持人提问，选手回答，而是主持人给出答案（线索），由选手进行"提问"。例如，主持人说"美国之父，砍倒樱桃树"，选手则可以抢答"谁是乔治·华盛顿"。因此，沃森针对这类问答模式进行了细致的处理，特别是在知识部分，有大量的假设、推理、综合步骤。图 7.14 所示为 IBM 公司深度问答（IBM, 2011）研究组开发的深度问答体系结构。

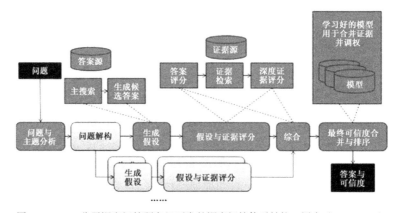

图 7.14　IBM 公司深度问答研究组开发的深度问答体系结构，译自（IBM 2011）

7.8.2 问题解析

虽然从字面上看主持人的"提问"是"答案"，选手的"回答"是"问题"，但从语义上讲，问答的形式仍然没变。以上面的例子为例，按照通常的思路可以转化提问为"谁是砍倒樱桃树的美国之父？"这样的问题。因此，问题的核心（焦点）仍然是需要提取的信息。此外，选手的回答需要显式表示这个问题的类别（"谁是……"），因此问题或答案的类型也是需要重点判断的。沃森系统使用了一套词法答案类别（Lexical Answer Type，LAT），通过问题中的一些关键词推断实体类型是人、物还是地点，等等。

为了更好地理解问题，沃森用来解析语义的分析器（English Slot Grammar，ESG）专门根据竞赛节目所使用的文本进行了调整，同时采用了谓词–论元结构（Predicate-Argument Structure，PAS）共同完成问题的解析。其中还涉及指代消解

（co-reference resolution）、命名实体识别（named-entity recognition）等环节。工程师书写了大量的规则帮助沃森理解每一个主持人的提问。

7.8.3　知识储备

为了应对节目里各类知识的提问，沃森需要建立一个庞大的知识库。靠人工整理显然是不够的，必须利用各种互联网资源。而且沃森在参加竞赛时不允许访问互联网，因此这个知识库必须事先准备好，并以适当的方式存储以便快速检索，否则无法完成"抢答"这一任务。

互联网上比较全、质量较高的百科知识源是维基百科，因此沃森以维基百科作为初始种子知识，进而根据系统在实际问题上的测试结果和误差分析，迭代增加新的知识源。

增加不同的知识源，知识的格式、结构不一定相同。由于竞猜节目是由线索反推事物，沃森以面向标题（title-oriented）的结构来存储知识，就像百科全书的词条那样。标题是一个事物（实体）的名字，内容则会提及该事物的各方面属性。这样，在答题过程中，如果线索可以匹配上某事物条目正文里的各个属性，那么回答就会是这个事物的名称（标题）；反过来，如果某个词条的标题恰好是线索里提及的关键词、关键事物，那么答案很可能就在该词条的正文内容中。对于原本不是面向标题形式的知识源，沃森通过挖掘内容及该知识与其他知识的关系推测这些知识的主题。后期经过一定的人为修正，全部知识都形成了面向标题的形式。

此外，沃森还挑选出被引用较多的维基百科文档内容，到搜索引擎上检索多篇网页，并将网页内容切分、重新整理，并合并到原有的面向标题的文档中。通过这种方式，沃森扩充了对应条目的知识量。

值得一提的是，虽然知识都以面向标题的结构存储，但内容里的大量非结构化文本仍然不利于知识的检索。沃森的工程师们设计了一个知识抽取系统，称为"PRISMATIC"。前文提到的解析问题的语法分析器、实体识别、依存关系分析等都是由这个系统完成的。该系统建立了一系列的空槽–取值关系对（slot-value pair），主要由依存关系构成。

7.8.4　检索和候选答案生成

在面向标题结构的基础上，沃森采用 3 种检索策略：一种是传统问答系统的段落检索，即不限定文档内容，只检索相关词；另一种是文档搜索，按照线索涉及的属性，检索对应的整篇文档（条目）；还有一种是标题搜索，按照线索提及的一些关键词检索对应的条目。同时，根据问题的分析，对不同关键词赋予不同的权重（根据竞猜节目训练而得）。这样，通过搜索获取到相关文档，然后从文档中定位可能的答案片段。

对于传统的段落检索，沃森使用的框架基于 Indri 和 Lucene 两种搜索引擎，它们分别基于语言模型和 tf-idf；对于文档搜索，沃森使用的是 Indri 搜索引擎，搜索结果中各条记录的排名和分值都将用于答案评分；对于标题搜索，则是利用维基百科建立了映射，将规范的文档标题映射到所有相同条目的百科文档上。此外，还涉及 DBpedia 这个关系本体库、IMDb 电影数据库等语义丰富的结构化知识库。

有了搜索结果，就可以初步得到候选答案。对于结构化数据的搜索结果，可以将其直接作为答案；对于非结构化数据的搜索结果，沃森采用如下方式：

（1）将搜索结果的文档标题作为候选答案。

（2）对段落搜索结果，提取文本中位于语义结构顶层的名词或名词短语。如果它们在维基百科中有自己独立的条目，则将其作为候选答案。

（3）维基百科文档中元数据（metadata）的锚文本（anchor text）。

大量采用维基百科标题作为答案的原因是工程师们发现，节目中95%的答案都在维基百科里有自己的页面。

7.8.5　可信答案确定

到这一步，候选答案已经有了初步的范围（约上千条）。但要想答得准，必须从候选答案中找出最可能正确的那一个。

沃森系统从证据出发，以其可信度来评判答案的可信度。这是通过支持证据检索（Supporting Evidence Retrieval，SER）来完成的。该方法将答案放回原始问题（线索）中，形成完整的一句话，再在搜索引擎中搜索这句话，挑选出最接近它的一些段落。这个"接近"的相关程度采用如下 4 种算法进行衡量。

（1）段落词匹配（Passage Term Match）算法：评估问题中的关键词和段落中的关键词有多大的匹配程度。

（2）二元可跳词组（Skip-Bigram）算法：尝试将问题中的关键词和段落中的关键词建立连接。这种连接需要在语义上较为接近，即两个关键词作为语义图谱上的节点，或者相邻，或者同时连接到一个公共节点上。与上一个匹配算法不同的是，匹配算法要求词精确匹配，而本算法对于"近义词"也可以匹配，这个匹配程度的约束更宽松。

（3）文本对齐（Textual Alignment）算法：直接计算包含候选答案的段落与问题的对齐程度，这就要考虑每个词的先后顺序，例如，"ABC"和"BCDE"有两个词 BC 是对齐的，但"ABC"和"CBDE"就没有对齐的词。

（4）逻辑式答案（Logical Form Answer）算法：与对齐算法相近，但并不是对齐精确匹配的词语，而是引入了语法和语义的图谱，将问题和候选答案段落的图谱对齐。当然，这种算法要求的技术难度较高，容易造成误差，因此在实际系统中，这一算法影响的比重较小。

每个候选答案都有一系列支持段落，而每个段落都被各个算法给出一个分数。只要把各个段落的同一算法打出的分数综合在一起，便可得出不同算法的评估分数，进而决定答案的可信程度。在沃森系统中，上述 4 种算法分别采用衰减和（decaying sum）、求和、衰减和与最大值作为综合的方法。

但对于评分相同的候选答案，沃森试图将它们合并到一起，形成完整的答案。从这些候选答案的支持段落出发，如果涉及的两个答案较为接近，则将它们合并成为一条，并选出其中较为正确的那个作为答案。这其中用到了词语形态、词语模式甚至人工构建的合并规则。此外，如果有支持度较高但答案类型错误的候选答案，沃森从原有候选答案出发，尝试寻找与之语义相近、词语间关系与提问相关且类型正确的其他答案。这样就可以找到意思相同且"答是所问"的回答。

以上就是沃森系统的基本工作流程。限于篇幅，本节并没有介绍得十分详细，但我们可以从中看到整个系统的复杂程度。万丈高楼平地起，虽然整体复杂，但每个模块的用途明确，算法严谨，逻辑清晰。必要的时候还增加了一些人工设定的规则或模式，有些环节根据节目内容进行调优。这给了我们一些启示，即使我们搭建小规模的问答系统，也可以设计合理的结构、流程，引入必要的技术，根据我们的实际需求进行详略得当的规划，便可以拥有最贴心的问答助手。

7.9　前景与挑战

在传统的自然语言处理研究领域，问答系统在大数据的支撑下有了极大的进展。一方面，大数据带来了更多的知识，使得有问必答；另一方面，深度模型的发展提高了问答系统的准确性。虽然问答系统比较复杂，需要全面的知识储备和高效的计算效率，但随着计算资源的提升，问答系统也逐渐得到落地应用，走进了人们的生活。在可预见的未来，问答系统的基本技术将广泛应用于各个领域，使机器逐渐从"用知识"走向"学知识"，使智能的机器逐渐变成思考的机器。

特别欣喜的是，中文领域的问答技术发展迅速。2017 年 3 月，答题闯关类电视节目《一站到底》迎来了一位机器人选手"汪仔"，并在答题过程中胜过了人类选手。汪仔是清华大学天工智能计算研究院的一项研究成果，在搜狗公司和清华大学计算机系的多年技术积累基础上，将语音识别、图像处理、语义理解等多种技术融合在一起。此外，中文领域也逐渐出现了人机对话、阅读理解的技术评测，这有助于产业界、学术界的发展和技术的创新。

7.10　内容回顾与推荐阅读

本章介绍了问答系统的概念和应用背景，详细阐述了问答系统的主要工作原理和流程细节。逐一介绍了几类主要的问答系统，如文本问答系统、社区问答系统、端到端阅读理解系统、多媒体问答系统的特点。还介绍了"沃森"这个引人注目的系统，并以它为例对问答系统进行分析。

相信读者能体会到，问答系统涉及的技术较多，既包含语义分析、信息检索，又涉及知识的挖掘与管理。的确，要想成为一个全才，势必要在方方面面下功夫。正如同搭建系统的工作：麻雀虽小，五脏俱全。在大数据时代，信息散落在数据的汪洋之中，需要我们对每个环节都一丝不苟，认真钻研，才能挖掘出真正的宝藏。

以下是与问答系统相关的推荐阅读文献。

Hong, R., Wang, M., Li, G.,et al. 2012, T. S. Multimedia question answering. IEEE MultiMedia.

Ferrucci, D., Brown, E., Chu-Carroll, J., et al. 2010, C. Building Watson: An overview of the DeepQA project. AI magazine.

Li, X., Yin, F., Sun, Z., et al. 2019. Entity-Relation Extraction as Multi-Turn Question Answering. arXiv preprint arXiv:1905.05529.

Tang, Y., Wang, D., Bai, J., et al. 2013, Information distance between what I said and what it heard. Communications of the ACM.

布凡. 文本信息度量研究. [博士学位论文]. 北京：清华大学计算机科学与技术系，2013.

毛先领，李晓明. 问答系统研究综述. 计算机科学与探索 6.3（2012）：193-207.

段楠，周明. 智能问答.北京：高等教育出版社，2019.

7.11　参考文献

[1] Allam, A. M. N., & Haggag, M. H. 2012. The question answering systems: A survey. International Journal of Research and Reviews in Information Sciences (IJRRIS).

[2] Berant, J., Chou, A., Frostig, R., et al. 2013. Semantic parsing on freebase from question-answer pairs. EMNLP.

[3] Bolshakov, I. A., & Gelbukh. 2004. A. Synonymous paraphrasing using wordnet and internet. In Natural Language Processing and Information Systems.

[4] Cui, Y., Chen, Z., Wei, S., et al. 2017. Attention-over-attention neural networks for reading comprehension. ACL.

[5] Hu, M., Peng, Y., & Qiu, X. 2018. Reinforced mnemonic reader for machine comprehension. IJCAI.

[6] IBM (2011) The DeepQA Research Team.

[7] Li, X., & Roth, D. 2002. Learning question classifiers. COLING.

[8] Lin, D., & Pantel, P. 2001. Discovery of inference rules for question-answering. Natural Language Engineering.

[9] Moldovan, D. I., Harabagiu, S. M., Pasca, M., et al. 1999. Lasso: A tool for surfing the answer net. TREC.

[10] Radev, D., Fan, W., Qi, H., et al. 2005. A. Probabilistic question answering on the web. JASIST.

[11] Rajpurkar, P., Zhang, J., Lopyrev, K.,et al. 2016. Squad: 100,000+ questions for machine comprehension of text. EMNLP.

[12] Riezler, S., Vasserman, A., Tsochantaridis, I., et al. 2007. Statistical machine translation for query expansion in answer retrieval. ACL.

[13] Wang, D. 2012. Learning automatic question answering from community data. Master Thesis, University of Waterloo.

[14] Wang, W., Yang, N., Wei, F., et al. 2017. Gated self-matching networks for reading comprehension and question answering. ACL.

[15] Xiong, K., Cui, A., Zhang, Z., et al. 2016. Neural contextual conversation learning with labeled question-answering pairs. arXiv preprint arXiv:1607.05809.

[16] Yang, W., Xie, Y., Lin, A., et al. 2019. End-to-End Open-Domain Question Answering with BERTserini. arXiv preprint arXiv:1902.01718.

[17] Ye, B., Feng, G., Cui, A., et al. 2017. Learning question similarity with recurrent neural networks. IEEE International Conference on Big Knowledge (ICBK).

[18] Yu, A. W., Dohan, D., Luong, M. T., et al. 2018. QANet: combining local convolution with global self-attention for reading comprehension. arXiv preprint arXiv:1804.09541.

[19] Yue, C., Cao, H., Xiong, K., et al. 2017. Enhanced question understanding with dynamic memory networks for textual question answering. Expert Systems with Applications.

[20] Zhang, X., Hao, Y., Zhu, X., et al. 2007. Information distance from a question to an answer. KDD.

[21] 汤洋. 问答社区中问题提示与答案摘要算法研究与系统实现. [硕士学位论文]. 北京：清华大学计算机科学与技术系，2010.

个性化推荐系统

——如何了解计算机背后的他

张永锋　罗格斯大学

后宫佳丽三千人，三千宠爱在一身。

——白居易《长恨歌》

8.1　什么是推荐系统

从互联网 Web 1.0 时代跨入 Web 2.0 时代，以用户产生内容为重要特征的 Web 2.0 网络积累了大量的用户数据信息，包括用户在搜索引擎中的搜索历史记录、在购物网站中的购买记录和评论、在社交网站中的图片文本，等等。通过这些信息，我们可以从兴趣、喜好、消费者特质等诸多方面全面地了解网络背后一个个真实的用户，从而为不同用户定制符合其需求的个性化服务，而提供这些个性化服务的一个重要渠道，就是**个性化推荐引擎**。在 Web 3.0 时代，互联网以智能化服务为核心特征，而个性化推荐技术及其所依赖的用户理解、建模等核心构件，将成为 Web 3.0 智能网络时代的重要组成部分。

推荐系统（Recommender System，RS）已经经历了近 20 年的发展，广义上，推荐系统就是主动向用户（user）推荐物品（item）的系统，所推荐的物品可以是音乐、书籍、餐厅、活动、股票、数码产品、新闻条目，等等。推荐系统推荐的物品不是对用户有帮助的，就是用户可能感兴趣的。

近年来，随着电子商务（E-commerce）规模的不断扩大，商品数量和种类不断增长，用户对检索和推荐提出了更高的要求。不同用户的兴趣爱好、关注领域、个人经历不同，为满足他们的不同推荐需求，个性化推荐系统（Personalized Recommender System，PRS）应运而生。目前所说的推荐系统一般是指个性化推荐系统。

8.2 推荐系统的发展历史

追根溯源，推荐系统的初端可以追溯到函数逼近理论、信息检索、预测理论等诸多学科中的一些延伸研究。推荐系统成为一个相对独立的研究方向一般被认为始自 1994 年美国明尼苏达大学 GroupLens 研究组推出的 GroupLens 系统（早期的 Grouplens 系统界面，如图 8.1 所示）（Resnick and Iacovou, 1994）。该系统有两大重要贡献：一是首次提出了基于协同过滤（Collaborative Filtering，CF）来完成推荐任务的思想；二是为推荐问题建立了一个形式化的模型。基于该模型的协同过滤推荐引领了之后推荐系统十几年的发展方向。

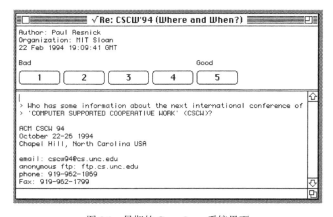

图 8.1 早期的 GroupLens 系统界面

GroupLens 系统所提出的推荐算法实际上就是人们时常提及的基于用户的协同

过滤（User-based Collaborative Filtering，User-based CF）推荐算法，虽然其论文本身并没有使用这个名字。在之后的十几年中，其他著名的协同过滤算法相继被提出，主要有基于物品的协同过滤（Item-based Collaborative Filtering，Item-based CF）算法（Sarwar, et al., 2001）、基于矩阵分解的协同过滤（Matrix Factorization-based Collaborative Filtering，MF-based CF）算法，等等。在 2006 年举办的 Netflix 大奖赛中，其核心任务之一为预测用户对电影的评分，而在这一赛事中，获奖团队采用的方法的核心模块即矩阵分解，这也使基于矩阵分解的协同过滤算法在接下来的近十年中得到了广泛的关注和重视，成为协同过滤的主流范式之一。当然，基于其他方法而非协同过滤的推荐算法也在不断地发展，如基于内容的协同过滤（Content-based Collaborative Filtering，Content-based CF）算法、排序学习（Learning to Rank），以及借助情感分析、主题模型的基于文本的推荐（Review-based Recommendation），等等。另外，这些方法之间的互补、融合也成为重要的研究方向。

本章，我们将介绍个性化推荐的数学原理、基本问题、主要方法、应用场景和发展前景，并重点讲述个性化推荐的基本范式之一——矩阵分解算法。要理解本章内容，读者只需拥有简单的矩阵运算基础知识。我们也将简要介绍基于神经网络的推荐算法及其应用。

8.2.1　推荐无处不在

目前，个性化推荐模块几乎成了绝大多数网络应用的必备模块，广泛存在于各种互联网产品中（如图 8.2 所示）。只要涉及希望根据用户的喜好让其获得不同的展示结果，背后就需要个性化推荐技术的支持。

图 8.2　包含个性化推荐模块的互联网服务示例

当我们在优酷、土豆等视频网站观看视频时，会看到系统推荐的其他相关视频；在豆瓣 FM 上听音乐时，可以获得高度个性化的音乐推荐；在淘宝、天猫、京东等购物网站购物时，会看到系统推荐的其他商品；在微博、人人网等社交网站上浏览网页时，可以获得话题推荐、好友推荐等各种形式的个性化推荐。频繁出现在各种网络应用中的各式各样的互联网广告，更是个性化推荐的重要战场，为企业带来丰厚的收益。著名的全球网络零售网站亚马逊发布的数据显示，亚马逊网络书城的推荐算法每年为亚马逊贡献近 30%的创收，推荐系统对互联网企业收入的重要性可见一斑。

8.2.2 从千人一面到千人千面

个性化推荐技术的核心在于"个性化"（personalize），而"推荐"（recommendation）只是"个性化"下的一种应用场景。除此之外，我们还可以构建个性化搜索引擎、个性化手机助手等基于个性化技术的应用。一言以蔽之，个性化技术所要解决的核心问题，就是在描述用户上实现从"千人一面"到"千人千面"的技术升级。

为了更直观地了解个性化的效果，我们以"传统的"（非个性化的）搜索为例展开介绍。在非个性化的搜索引擎中，用户输入查询语句（query）后，系统给出该查询下的结果。在最简单的设置下，只要不同用户输入的查询语句是一样的，得到的搜索结果就是一样的，与不同用户的兴趣、喜好、历史行为等信息无关。在这一设置下，系统能了解用户的途径只有用户输入的查询语句。也就是说，这条语句就成了算法刻画计算机背后用户的唯一信息。正是因为（拥有不同查询目的和需求的）不同用户所使用的查询语句有可能是一样的，所以系统没办法实现个性化（对用户做区分），给不出个性化的查询结果。

融入了个性化因素的个性化搜索引擎（Personalized Search Engine）则突破了这一限制，试图在同一查询下为用户提供个性化的、不同的检索结果。然而，我们为什么一定要试图为不同用户提供不同的结果呢？举例而言，同样是输入"苹果"作为查询语句的用户，其期望得到的结果有可能是苹果这种水果，也有可能是苹果手机、计算机等电子产品。同样的查询语句，用户背后真正的信息需求有可能是不一样的，如果我们能够识别出用户个性化的信息需求，将更有可能符合其需求的结果排在查询列表的前面，就可以更好地提升用户体验。

而对用户不同信息需求的识别，就需要用到用户的个性化建模、个性化搜索技术及算法。这里的个性化建模可以来自用户的注册信息（如水果经销商、电子产品经销商或影评人），也可以来自用户的历史搜索信息。目前，百度、谷歌等搜索引擎公司都已建立了较为完善的账号体系，只要用户登录了个人账户，就可以更好地利用用户全方面的个性化信息，为其提供更方便的个性化检索服务。这种使用更多的信息对用户进行全方位的个性化描述的过程，就是从"千人一面"走向"千人千面"的过程。

8.3　个性化推荐的基本问题

在对个性化推荐的具体理论、算法进行数学化的介绍之前，我们先对个性化推荐的基本问题及框架进行介绍，以便读者理解。本节，我们将由浅入深地依次介绍推荐系统的输入和输出、个性化推荐的形式化，以及推荐系统的三大核心问题［预测（prediction）、推荐和解释（explanation）］。

8.3.1　推荐系统的输入

推荐系统可能的输入数据及其形式多种多样，传统的推荐算法，其输入归纳起来可以分为用户、物品和评价（review）三个方面，它们分别对应于一个矩阵中的行、列和值（如图 8.3 所示）。其中"物品"用来描述一个对象的性质，也经常被称为物品属性（item content）。需要注意的是，这里的"物品"概念非常广泛，不仅仅是购物网站中的商品，还可以是用户在互联网上有可能面对的任何对象，比如网络新闻、视频、音乐、电子图书、广告、社交网站中的好友等。物品不同，其属性当然也不尽相同。例如，对于图书推荐，物品属性有可能包括图书所属类别、作者、页数、出版时间、出版商等；而对于新闻推荐，物品属性则有可能是新闻的文本内容、关键词、时间等；对于电影，物品属性可能是片名、时长、上映时间、主演、剧情描述，等等。

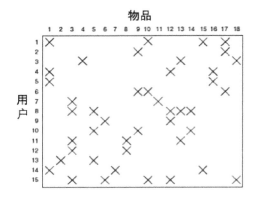

图 8.3　用户–物品–评价矩阵

其中的"用户"不仅表示一个用户的 ID，还可以是用来描述用户个性的"用户画像"（user profile）。根据不同的应用场景及具体算法，用户画像可能有不同的表示形式。一种直观且容易理解的形式是用户的注册信息，比如该用户的性别、年龄、年收入、活跃时间、所在城市，等等。但是在推荐系统中，这样的画像很难集成到常见的算法中，也很难与具体的物品之间建立联系。例如，我们很难断定某商品一定不会被某年龄段的人喜欢，因为这样的判断过于粗糙。因此，虽然这种画像在推荐系统中经常被使用，但是很少直接用在推荐算法中，而是用于对推荐结果进行过滤和排序。

在很多推荐算法中，计算用户画像和物品属性之间的相似度是一个经常会用到的操作，因此另一种使用更为广泛也更有实际意义的用户画像应运而生（Sugiyama, et al., 2004）。它的结构与该系统中物品属性的结构一样，为了更清楚地说明其结构，我们以一种典型的构建用户画像的方法为例进行说明：考虑该用户浏览过或已评分的所有物品，将这些物品在每一项属性上获得的打分分别进行加权平均，得到一个综合的属性，作为该用户的画像。这种用户画像的优点是其与物品之间的相似度非常容易计算，同时能够比较准确地描述该用户在物品上的偏好，巧妙地避开用户私人信息这一很难获得的数据，具有保护隐私的能力；如果加入时间因素，则还可以研究用户在物品上偏好的变化等因素，因此受到广泛应用。

评价是联系一个用户与一个物品的纽带，最简单也是最常见的评价是购物网站中用户对某一物品的打分（rating）。图 8.4 所示为一条来自亚马逊购物网站的用户评论，其中的五星评分体系经常被各大电子商务网站采用，它表示了该用户对该物品的喜好程度，而在常见的推荐算法中，它被描述为一个 1~5 的整数。当然，用户对物品或信息的偏好，根据应用本身的不同，还可能包含很多不同的信息，如用户对商品的评论文本（review text）、用户的查看历史记录、用户的购买记录等。这些信息总体上可以分为两类：一类是显式的用户反馈（explicit feedback），这是用户对商品或信息给出的显式反馈信息，评分、评论属于该类；另一类是隐式的用户反馈（implicit feedback），这是用户在使用网站的过程中产生的数据，它也反映了用户对物品的喜好，例如用户查看了某物品的信息，用户在某一页面上的停留时间等。

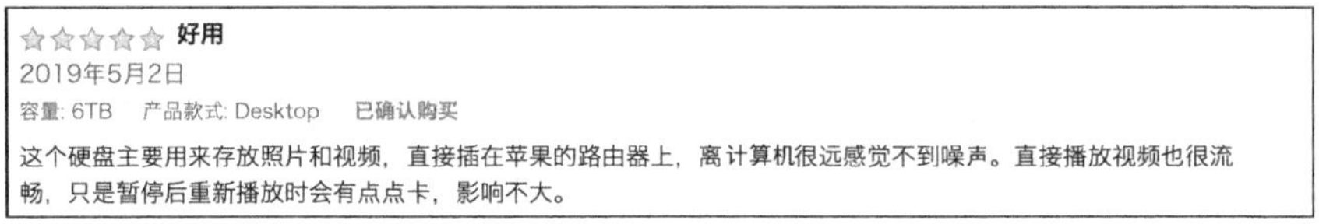

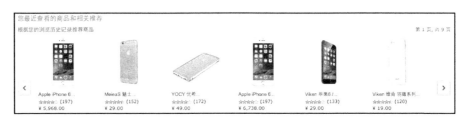

图 8.4　亚马逊用户评论系统示例

虽然目前大多数推荐算法都基于用户评分矩阵（rating matrix），但是基于用户评论、用户隐式反馈数据的推荐方法也受到了人们的广泛关注。长期以来，受文本挖掘、用户数据收集等方面的难点的制约，一些推荐算法没有得到充分的研究，但是它们在解决推荐系统的可解释性、冷启动（cold start）问题等方面确实具有重要的潜力。

8.3.2　推荐系统的输出

对于一个特定的用户，推荐系统的输出一般是个性化的"推荐列表"（recommendation list），以图 8.5 所示的亚马逊个性化推荐列表为例，该推荐列表按照优先级给出了用户可能感兴趣的物品。

图 8.5　亚马逊个性化推荐列表

对一个实用的推荐系统而言，仅给出推荐列表是不够的，因为用户不知道为什么系统给出的推荐是合理的。如果用户对系统给出的推荐结果不满意，也不理解为何会给出这样的推荐结果，则很难促使用户采纳系统给出的推荐，甚至会极大地损害用户使用推荐系统乃至整个系统的体验。为了解决这个问题，推荐系统的另一个重要输出是"推荐理由"（recommendation explanation），它描述了系统为什么认为推荐该物品是合理的。如果读者稍加注意，就会看到很多购物网站在给出个性化推荐列表的同时会给出"根据您的浏览历史推荐如下商品"或"购买了某商品的用户有 90%也购买了该商品"等语句，这就是我们经常见到的推荐理由的形式。为了解决推荐合理性的问题，推荐理由在产业界被作为一个重要的吸引用户接受推荐物品的方法，在学术界也受到越来越多的关注（Zhang, et al., 2014）。

8.3.3　个性化推荐的基本形式

推荐系统的学术研究和产业应用各式各样，在不同的应用和研究背景下，个性化推荐问题的基本形式也多种多样。为了方便读者较深入地了解推荐系统的基本问题和方法，我们给出关于个性化推荐问题的一个最典型、最常用，也是从最初沿用至今的形式。该形式最早来自 GroupLens 研究组（Resnick and Iacovou, 1994）。

首先我们拥有一个大型的矩阵，该矩阵的每一行表示一个用户，每一列表示一个物品，矩阵中的每一个数值表示该用户对该物品的打分，分值为 1~5，对应用户在购物网站中对物品给出的一星到五星的评价，"1"表示该用户对该物品最不满意，"5"则表示该用户对该物品非常满意。如果某用户对某物品没有评分，则对应的矩阵元素值为"0"。视我们所拥有数据的具体情况，每一个用户可能有其对应的用户画像，而每一个物品，也可能有其对应的物品属性。

需要指出的是，这样一个用户–物品评分矩阵往往非常稀疏（sparse），也就是说，该矩阵中往往有大量的"0"值，而只有少量的非零值。这是因为相对于一个系统（如购物网站）中数量庞大的物品而言（如购物网站中的全部商品），一个用户个体真正浏览或购买过的物品非常少。举例而言，在著名的餐厅评论网站 Yelp 的用户–物品行为矩阵中，有近一半（约 49%）的用户只有一个评分行为，矩阵的稀疏度（0 的个数在矩阵中所占的百分比）更是达到了 99.96%。由此可见，在真实的系统中，我们所能利用的用户行为数据，相比系统中未知的信息而言少之又少，这就是个性化推荐的一个难点所在。

我们来解决这样一个问题：给定如上的稀疏矩阵之后，对于某一个用户，向其推荐哪些他没有打过分的物品最容易被他接受？这里的"接受"根据具体的应用环境有所不同，有可能是查看该新闻、购买该物品、收藏该网页，等等。对于推荐算法，还需要一系列的评价指标来评价推荐的效果，这些评价方法和评价指标将在后面的章节具体介绍。

8.3.4　推荐系统的三大核心问题

推荐系统所要解决的核心问题主要有三个，分别是预测、推荐和解释。

"预测"模块所要解决的主要问题是推断每一个用户对每一个物品的喜好程度。长期以来，其主要手段是根据如上稀疏矩阵中已有的信息（打分或评论）计算用户在他没打过分的物品上可能的打分或喜好程度。

"推荐"模块所要解决的主要问题是根据预测环节计算的结果向用户推荐他没有打过分的物品。物品的数量众多，用户不可能全部浏览一遍，因此"推荐"的核心步骤是对推荐结果的排序（ranking）。当然，按照预测分值的高低直接排序确实是一种比较合理的方法，但是在实际系统中，排序往往要考虑更多、更复杂的因素，比如用户的年龄段、用户在最近一段时间内的购买记录等，用户画像的结果也在这个环节派上用场。

"解释"模块则对如图 8.5 所示的推荐列表中的每一个物品或推荐列表整体给出解释，即为何认为这个推荐列表对用户而言是合理的，从而说服用户查看甚至接受我们给出的推荐。这样的解释可以以各种可能的形式出现，而不仅限于一个解释性的语句。例如，通过词云描述被推荐物品的主要属性，从而帮助用户一目了然地理解被推荐物品与自己个性化需求之间的相似之处；甚至透过关系图谱展示被推荐物品与用户已购买物品的关系，等等。

虽然人们早就意识到预测、推荐和解释作为推荐系统的三大核心模块具有重要的作用，但目前绝大多数的推荐算法仍然把精力集中在"预测"环节上，并提出了基于内容的方法、基于协同过滤的方法，尤其是各类理论基础和实际效果都比较扎实的矩阵分解算法，等等。推荐和解释作为重要的后续环节需要更多的研究与实际应用，这与搜索引擎的发展非常类似。除此之外，推荐多样性、推荐系统的界面等很多方面的问题受到了人们的广泛关注。

8.4　典型推荐算法浅析

本节，我们对常见的推荐算法进行归类整理，分析它们的共通之处和不同点，力图使读者对各式各样的个性化推荐算法及其之间的关系有一个整体的认识。

8.4.1　推荐算法的分类

按照不同的分类指标，推荐系统具有很多不同的分类方法，常见的分类方法有依据推荐结果是否因人而异分类、依据推荐方法的不同分类、依据推荐模型构建方式的不同分类等。

依据推荐结果是否因人而异，可以分为大众化推荐和个性化推荐两类。大众化推荐往往与用户本身及其历史信息无关，在同样的外部条件下，不同用户获得的推荐是一样的。大众化推荐的一个典型的例子是查询推荐，它往往只与当前的查询语句有关，很少与该用户直接相关。个性化推荐的特点则是在同样的外部条件下，不同的人可以获得与其兴趣爱好、历史记录等相匹配的推荐。

依据推荐方法的不同，推荐算法大致可以分为如下几种：基于人口统计学的推荐（Demographic-based Recommendation）、基于内容的推荐（Content-based Recommendation）、基于协同过滤的推荐（Collaborative Filtering-based Recommendation）、混合型推荐（Hybrid Recommendation）。其中，基于协同过滤的推荐被研究人员研究得最多也最深入，它又可以分成多个子类别，包括基于用户的推荐（User-based Recommendation）、基于物品的推荐（Item-Based Recommendation）、基于社交网络关系的推荐（Social-based Recommendation）、基于模型的推荐（Model-based Recommendation），等等。其中，基于模型的推荐是指利用系统已有的数据，学习和构建一个模型，进而利用该模型进行推荐，这里的模型可以是 SVD、NMF 等矩阵分解模型，也可以是利用贝叶斯分类器、决策树、人工神经网络（Neural Networks）等模型转化的分类问题，或者基于聚类技术对数据进行预处理的结果，等等。

依据推荐模型构建方式的不同，目前的推荐算法大致可分为基于用户或物品本身的启发式推荐（Heuristic-based，或称为 Memory-based Recommendation）、基于关联规则的推荐（Association Rule Mining for Recommendation）、基于模型的推荐，以及混合型推荐。

8.4.2　典型推荐算法介绍

1.　基于人口统计学的推荐

基于人口统计学的推荐（Demographic-based Recommendation）虽然已经很少被单独使用，但是理解这种方法的工作原理对于深入理解推荐系统有很大帮助。基于人口统计学的方法假设"一个用户有可能会喜欢与其相似的用户所喜欢的物品"。它记录了每一个用户的性别、年龄、活跃时间等元数据，当我们需要对一个用户进行个性化推荐时，利用其元数据计算其与其他用户之间的相似度，并选出与其最相似的一个或几个用户，利用这些用户的购买和打分历史记录进行推荐。一种简单且常见的推荐方法就是将这些（最相似的）用户所覆盖的物品作为推荐列表，并以物品在这些用户上的平均得分作为依据进行排序。

基于人口统计学的推荐方法的优点是计算简单，用户的元数据相对比较稳定，相似用户的计算可以在线下完成，便于实现实时响应。但它也有诸多问题，其主要问题之一便是计算可信度较低，因为即便是性别、年龄等元数据属性都相同的用户，也很有可能在物品上有截然不同的偏好，所以这种计算用户相似度的方法往往并不能与物品之间建立真正可靠的联系。因此，基于人口统计学的方法在实际推荐系统中很少作为一个特定的方法单独使用，而常常与其他方法结合，利用用户元数据对推荐结果进行进一步的优化。

2.　基于内容的推荐

基于内容的推荐假设"一个用户可能会喜欢和他曾经喜欢过的物品相似的物品"，而这里提到的"相似的物品"通过商品的内容属性确定，例如电影的主要演员、风格、时长，音乐的曲风、歌手，商品的价格、种类，等等。典型的基于内容的方法首先需要构建用户画像，一种较为简单的方法是考虑该用户曾经购买或浏览过的所有物品，并将这些物品的内容信息加权整合，作为对应用户的画像，它描述了一个用户对物品属性的偏好特征。当然，构建用户画像的策略可以很复杂，比如可以考虑时间因素，计算用户在不同时间段内的画像，从而了解该用户在历史数据上表现出的偏好变化，等等。

有了用户画像，就可以开始推荐了，最简单的推荐策略就是计算所有该用户未尝试过的物品与该用户画像之间的相似度，并按照相似度由大到小的顺序生成推荐列表，作为推荐结果。当然，推荐策略也可以很复杂，例如在数据源上，考虑本次用户交互过程中收集到的即时交互数据来决定排序；在模型上使用决策树、人工神经网络等，但这些方法最核心的环节都是利用用户画像和物品属性之间的相似度计算。

其实在很多基于内容的推荐算法中，并不是把用户画像显式地计算出来，而是利用用户打过分的物品，直接计算推荐列表。一种直观的方法就是计算它与该用户尝试过的所有物品之间的相似度，并将这些相似度根据用户的打分进行加权平均。这实际上也是基于内容的方法，只是绕过了计算用户画像的环节。实际上，很多具体的应用表明，绕过用户画像的计算，直接利用物品属性计算相似度往往更灵活，能获得更好的推荐效果，这是因为在计算用户画像的过程中，一些有用的信息被丢掉以至于无法在后面的环节中被利用。

基于内容的推荐方法对于解决新物品的冷启动问题有重要的帮助，这是因为只要系统拥有该物品的属性信息，就可以直接计算它与其他物品之间的关联度，而不受用户评分数据稀疏性的限制。另外，推荐结果也具有较好的可解释性，一种显然的推荐理由是"该物品与用户曾经喜欢过的某物品相似"。然而，基于内容的推荐方法也有一些缺点：首先，系统需要复杂的模块，甚至需要手动预处理物品信息以得到能够代表它们的特征，然后受信息获取技术、处理对象的复杂性高等因素的制约，这样的工作难以达到较好的效果；其次，该方法难以发现用户并不熟悉但有潜在兴趣的物品，因为该方法总是倾向于向用户推荐与其历史数据相似的物品；最后，该方法往往不具备较好的可扩展性，需要针对不同的领域构建几乎完全不同的物品属性，因而针对一个数据集合训练的模型未必适合其他的数据集合。

3. 基于协同过滤的推荐

基于协同过滤的推荐一般是指通过收集用户的历史行为和偏好信息，利用群体的智慧（Wisdom of the Crowds）为当前用户个性化地推荐。根据前文所述，基于协同过滤的推荐大致包括基于用户的推荐、基于物品的推荐，以及基于模型的推荐，等等。

基于用户的推荐方法是最早的基于协同过滤的推荐算法（Resnick and Iacovou，1994），其基本假设与基于人口统计学的方法类似，即"用户可能会喜欢和他具有相似爱好的用户所喜欢的物品"，它们的不同之处在于，这里的"相似爱好的用户"不是利用用户的人口统计信息直接计算出来的，而是利用用户的打分历史记录进行计算的。它的基本原理为那些具有相似偏好的用户，他们对物品的打分情况往往具有更强的相似性。

基于用户的推荐方法的核心是最近邻搜索技术。我们把每一个用户看成一个行向量，并计算其他用户行向量与该用户的相似度，这里的相似度计算可以采用多种不同的指标，如 Pearson 相关性系数、余弦相似度等。拥有了用户之间的两两相似度之后，选择与目标用户最相似的前 k 个用户的历史购买/浏览行为信息，为目标用户做出个性化的推荐列表。例如在 Top-N 推荐中，系统统计在前 k 个用户中出现频率最高且在目标用户的历史记录中未出现的物品，利用这些物品构建推荐列表，并将其作为输出。关联推荐的基本思想则是利用这前 k 个用户的购买或打分记录进行关联规则挖掘，并利用挖掘出的关联规则结合目标用户的购买记录完成推荐，典型的推荐结果如很多网络购物商城中常见的"购买了某物品的用户还购买了该物品"。

在基于用户的推荐方法中，"个性化"体现在对不同的用户，其最近邻是不同的，从而得到的推荐列表也不尽相同；"协同过滤"则体现在对目标用户进行推荐时使用了其他用户在物品上的历史行为信息，这是与基于人口统计学的推荐方法的不同之处。

基于用户的方法的优点在于在数据集完善、内容丰富的条件下能够获得较高的准确率，而且能够对物品的关联性和用户的偏好进行隐式透明的挖掘。其缺点是随着系统用户数量的增大，计算用户相似度的时间代价显著增长，使得该方法难以胜任用户量变化巨大的系统，从而限制了算法的可扩展性。另外，冷启动用户的问题也是该方法难以处理的重要问题：当新用户加入系统时，由于其打分历史记录很少，难以准确计算该用户的相似用户，这也进一步引出数据稀疏性对系统可扩展性的限制。

鉴于基于用户的协同过滤方法可扩展性差的问题，研究人员进一步提出了基于物品的推荐（Sarwar, et al., 2001），如图 8.6 所示。在该图所表示的矩阵中，每一行表示一个用户，每一列表示一个物品，矩阵中每一个元素表示相应的用户对相应的物品的打分。基于物品的推荐方法所基于的基本假设与基于内容的方法类似，也就是"用户可能会喜欢与他之前曾经喜欢的物品相似的物品"。例如，喜欢《长尾理论：为什么商业的未来是小众市场》这本书的人，很有可能去看《世界是平的》。与基于内容的推荐方法不同的是，这里的"相似的物品"并非通过物品属性来计算，而是通过网络用户对物品的历史评分记录来计算的。

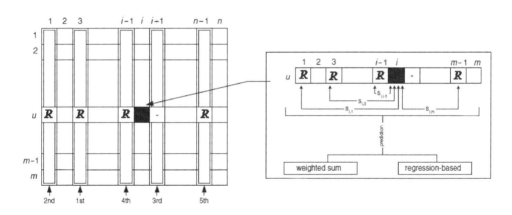

图 8.6　基于物品的推荐

基于物品的推荐方法将矩阵的每一个列向量作为一个物品来计算物品列向量之间的相似度，并基于物品之间的两两相似度进行预测和推荐。一个简单的例子是：当用户购买了某一个物品后，直接向其推荐与该物品相似度最高的前几个物品；复杂一点的情况是，考虑该用户所有的历史打分记录（Sarwar, et al., 2001），并根据一个用户行向量中的 0 值（即用户未购买的物品），预测用户在该物品上可能的打分，如图 8.6 所示。例如，我们可以考虑目标用户在历史上所有打过分的物品，并以它们与待预测的物品的相似度为权重对这些历史打分值进行加权平均，作为对待预测的目标物品的预测打分，最终以预测打分的高低为顺序给出推荐列表。总体而言，基于物品的推荐方法是一种启发式方法，对目标的拟合能力是有限的，但是把多个启发式方法结合起来，也可以有很好的拟合能力。

基于物品的推荐方法的优点如下。

（1）计算简单，容易实现实时响应。在常见的系统中，物品被评分的变化要比用户低得多，因此物品相似度的计算一般可以采用离线完成、定期更新的方式，从而减少了线上计算，实现实时响应并提高效率。尤其是在用户数远大于商品数的情况下效果更为显著，例如，用户新添加了几个感兴趣的商品之后，系统就可以立即给出新的推荐。

（2）可解释性较好。用户可能不了解其他人的购物情况，但是对自己的购物历史总是很清楚的。另外，用户总是希望自己有最后的决定权。基于物品的推荐方法很容易让用户理解为什么推荐了某个物品，并且当用户在兴趣列表里添加或删除物品时，可以调整系统的推荐结果，这也是其他方法最难做到的一点。

然而，基于物品的推荐也有缺点：以物品为基础的信息过滤系统较少考虑用户之间的差别，因此精度较基于用户的方法稍微逊色。

除此之外，还有许多其他的问题有待解决，最典型的就是数据稀疏性和冷启动的问题。

基于用户的推荐和基于物品的推荐具有某种对称性，且均为个性化推荐系统最基础的入门级方法，因此我们要对这两种最基本的协同过滤方法进行对比。

在计算复杂性上，基于用户的推荐方法往往在线计算量大，难以实时响应。对于一个用户数量大大超过物品数量，且物品数量相对稳定的应用，一般而言，基于物品的推荐方法从性能和复杂度上都比基于用户的推荐方法更优，这是因为物品相似度的计算不但计算量较小，而且不必频繁更新；而对于诸如新闻、博客或者微内容等物品数量巨大且更新频繁的应用，基于用户的推荐方法往往更具优势，推荐系统的设计者需要根据自己应用的特点选择更合适的算法。

在适用场景上，内容之间的内在联系是非社交型网站中很重要的推荐原则，往往比基于相似用户的推荐原则更有效。以购书网站为例，当用户看一本书的时候，推荐引擎会向用户推荐与其相关的书籍，这个推荐的重要性远远超过了网站首页对该用户的综合推荐。在这种情况下，基于物品的推荐方法成了引导用户浏览的重要手段。同时，基于物品的推荐方法便于为推荐做出解释。以一个非社交型网站为例，如果给某个用户推荐图书被解释为"某个与该用户有相似兴趣的人也购买了被推荐的图书"，则很难让目标用户信服，因为该用户可能根本不认识推荐理由中"有相似兴趣的"用户；但如果解释为"被推荐的图书与用户之前看过的图书相似"，则很容易被用户接受，因为用户往往对自己的历史行为记录非常熟悉且认可。相反，在社交型网站中，基于用户的推荐方法则是更好的选择，因为基于用户的推荐方法加上社交网站中的社会网络信息，可以大大增加用户对推荐解释的信服度。

在一个综合的推荐系统中，一般很少只用某一种推荐策略，考虑到基于用户和基于物品的推荐方法之间的互补性，很多推荐系统将两者结合起来，作为系统的基础推荐算法。

4. 基于模型的推荐

基于用户或基于物品的推荐方法共有的缺点是计算规模庞大，难以处理大数据量下的即时结果。以模型为基础的协同过滤技术则致力于改进该问题：先利用历史数据训练得到一个模型，再用此模型进行预测。

以模型为基础的协同过滤技术包括潜在语义分析（Latent Semantic Indexing）、贝叶斯网络（Bayesian Networks）、矩阵分解（Matrix Factorization）、人工神经网络，等等。它们收集用户的打分数据进行分析和学习，并推断出用户行为模型，进而对某个产品进行预测打分。例如，可以将用户属性和物品属性中的各个特征作为输入，以用户打分作为输出拟合回归模型；或者将打分作为类别，将问题转化为一个多分类器问题，等等。这种方式不是基于一些启发规则进行预测计算，而是用统计和机器学习的方法对已有数据进行建模并预测。

5. 混合型推荐

混合型推荐系统和算法是推荐系统的另一个研究热点，它是指将多种推荐技术进行混合，相互弥补缺点，以获得更好的推荐效果。最常见的是将协同过滤技术和其他技术相结合以克服冷启动的问题。常见的混合型推荐策略有如下几种（Burke, 2002）。

（1）加权融合（weighted）：将多种推荐技术的计算结果加权混合产生推荐，最简单的方式是基于感知器的线性混合。先将协同过滤的推荐结果和基于内容的推荐结果赋予相同的权重值，然后比较用户对物品的评价与系统的预测是否相符，进而不断调整权值。

（2）切换（switch）：根据问题背景和实际情况采用不同的推荐技术。例如，系统先使用基于内容的推荐技术，如果它不足以产生高可信度的推荐就转而尝试使用协同过滤技术。因为需要针对各种可能的情况设计转换标准，所以这种方法会增加算法的复杂度和参数化。由于融合了多种推荐算法，并能够根据场景自动选择合适的推荐算法，基于切换的混合型推荐方法能够充分发挥不同推荐算法的优势。

（3）混合（mix）：将多种不同的推荐算法推荐出来的结果混合在一起，其难点是如何进行重排序。

（4）特征组合（feature combination）：将来自不同推荐数据源的特征组合起来，由另一种推荐技术采用。这种方法一般会将协同过滤的信息作为增加的特征向量，然后在增加的数据集上采用基于内容的推荐技术。特征组合的混合方式使得系统不再仅仅考虑协同过滤的数据源，降低了用户对物品评分数量的敏感度。相反，它允许系统拥有物品的内部相似信息，其对协同过滤系统是不透明的。

（5）级联型（cascade）：用后一个推荐方法优化前一个推荐方法。它是一个分阶段的过程，先用一种推荐技术产生一个较为粗略的候选结果，在此基础上使用第二种推荐技术对其做出更精确地推荐。

（6）特征递增（feature augmentation）：将前一个推荐方法的输出作为后一个推荐方法的输入，它与级联型的不同之处在于，这种方法的上一级产生的并不是直接的推荐结果，而是为下一级的推荐提供某些特征。一个典型的例子是将聚类分析环节作为关联规则挖掘环节的预处理，从而将聚类所提供的类别特征用于关联规则挖掘。

（7）元层次混合（meta-level hybrid）：将不同的推荐模型在模型层面上进行深度融合，而不仅仅是把一个输出结果作为另一个的输入。例如，基于用户的推荐方法和基于物品的推荐方法的一种可能的组合方式为：先计算目标物品的相似物品集，然后删掉所有其他（不相似的）物品，进而在目标物品的相似物品集上采用基于用户的协同过滤算法。这种基于相似物品计算近邻用户的协同推荐方法，能很好地处理用户多兴趣下的个性化推荐问题，尤其是在候选推荐物品的内容属性相差很大时，该方法可以获得较好的性能。

8.4.3　基于矩阵分解的打分预测

1. 矩阵上的打分预测问题及其评价

在前面的介绍中我们已经知道，一个典型的推荐系统常常把用户和物品之间的关系形式化为一个稀疏矩阵（如图 8.7 所示），其中矩阵的每一行对应一个用户，每一列对应一个物品，矩阵中的每一个非零值（图 8.7 中以"×"标记的元素）代表相应的用户对物品的打分（一般是 1~5 的星级打分），而每一个零值（图 8.7 中空白的部分）则代表用户在历史上没有对该物品进行过评分。在这样一个矩阵上的打分预测问题即为根据矩阵中已有的值预测矩阵中缺失的值，也就是尽可能精确地估计一个用户在未买过的物品上可能的打分，从而基于预测打分的高低给出推荐列表。

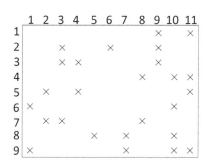

图 8.7　推荐系统的稀疏矩阵示例

为了设计好的打分预测算法，我们先定义合适的评价指标来评价一个算法的预测结果，常用的评价指标为根分均方差（Root Mean Square Error，RMSE）和平均绝对误差（Mean Absolute Error，MAE）。设矩阵以X表示，矩阵中的每一个打分记为r_{ij}，所有打分的集合记为S，我们一般取部分打分（如 80%）进行模型的训练和验证，并用其部分（如 20%）进行评价。设 $\hat{r}_{ij}$ 表示算法给出的预测打分，并以 $\hat{S}$ 表示所有用于测试的打分值集合，那么评价指标 RMSE 和 MAE 的计算如下所示：

$$\text{RMSE} = \sqrt{\frac{\sum_{r_{ij} \in \hat{S}} (r_{ij} - \hat{r}_{ij})^2}{|\hat{S}|}}, \quad \text{MAE} = \frac{\sum_{r_{ij} \in \hat{S}} |r_{ij} - \hat{r}_{ij}|}{|\hat{S}|}$$

一个评分预测算法致力于预测矩阵中未知的打分，并使 RMSE 或 MAE 评价指标最小。接下来，我们介绍在推荐系统中广泛使用的基于矩阵分解的预测算法及其统一的形式化表示。

2. 矩阵分解算法

基于矩阵分解的矩阵补全因其具有较好的预测精度和较高的可扩展性，在实际推荐系统中得到了广泛的应用。目前，研究人员设计了诸多基于矩阵分解的矩阵补全和预测算法，例如 SVD、非负矩阵分解（Non-negative Matrix Factorization，NMF）、概率化矩阵分解（Probabilistic Matrix Factorization，PMF）、最大间隔矩阵分解（Maximum Margin Matrix Factorization，MMMF），等等。图 8.8 所示为使用 NMF 对原始矩阵的未知值进行预测的结果。

	I1	I2	I3	I4			I1	I2	I3	I4
U1	5	3	-	1		U1	4.97	2.98	2.18	0.98
U2	4	-	-	1		U2	3.97	2.40	1.97	0.99
U3	1	1	-	5		U3	1.02	0.93	5.32	4.93
U4	1	-	-	4		U4	1.00	0.85	4.59	3.93
U5	-	1	5	4		U5	1.36	1.07	4.89	4.12

图 8.8　基于 NMF 的矩阵补全示例

大部分已有的矩阵分解算法都可以用一个统一的模型进行概括。为了帮助读者更好地了解矩阵分解算法的本质及不同算法之间深刻的内在联系，我们先介绍矩阵分解算法的一种统一表示形式（Singh and Gordon, 2008）。

设 $X \in \mathbf{R}^{m \times n}$ 是一个稀疏矩阵，并设 $U \in \mathbf{R}^{m \times r}$ 和 $V \in \mathbf{R}^{n \times r}$ 是对原始矩阵 X 的低秩分解，那么一个矩阵分解算法 $P = (f, D_W, C, \mathbf{R})$ 可以形式化地概括为如下各个子模块的组合：

预测函数$f: \mathbf{R}^{m \times n} \to \mathbf{R}^{m \times n}$。

可选的权重矩阵$\boldsymbol{W} \in \mathbf{R}_+^{m \times n}$，当权重矩阵存在时，它往往是损失函数的一部分。

损失函数$D_W(\boldsymbol{X}, f(\boldsymbol{UV}^{\mathrm{T}})) \geqslant 0$，它表示当我们用预测矩阵$f(\boldsymbol{UV}^{\mathrm{T}})$来近似$\boldsymbol{X}$时所引入的预测误差。

对分解矩阵的约束条件：$(\boldsymbol{U}, \boldsymbol{V}) \in C$。

正则化因子：$R(\boldsymbol{U}, \boldsymbol{V}) \geqslant 0$。

基于这些子模块，原始矩阵$\boldsymbol{X}$被近似为$\hat{\boldsymbol{X}} = f(\boldsymbol{UV}^{\mathrm{T}})$。同时，一个矩阵分解算法可以形式化为如下最优化问题：

$$\arg \min_{(\boldsymbol{U},\boldsymbol{V}) \in C} \{D_W(\boldsymbol{X}, f(\boldsymbol{UV}^{\mathrm{T}})) + R(\boldsymbol{U}, \boldsymbol{V})\}$$

其中的损失函数$D(\cdot, \cdot)$对于第二个自变量一般是一个凸函数，且往往可以分解为矩阵中各个元素上的损失之和。例如，对于常见的加权奇异值分解（Weighted Singular Value Decomposition，WSVD）算法而言，其损失函数为

$$D_W(X, f(\boldsymbol{UV}^{\mathrm{T}})) = ||\boldsymbol{W} \odot (\boldsymbol{X} - \boldsymbol{UV}^{\mathrm{T}})||_{\mathrm{Fro}}^2$$

其中，$\odot$表示将两个同维度的矩阵对应元素相乘得到一个新的矩阵，$||\cdot||_{\mathrm{Fro}}^2$则表示矩阵的 Frobenius 范数，即矩阵中各个元素的平方和。

选取不同的预测函数f、权重矩阵$\boldsymbol{W}$、损失函数D_W和正则化项R等各部分，就可以获得很多不同的矩阵分解算法，用以解决不同背景下的个性化推荐问题。

3. 常用矩阵分解算法

在如上的矩阵分解形式化描述下，我们介绍几种常见的矩阵分解方法，从而帮助读者对矩阵分解在个性化推荐，尤其是在矩阵的打分预测任务上的应用有更深入的了解。

1）SVD

奇异值分解在矩阵计算中具有理论上重要的基础性意义。最原始的 SVD 方法具有严格的数学定义，设$\boldsymbol{X} \in \mathbf{R}^{m \times n}$是任意一个矩阵，矩阵$\boldsymbol{U} \in \mathbf{R}^{m \times r}$中的列向量是矩阵

$XX^{\mathrm{T}} \in \mathbf{R}^{m \times m}$ 的单位正交特征向量，矩阵 $V \in \mathbf{R}^{n \times r}$ 中的列向量是矩阵 $X^{\mathrm{T}}X \in \mathbf{R}^{n \times n}$ 的单位正交特征向量，对角矩阵 $\Sigma \in \mathbf{R}^{r \times r}$ 中的每一个对角元素 $\sqrt{\sigma}$ 是与矩阵 U（同时也是与矩阵 V）中的每一个列向量对应的特征值 σ 的平方根，并以从大到小的顺序排列，则原矩阵 X 可表示为 $X = U\Sigma V^{\mathrm{T}}$，其中 Σ 被称为奇异值矩阵。如果只保留奇异值矩阵 Σ 中的前 k 个最大的奇异值，同时只保留 U 和 V 中的前 k 个对应的列向量，则新的矩阵 $\widehat{X} = U_k \Sigma_k V_k^{\mathrm{T}}$ 为对原矩阵 X 的一个近似。可以证明，对原矩阵 X 所有秩为 k 的近似，采用如上 SVD 得到的近似结果可以取得最小的平方误差，即

$$\widehat{X} = U_k \Sigma_k V_k^{\mathrm{T}} = \arg\ \min\nolimits_{\mathrm{rank}(\widehat{X})=k} ||X - \widehat{X}||_{\mathrm{Fro}}^2$$

当然，通过这种方式取得的近似矩阵也就具有最小的 RMSE 值。奇异值分解示意图如图 8.9 所示。

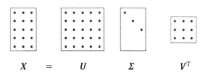

$$X \quad = \quad U \quad \Sigma \quad V^{\mathrm{T}}$$

图 8.9　奇异值分解示意图

在实际的推荐系统中，我们所要处理的往往是非常稀疏的矩阵，即矩阵中存在大量的未知打分（以 0 值表示）。需要指出的是，这些 0 值并不意味着用户对相应的物品打了 0 分，仅表示用户没有进行相关的打分，或者没有观测到相应的打分，因此在计算预测精度时，将这些元素上的预测值也考虑在内，并以 0 作为真实值进行评测是不合理的。

基于这一事实，在实际的推荐系统中使用的 SVD 算法并不是原始的"精确的"SVD，而是只考虑已观测数据进行模型训练和预测的 SVD 算法，并采用优化的方法求得近似矩阵以应对大规模的稀疏矩阵。

因此，我们采用低秩近似的方式，用两个秩较低的矩阵的乘积近似一个秩较高的大规模矩阵，并考虑在已观测的点上对矩阵进行优化，得到如下 SVD 算法：

$$(\widetilde{U}_k, \widetilde{V}_k) = \arg\ \min\nolimits_{U \in \mathbf{R}_+^{m \times k}, V \in \mathbf{R}_+^{n \times k}} \{||W \odot (X - UV^{\mathrm{T}})||_{\mathrm{Fro}}^2 + \lambda(||U||_{\mathrm{Fro}}^2 + ||V||_{\mathrm{Fro}}^2)\}$$

其中，权重矩阵 W 中与原矩阵 X 的已观测点相对应的元素取值为 1，与未观测点相对

应的元素取值为 0，也就是只考虑原矩阵中已观测点上的预测损失，而正则化项（$U \in \mathbf{R}_+^{m \times k}, V \in \mathbf{R}_+^{n \times k}$）用于最小化模型复杂度，从而减小模型过拟合带来的影响。

2）NMF

在如上的 SVD 算法中，我们并没有对分解矩阵 $\tilde{U}_k$ 和 $\tilde{V}_k$ 附加其他限制条件，只是简单地要求其列维度为 k。在很多实际应用场景中，我们希望矩阵分解得到的分解向量满足一定的条件，最常见的就是要求分解矩阵的各个列向量由非负值组成（Lee and Seung, 2001），这是因为在很多场景中（如图像处理、社交网络关系处理、文本处理、概率估计，等等），我们所处理的数据均为非负值，采用非负的向量更符合问题的假设，往往能取得更好的效果。因此，NMF 相对于 SVD 算法在包括推荐系统在内的很多实际系统中获得了更广泛的应用。典型的 NMF 算法的优化表达式为：

$$(\tilde{U}_k, \tilde{V}_k) = \arg\min\nolimits_{U \in \mathbf{R}_+^{m \times k}, V \in \mathbf{R}_+^{n \times k}} \{\|W \odot (X - UV^\mathrm{T})\|_{\mathrm{Fro}}^2 + \lambda(\|U\|_{\mathrm{Fro}}^2 + \|V\|_{\mathrm{Fro}}^2)\}$$

其中，与 SVD 的不同之处在于我们限制分解矩阵取非负值：$U \in \mathbf{R}_+^{m \times k}, V \in \mathbf{R}_+^{n \times k}$（注意优化目标约束区间的不同）。

（3）PMF

PMF（Mnih and Salakhutdinov, 2007）为矩阵分解算法提供了概率框架下的解释，并试图利用概率模型对原始矩阵中的已观测点进行最大似然估计：

$$p(X|U, V, \sigma^2) = \prod_{i=1}^{m} \prod_{j=1}^{n} [\mathcal{N}(X_{ij}|U_i^\mathrm{T} V_j, \sigma^2)]^{W_{ij}}$$

其中，$\mathcal{N}(x|u, \sigma^2)$ 为高斯分布，W_{ij} 仍然描述原始打分矩阵的数值分布情况，即对应于原始矩阵中的非零值 $W_{ij} = 1$，否则 $W_{ij} = 0$。同样，也可以用概率分布来描述分解矩阵 U 和 V：

$$p(U|\sigma_U^2) = \prod_{i=1}^{m} [\mathcal{N}(U_i|0, \sigma_U^2 I)], \quad p(V|\sigma_V^2) = \prod_{i=1}^{n} [\mathcal{N}(V_j|0, \sigma_V^2 I)]$$

我们在已观测数据上最大化如下的对数似然概率：

$$\ln p(\boldsymbol{U}, \boldsymbol{V} | \boldsymbol{X}, \sigma^2, \sigma_U^2, \sigma_V^2)$$

$$= -\frac{1}{2\sigma^2} \sum_{i=1}^{m} \sum_{j=1}^{n} \boldsymbol{W}_{ij} (\boldsymbol{X}_{ij} - \boldsymbol{U}_i^{\mathrm{T}} \boldsymbol{V}_j)^2 - \frac{1}{2\sigma_U^2} \sum_{i=1}^{m} \boldsymbol{U}_i^{\mathrm{T}} \boldsymbol{U}_i - \frac{1}{2\sigma_V^2} \sum_{j=1}^{n} \boldsymbol{V}_j^{\mathrm{T}} \boldsymbol{V}_j + C$$

显然，该形式同样可以表达为统一的矩阵分解形式，如下面的最小化问题所示：

$$(\widetilde{\boldsymbol{U}}, \widetilde{\boldsymbol{V}}) = \arg \min_{\boldsymbol{U} \in \mathbf{R}^{m \times k}, \boldsymbol{V} \in \mathbf{R}^{n \times k}} \left\{ \frac{1}{2} \left\| \boldsymbol{W} \odot (\boldsymbol{X} - \boldsymbol{U} \boldsymbol{V}^{\mathrm{T}}) \right\|_{\mathrm{Fro}}^2 + \frac{\lambda_U}{2} \left\| \boldsymbol{U} \right\|_{\mathrm{Fro}}^2 + \frac{\lambda_V}{2} \left\| \boldsymbol{V} \right\|_{\mathrm{Fro}}^2 \right\}$$

4）MMMF

如上所介绍的常用矩阵分解算法所隐含的基本假设均为"低秩近似"假设：虽然一个大规模的稀疏矩阵其原始形式可能具有较高的秩，但我们认为可以用一个秩较低的矩阵对原始矩阵进行近似和重构。

在如上的矩阵分解中，原始矩阵的行数和列数（m 和 n）可以高达上百万甚至千万的量级，但是我们所采用的分解矩阵 $\boldsymbol{U}$ 和 $\boldsymbol{V}$ 的列数被限制在 k 维。k 在实际系统中不过是几十至几百的量级，而近似矩阵 $\boldsymbol{U} \boldsymbol{V}^{\mathrm{T}}$ 的秩一定小于 k，因此存储空间相对于原始矩阵而言大大降低。其中隐含的意义在于，虽然原始矩阵的规模和维度非常庞大，但我们认为用来描述这些数据的规律、结构和参数的数量是有限的，且最多用 k 个维度就可以较为完备地刻画出来，这 k 个维度的参数就用超线性参数矩阵 $\boldsymbol{U}$ 和 $\boldsymbol{V}$ 的形式描述。例如，一个化妆品购物网站所包含的用户数量和商品数量可能非常庞大，因而对应的用户–物品稀疏矩阵也具有庞大的规模。但是描述网站用户对化妆品评分关系的因素可能是为数不多的有限个，例如化妆品的品牌、价格、包装、颜色、质量，等等。这就为矩阵的低秩分解和近似提供了基础。

基于低秩近似的矩阵分解算法存在的一个重要问题是在实际操作中难以确定选择多少个维度进行分解，因为在实际应用中，设计人员很难估计决定系统规律的参数维度到底有多少个。使用的维度过少可能无法完全描述用户的偏好信息，从而造成预测精度的下降；使用的维度过多会带来巨大的计算负载，甚至带来过拟合。

MMMF（Srebro, et al., 2004）突破传统的低秩近似假设，采用低范数近似的理念对原始矩阵进行分解和预测，从而绕过选取特定维度进行分解。为了简化问题描述和符号表示，我们在这里采用两类标签的矩阵。假设原始矩阵 $Y \in \{\pm 1\}^{m \times n}$，对 Y 的近似矩阵为 X，则 MMMF 最小化如下的优化目标：

$$\text{minimize} \sum_{i,j} W_{ij} \cdot \max(0, 1 - X_{ij}Y_{ij}) + \lambda ||X||_{\Sigma}$$

其中的正则化项 $||X||_{\Sigma}$ 为矩阵的核范数（Nuclear Norm），它表示一个矩阵的各个特征值之和，用来描述和控制模型的复杂度。可以证明，矩阵的核范数可以等价表示为如下的形式：

$$||X||_{\Sigma} = \min_{X=UV^{\mathrm{T}}} ||U||_{\text{Fro}} ||V||_{\text{Fro}} = \min_{X=UV^{\mathrm{T}}} \frac{1}{2}(||U||_{\text{Fro}}^2 + ||V||_{\text{Fro}}^2)$$

即一个矩阵的核范数等于其所有可能的分解矩阵（不对分解的维度进行具体限制）的 Frobenius 范数中的最小值。正是基于这一定理，我们可以绕过显式的矩阵分解，转而采用直接最小化核范数的方式使在全部可能的维度下寻找最优解成为可能。

8.4.4 基于神经网络的推荐算法

深度神经网络在个性化推荐问题上也得到了应用。例如，矩阵的打分预测问题可以看作一个基于多层神经网的拟合问题。然而，直接用多层神经网络进行打分预测的效果并不好，谷歌提出了融合浅层网络与多层神经网络的推荐算法，如图 8.10 所示。在该模型中，浅层网络用于拟合系统中已有的属性信息，从而利用明确已知的信息进行预测。深层网络用于拟合隐藏在训练数据中的未知信息，辅助提升推荐效果。神经网络算法也被应用在实际的商业推荐系统中，例如，文献（Covington, et al., 2016）将多层神经网络与用户物品的表示学习用在了 YouTube 的视频推荐系统中，与视频预筛选等工程手段结合，取得了不错的效果。

图 8.10　谷歌提出的融合浅层网络与多层神经网络的推荐算法

需要指出的是，学术界对基于神经网络的推荐算法到底有没有真正提高推荐效果是有争议的。例如，文献（Dacrema, et al., 2019）通过系统性的实验指出，大多数基于神经网络的推荐算法，其实际推荐效果低于论文所汇报的结果，并且在很多情况下，传统的基于矩阵分解的算法，甚至是基于相似度的算法，要好于神经网络模型的推荐效果。因此，读者或者推荐系统从业人员，应当根据自己的实际场景和业务需求，使用最合适的推荐算法。

8.5　推荐的可解释性

除了给出推荐列表，推荐理由的构建也是推荐系统的重要组成部分和研究方向。相关研究指出，在推荐系统中提供直观合理的推荐理由可以大大提高用户对推荐结果的接受度，也有助于在其他方面增强用户体验，如系统的透明性、可信性、有效性、推荐效率、用户满意度，等等（Zhang, et al., 2014）。但是，推荐理由的构建往往需要与系统所使用的推荐算法相匹配，并依赖于所使用的推荐算法。一般而言，常用的基于隐变量的个性化推荐算法（如上所述的常用矩阵分解算法），由于本质上变量意义的隐含性，难以为推荐结果给出直观易懂的解释（亚马逊中的"看了还看"式推荐理由示例如图 8.11 所示），这也是基于隐变量的个性化推荐方法的缺点之一。

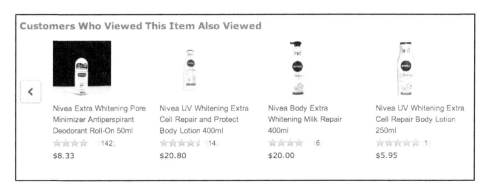

图 8.11　亚马逊中的"看了还看"式推荐理由示例

　　个性化推荐算法中推荐理由的构建大致可以分为两种类型，一种是构造于模型之后的解释（Post-hoc Explanation），另一种是由模型内生的解释（Model-based Explanation）。

　　模型后解释的方法在构建推荐列表的过程中先不考虑推荐理由，而是在推荐列表构建完成之后为算法给出的推荐"寻找"一个看上去合适的推荐理由，该推荐理由与给出该推荐的具体算法可以没有必然联系，甚至完全无关。例如，我们先通过 NMF 对用户–物品评分矩阵进行打分预测，然后对目标用户选取预测分值最高的前几个未浏览商品构建推荐列表。当我们需要对某一个被推荐出来的物品进行解释时，可以在系统收集的大规模用户行为信息中统计浏览了该物品的用户数量，然后告诉目标用户"有百分之几的用户浏览了该商品"，这也是很多实际系统（尤其是网络购物系统）中常见的推荐理由之一。可见，在该过程中，最终给用户展示的推荐理由与生成该推荐的实际算法没有必然联系，但是该推荐理由来自系统收集统计的大规模真实用户行为信息，因此又是完全真实和可接受的。这样的推荐理由简单、直观、容易构造，因此在实际系统中得到了广泛的应用。

　　模型后解释的方法毕竟脱离了推荐列表的真实构建过程，因此系统给出的推荐理由可能与推荐结果脱节，难以非常精确地描述为何该物品被推荐给了用户。实际上，如果推荐理由的构建可以与所使用的推荐算法相辅相成，就可以在推荐算法执行的过程中收集有效的信息，跟踪一个物品被算法推荐给特定用户的具体机制和过程，从而向用户展示更为具体、细致、有说服力的推荐理由，模型内生的推荐理由构建则致力于给出这样高可信度的推荐理由。一个简单的例子是前面介绍的基于物品的推荐算法。在基于物品的推荐中，我们对每一个用户计算其未浏览过的物品与已浏览（购买）物品的加权相似度，并给出相似度最高的几个未浏览物品作为推荐结果，相应的推荐理由则为"被推荐的物品与您曾经购买过的某（些）物品相似"，我们还可以具体给出这些相似的物品，从而进一步增强推荐理由的可信度。这样的推荐理由就是由推荐模型本身派生的，与所使用的具体推荐算法紧密相关。从某种意义上讲，使用什么样的推荐算法，决定了被推荐物品的推荐理由。

举个复杂一些的例子，文献（Zhang, et al., 2014）与隐变量分解模型相对应，提出了显式变量分解模型，从用户的评论文本中抽取诸如"价格""质量""颜色"等特定领域商品的属性词，并将其作为显式的变量，与隐变量一起加入NMF框架中，从而不仅可以预测用户在不同物品上的打分，还可以根据用户在不同属性词上对应权重的不同，确定到底是哪些属性决定了用户的最终打分，给出诸如"该推荐是因您比较关心某属性，而该物品在该属性上表现较好"这样明确的推荐理由，让推荐结果更加真实可靠，吸引用户点击甚至采纳系统给出的推荐。大多数推荐系统都是基于大规模非结构化数据和统计机器学习进行个性化推荐的，因此给出的也是基于统计信息的推荐理由（如图 8.12 所示）。

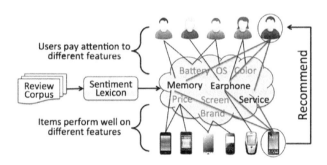

图 8.12　基于显式变量分解模型的可解释推荐示例

为了让推荐系统利用结构化的知识给出更具体的推荐理由，文献（Xian, et al., 2019）利用知识图谱的表示学习给出了可解释的推荐。利用知识图谱中的链接关系，一方面可以计算用户与物品之间的相似度并给出推荐列表；另一方面可以通过寻找用户与物品之间的路径确定推荐理由。在知识图谱中，从用户节点出发抵达物品节点的每一条路径都可以转化为一个推荐理由。例如，从用户到电影 B 的路径"用户→电影 A→某演员→电影 B"，可以自然地被转化为如下的推荐理由："您所观看的电影 A 是由某演员主演的, 而被推荐的电影 B 也由该演员主演。"

模型后解释和模型内生的解释各有优点, 也各有自己的缺点和局限性。模型后解释由于不依赖于具体使用的模型, 因而推荐理由的构建更为灵活多样、可选择性多。推荐算法给出推荐结果后, 我们可以充分利用系统中包含的用户、物品信息和用户浏览、点击历史记录, 根据不同的目的设计多种不同的推荐理由; 其缺点则是推荐理由与实际情况不一定相符, 因为推荐理由与产生该推荐结果的算法未必有联系。模型内生的推荐则考虑了产生推荐结果的具体算法, 通过分析算法执行过程与推荐结果之间的内在逻辑, 构建与之匹配的推荐理由, 因此推荐理由往往更具体、细致、有说服力。正是由于推荐理由受限于使用的具体推荐算法, 才造成推荐理由模式比较单一。

8.6 推荐算法的评价

一个推荐算法的好坏必须用可靠的评价指标度量, 从而帮助我们了解和改进系统的性能。评价指标主要包括 "线下评价指标" 和 "线上评价指标"。线下评价指标包括 RMSE、MAE、归一化折扣增益值 (Normalized Discounted Cumulative Gain, NDCG)、平均准确率 (Mean Average Precision, MAP)、准确率 (Precision)、召回率 (Recall)、F1 值 (F1-measure) 等; 线上评价指标包括成交转化率、用户点击率, 等等。本节主要对常用的线下评价指标进行总结概括。

一个比较有意思的事情是, 在线视频提供商 Hulu 在文献 (Zheng, et al., 2010) 中讨论了点击率是否适用于评测推荐系统, 报告认为在搜索领域被广泛认可或验证了的位置偏置 (Position Bias) 假设 (即排在靠前位置的搜索结果得到的点击会比靠后位置的结果多得多) 并不适用于推荐系统, 他们的实验表明推荐产品的排列位置对点击影响甚微, 因此在以 NDCG 为指标的离线测评中性能好的算法, 在在线测评中的点击率有可能反而比较低。

评估推荐系统的线下指标大致可以分为 "准确性" (Accuracy) 与 "可用性" (Usefulness) 两个方面。其中, 准确性衡量的是推荐系统的预测结果与用户行为之间的误差, 还可以细分为 "预测准确度" (Prediction Accuracy) 和 "决策支持准确度"（Decision-Support Accuracy）。预测准确度又可分为"评分预测准确度""使用预测准确度""排序准确度"等，以 MAE、RMSE 等为常用的统计指标来计算推荐系统对消费者喜好的预测，以及与消费者实际的喜好间的误差平均值；而决策支持准确度则以关联度［（Correlation），包括 Pearson、Spearman、Kendall Tau 等相关系数］、准确度、召回率、F1 值、ROC 曲线（Receiver Operating Characteristic）、曲线下面积（Area Under Curve，AUC）等为主要工具。

8.6.1　评分预测的评价

RMSE 是最流行的度量指标，它描述了算法预测的打分与用户的真实打分之间的差距。优化 RMSE 度量指标，实际上就是预测用户对每个商品的评分，RMSE 的公式如下：

$$\text{RMSE} = \sqrt{\frac{\sum_{r_{ij} \in \hat{s}} (r_{ij} - \hat{r}_{ij})^2}{|\hat{S}|}}$$

其中，r_{ij} 是用户 i 对物品 j 的真实打分，$\hat{r}_{ij}$ 为算法给出的预测打分，$|\hat{S}|$ 表示测试数据集所包含的测试样例的个数。例如，2007—2009 年间著名的 Netflix Prize 竞赛就是以 RMSE 为度量的。如果竞赛者所设计的算法在 RMSE 度量指标上比 Netflix 公司所使用的 CineMatch 推荐算法低 10%，就可获得百万大奖。

另一个常用的度量指标是 MAE，它直接计算预测值与真实值之间的误差绝对值：

$$\text{MAE} = \frac{\sum_{r_{ij} \in \hat{s}} |r_{ij} - \hat{r}_{ij}|}{|\hat{S}|}$$

RMSE 和 MAE 指标虽然类似，但是若两者相比，则前者对大误差更敏感，对预测算法的评价也更严格。

RMSE 和 MAE 仅度量误差幅度，容易理解且计算方式也不复杂，但其缺点也正是过度简化事实，在有些场合可能不能说明问题。例如，用户打分 1、2 的差别和打分 4、5 的差别都是 1，但意义不一样。在这种情况下，可以定义适当的扭曲程度度量（Distortion Measure）来代替差值以改进度量方法。

8.6.2　推荐列表的评价

除打分预测，推荐系统最终要给用户提供一个个性化的推荐列表，对该推荐列表的效果评价是评测推荐算法实际效果的重要部分。

与信息检索理论同源的准确率、召回率、F1 值评价指标是评价推荐列表最基本、也是最常用的指标。对于一个测试用户，假设他在测试集中所购买的物品的集合为S_{test}，推荐系统为用户构造的推荐列表集合为S_{rec}，则准确率、召回率和 F1 值的计算如下：

$$P = \frac{|S_{test} \cap S_{rec}|}{|S_{rec}|}, R = \frac{|S_{test} \cap S_{rec}|}{|S_{test}|}, F1 = \frac{2 \times \text{Precision} \times \text{Recall}}{\text{Precision} + \text{Recall}}$$

对于推荐列表的长度确定为n的场合，我们可以使用Precision@n ($P@n$)、Recall@n ($R@n$)和F1@n来度量，而对于推荐数量未指定的场合，可以使用 PR 曲线（Precision-Recall 曲线）或 ROC（Receiver Operating Characteristic）曲线来描述推荐出正确物品的比例，其中 PR 曲线强调被推荐的物品有多少是正确的，而 ROC 曲线则强调有多少用户不喜欢的物品却被推荐了。与其相对应的 AUC（Area Under the ROC Curve）指标则对不同 Precision-Recall 取值下的推荐效果给出了一个综合的评价。AUC 越大，表示系统能够推荐出越多正确的物品。已经有研究人员验证，大部分情况下，计算 ROC 和 Precision-Recall 时，会得到相同的混淆矩阵（Confusion Matrix），而且从其中一个曲线可以推演出另外一种曲线的状况。不过，PR 曲线比较适合于数据分布高度不平均（highly-skewed）的情况，因此在实际应用中要根据推荐系统选择相应的评估方式。

以上评价指标实际上只考虑了推荐集合的正确与否，而没有关注被推荐物品的排序。实际上，同样的推荐物品集合，我们希望正确的物品越靠前越好。因此，一个更为合理的评价方式是把被推荐物品的位置信息也考虑在内。MAP 就是为了实现这个目标设计的，它评估用户喜欢的推荐结果是否尽可能排在前面。MAP 是为信息检索中解决 PRF 指标的不足而提出的，单个主题的 MAP 是每篇相关文档检索出的准确率的平均值，主集合的 MAP 是每个主题的 MAP 的平均值。MAP 反映了系统在全部相关文档上性能的单值指标。系统检索出来的相关文档越靠前，MAP 值可能就越高。对于N个推荐列表，假设每一个列表的长度均为n，则

MAP 可以做如下表示：

$$\text{MAP} = \frac{1}{N} \sum_{i=1}^{N} \frac{\sum_{j=1}^{n} P_i(k) \cdot \delta_{ij}}{\sum_{j=1}^{n} \delta_{ij}}$$

其中$P_i(k)$表示第i个推荐列表在位置k的准确率，δ_{ij}为一个示性函数，表示列表i中的第j个项是否为正确的推荐，当它是一个正确的推荐时，$\delta_{ij} = 1$，否则$\delta_{ij} = 0$。

另一个同样考虑未知因素且经常被用来评价推荐列表质量的指标是 NDCG，同样考虑N个推荐列表，且每一个列表的长度均为n，示性函数为δ_{ij}，则 NDCG 可以通过如下方式计算：

$$\text{NDCG} = \frac{1}{N} \sum_{i=1}^{N} \frac{1}{\text{IDCG}_i} \sum_{j=1}^{n} \frac{2^{\delta_{ij}} - 1}{\log_2(j + 1)}$$

其中的IDCG_i是第i个推荐列表所有可能取到的最大的 DCG 值，即当该列表中所有正确的物品均排在列表最前面时$\sum_{j=1}^{n} \frac{2^{\delta_{ij}} - 1}{\log_2(j+1)}$部分的值，其作用是保证 NDCG 的理想值为 1，从而便于比较。

在科学研究和实际系统中，我们必须按照任务的实际需要选择合适的、有说服力和代表性的指标进行算法验证和系统评价。一般情况下，可以选择 RMSE 或 MAE 指标来验证算法在打分预测任务上的表现，用 Precision、Recall、F1-measure、MAP 和 NDCG 指标验证算法在推荐列表构建任务上的表现；为了验证算法的线上效果，还可以进一步采用点击率等线上指标评，评价在实际系统中用户点击推荐结果的真实情况。

8.6.3 推荐理由的评价

如何评价推荐理由的质量和作用是推荐系统评价的一个重要问题。推荐理由的评价主要包括线下评价和线上评价两种方式。线下评价的基本思想是定义推荐理由的基线标准，并对算法给出的推荐理由计算 Precision、Recall 等指标。文献（Abdollahi and Nasraoui, 2017）提出用平均解释准确率（Mean Explainability Precision，MEP）和平均解释召回率（Mean Explainability Recall，MER）的指标来评价协同过滤推荐系统的解释性能，其基本思想为评价算法对多少比例的被推荐物品给出解释，但是尚没有真正评价推荐理由的质量。

推荐理由的质量可以借由线上评价进行，而线上评价又包括两种方式，一种是基于亚马逊 MTurk 等众包系统对推荐理由进行人工标注，进而计算推荐理由的准确率和可靠性；另一种则是将推荐算法真正部署到实际的线上系统中，利用大规模真实用户的点击购买等反馈信息进行评价。在实际工作中，两种评价方式都得到了较为广泛的应用。

8.7 前景与挑战：我们走了多远

虽然经历了几十年的研究和发展，推荐系统已经成了各种现代网络应用中不可或缺的组成部分，但是推荐系统的研究和应用仍然面临着很多重要而急迫的挑战，推荐系统的应用形式和场景也蕴含着更多的可能。本节，我们总结归纳目前推荐系统在研究和应用方面所面临的一些重要问题，同时指出推荐系统在研究和应用上的一些潜在方向，以使读者对推荐系统的未来发展拥有一些认识。

8.7.1 推荐系统面临的问题

1. 推荐的冷启动问题

冷启动问题是困扰学术界和产业界多年的重要问题。对于一个全新的网络用户，系统中尚没有任何可以用来分析其个性化偏好和需求的商品购买或浏览交互信息，因此无法向其提供个性化的推荐列表。该问题在传统的基于数值化评分的个性化推荐方法中尤为突出，并与数据的稀疏性问题互为因果，这是由于网站内的新注册用户往往只对非常少量的商品给出过数值化的评分，很难通过如此少量的评分分析用户的偏好和需求。另外，在大数据环境下，数据的稀疏性显得愈加明显和严重，这进一步加重了冷启动问题给实际系统带来的负面影响。

目前，解决冷启动问题的方法主要包括如下几种。

（1）降维技术（Dimensionality Reduction），通过 PCA、SVD 等技术降低稀疏矩阵的维度，为原始矩阵求得最好的低维近似，但是实际系统中庞大的数据规模使得降维过程存在大量运算成本，并有可能影响预测和推荐效果。

（2）使用混合推荐模型的方法，通过取长补短弥补其中某种方法的问题。

（3）加入用户画像信息和物品属性信息，例如通过使用用户资料信息计算用户相似度，或者使用物品的内容信息计算物品相似度，进一步与基于打分的协同过滤方法相结合，以提供更准确的推荐。

另外，推荐系统中的小众用户（gray sheep）问题限制了系统在小众用户上取得较好性能。该问题主要表现为有些人的偏好与任何人或绝大多数人都不同，因而难以在大规模数据上采用协同过滤的方式为该用户给出合理的推荐。目前，小众用户推荐一般采用混合式的推荐模型来解决。例如，最常见的方法是把基于内容的推荐和基于协同过滤的推荐结合起来，挖掘小众用户在感兴趣的物品上的内容信息，并进一步结合可用的相似用户行为信息给出推荐。然而，该方案在解决小众用户推荐的问题上还远远不够，由于长尾效应的存在，系统在小众用户上的性能对整体能取得的性能有较大的影响，需要对小众用户推荐做进一步的研究和实践。

2. 个性化推荐的可解释性问题

个性化推荐的可解释性是长期困扰学术界和产业界的重要问题。由于算法的复杂性和隐性变量方法的大量使用，算法所给出的推荐列表往往并不能得到较为直观的解释，也就难以让用户理解为什么系统会给出该物品作为推荐而不是其他物品。当前的实际系统中往往简单地给出"看过该物品的用户也看过这些物品"作为推荐理由，这样的推荐理由往往无法令人信服，从而降低了用户点击和接受推荐结果的潜在可能性。在跨领域的异质推荐背景下，推荐结果的可解释性显得更为重要，因为缺乏直观可信的推荐理由将难以说服用户进入新的甚至陌生的网站查看异质推荐结果。如何将推荐理由的构建与系统所使用的推荐算法紧密结合，得到更细致、准确、有说服力的推荐理由，引导用户查看甚至接受系统给出的推荐，是学术研究和实际系统都需要考虑的重要问题。

3. 推荐系统的防攻击能力

推荐系统如何应对恶意攻击（shilling attack）也是实际系统中需要解决的重要问题，该问题实际上是推荐系统中的反垃圾（anti spam）问题。例如，有些用户或商家会频繁地为自己的物品或者对自己有利的物品打高分，为竞争对手的物品打低分，其至注册大量的系统账号人工干预某物品的得分，达到人工干预推荐系统推荐效果的目的，这会影响协同过滤算法的正常工作。该问题的被动解决方法是采用基于物品的推荐，因为在恶意攻击的问题上，基于物品的推荐往往能比基于用户的推荐具有更好的鲁棒性。作弊者总是较少数，在计算物品的相似度时影响较小。当然，我们也可以采用主动的解决办法，设计有效的垃圾用户识别技术来识别和去除作弊者的影响。

除此之外，推荐系统的研究和应用中还面临很多其他的问题和挑战，如隐私问题、噪声问题、推荐的新颖性，等等。急需对这些问题投入更多的研究和实践，从而不断完善推荐系统的性能和应用场景。

8.7.2　推荐系统的新方向

1．基于多源异质信息的推荐

长期以来，推荐系统的各种算法和研究都是基于数值化打分矩阵的形式化模型，该模型的核心是以用户打分为基础，而少有对基于用户文本评论语料进行个性化推荐的研究。基于文本评论的个性化推荐被很多论文提到，但是研究并不深入，这一方面限于文本挖掘技术的研究遇到很多难点，另一方面限于之前网络上积累的文本信息还不够多。随着 Web 2.0 网络的兴起，互联网上所积累的用户文本信息越来越多，已经成为一种不可忽略的信息来源，如电子购物网站中的用户评论、社交网络中的用户状态，等等。这些文本信息对于了解用户兴趣、发掘用户需求有极其重要的作用，如何充分利用这些数值评分之外的文本信息进行用户建模和个性化推荐具有重要的意义。

2．推荐系统与人机交互的关系

推荐系统与用户的交互方式也是相关领域内研究的热点方向。目前常见的实际系统一般以推荐列表的形式给出推荐，然而一些研究表明，即便是同样的打分和评价系统，如果展示给用户的方式不同，也会对用户的使用、评价、效果产生一定的影响。例如，MovieLens 小组第一次研究了用户打分区间、连续打分还是离散（如星标）打分、推荐系统主动欺骗等对用户使用推荐系统造成的影响。与搜索引擎一样，推荐系统的界面设计和交互方式也越来越受到研究人员的关注。

3. 长尾效应与小众推荐

长尾效应在推荐系统中的理解和应用可以为进一步提高系统的推荐效果打开新的窗户。一个推荐系统的性能不能直接以预测评分的精确度测量，而应该考虑用户的满意度。推荐系统应该以"发现"为终极目标，而现存的一些推荐技术通常会倾向于推荐流行度很高的，用户已经知道的物品。这样存在于长尾中的物品也就不能很好地推荐给相应的用户了。但是，这些长尾物品通常更能体现用户的兴趣偏好。所以，在推荐系统的设计过程中，不仅要考虑预测的精度，还要考虑用户真正的兴趣点在哪里。研究人员也开始考虑长尾效应在推荐系统设计过程中的应用，并考虑如何将长尾物品推荐给用户，以及如何为小众用户推荐合适的物品。

4. 可解释性推荐

推荐系统的可解释性成为一个重要的研究课题。随着实际系统中的数据越来越多、规模越来越庞大、算法越来越复杂，包括推荐系统在内的智能决策系统变得越来越黑箱化，系统难以给出直观可信的解释来告诉用户为什么要做特定的决策。在此背景下，推荐系统的可解释性变得越来越重要，研究人员正在试图构建可解释的推荐算法和模型，使得系统不仅可以给出推荐结果，还可以自动给出恰当的推荐理由。

5. 推荐系统的商业价值

推荐系统所能实现的价值也是个性化推荐的一个重要问题。在已有的绝大多数推荐系统中，算法往往只关心准确率、点击率、购买率等指标，很多推荐算法也是围绕着对 RMSE、Precision、NDCG 等指标的优化而设计的。然而被推荐的物品未必会被用户购买，即便被用户购买，不同物品为系统带来的价值也是不一样的。因此，如何直接优化推荐系统对平台的价值也是一个重要的演进方向，有助于帮助推荐系统通过推荐恰当的物品，直接优化和提升系统带来的实际效益。

例如，阿里巴巴通过直接优化推荐列表的商业价值来构建推荐列表（Pei, et al., 2019），在这一方向上做出了尝试。

6. 多平台协作式推荐

越来越多的生活项目日益网络化，在网络上造成了一个个信息孤岛：每一个网络应用平台拥有用户在该平台或该领域内的行为信息，了解用户在该平台和领域内的行为偏好，从而可以在该领域内给出个性化的专业服务；然而在不同平台和领域之间，尤其是异质领域（如视频和购物）之间，用户的行为线索并没有被打通，每一个平台和领域没有其他平台和领域的用户行为信息，也就难以给出平台之外其他领域的个性化服务。这些独立的信息孤岛将网络用户原本完整而流畅的生活时间线割裂，未能形成浑然一体的个性化服务流程，使得互联网本应在人们日常生活中所起的重要甚至核心作用大打折扣。

因此，如何由互联网所连接的各个系统协作式地发掘用户潜在需求，适时地给出跨领域的异质推荐结果和个性化服务成为推荐系统向通用推荐引擎方向发展的重要问题和研究前沿，并将极大地降低人们使用互联网的时间和精力成本，免去在各个独立服务之间进行切换和查找的麻烦。更重要的是，不同类型的异质商品或服务之间的信息联通和相互推荐，蕴含着全新的互联网运营和盈利模式。例如，通过从历史数据中进行任务挖掘，旅行机票订购网站可以通过异质推荐为酒店预订、车辆租赁、团队预订等多种潜在的关联网站带来流量，并从中获得额外收益；视频服务商可以通过异质推荐给出来自购物网站的商品推荐，从而实现虚拟产业收入与实物商品收入的结合，这对促进产业协作发展和产业整合具有重要意义。

8.8　内容回顾与推荐阅读

本章，我们介绍了推荐系统的基本问题、算法、模型和未来趋势。我们首先介绍了推荐系统研究的历史发展脉络，进而介绍了推荐系统的基本输入、输出和问题形式化，并指出了推荐系统所解决的三大核心问题：预测、推荐及解释。对当前广泛应用的推荐算法进行了分类梳理，着重介绍了基于协同过滤的推荐算法，以矩阵分解为例介绍了推荐系统打分预测和推荐列表构建的基本方法。在推荐的解释性问题上，本章介绍了显示因子分解模型及其在可解释推荐中的应用。最后，介绍了推荐系统的基本评价指标和评价方法，并对推荐系统的未来发展方向进行浅析。若读者想了解更多推荐系统相关知识，建议参考领域内专家共同编著的 *Recommender Systems Handbook*（Ricci, et al., 2015）。

8.9　参考文献

[1] Behnoush Abdollahi, and Olfa Nasraoui. 2017. Using explainability for constrained matrix factorization. RecSys.

[2] Qingyao Ai, Vahid Azizi, Xu Chen, et al. 2018. Learning heterogeneous knowledge base embeddings for explainable recommendation. arXiv preprint arXiv:1805.03352.

[3] B. Burke, 2002. Hybrid recommender systems: survey and experiments. User Modeling and User-Adapted Interaction.

[4] H. Cheng, L. Koc, J. Harmsen, et al. 2016. Wide & deep learning for recommender systems. DLRS.

[5] P. Covington, J. Adams, and E. 2016. Sargin. Deep neural networks for youtube recommendations. RecSys.

[6] F. Dacrema, P. Cremonesi, and D. Jannach. 2019. Are We Really Making Much Progress? A Worrying Analysis of Recent Neural Recommendation Approaches. RecSys.

[7] D. D. Lee and H. S. Seung. 2001. Algorithms for non-negative matrix factorization. NIPS.

[8] A. Mnih and R. Salakhutdinov. 2007. Probabilistic matrix factorization. NIPS.

[9] C. Pei, X. Yang, Q. Cui, et al. 2019. Value-aware Recommendation based on Reinforcement Profit Maximization. WWW.

[10] P. Resnick, N. Iacovou, et al. 1994. GroupLens: an open architecture for collaborative filtering of netnews. CSCW.

[11] Francesco Ricci, Lior Rokach, and Bracha Shapira. 2015. Recommender systems: introduction and challenges. Recommender Systems Handbook.

[12] B. Sarwar, G. Karypis, J. Konstan, et al. 2001. Item-based collaborative filtering recommendation algorithms. WWW.

[13] Ajit P. Singh, and Geoffrey J. Gordon. 2008. Relational learning via collective matrix factorization. KDD.

[14] Nathan Srebro, Jason Rennie, and Tommi S. Jaakkola. 2004. Maximum-margin

matrix factorization. NIPS.

[15] K. Sugiyama, K. Hatano, M. Yoshikawa. 2004. Adaptive web search based on user profile constructed without any effort from users. WWW.

[16] Y. Xian, Z. Fu, S. Muthukrishnan, et al. 2019. Reinforcement Knowledge Graph Reasoning for Explainable Recommendation. SIGIR.

[17] Y. Zhang, G. Lai, M. Zhang, et al. 2014. Explicit factor models for explainable recommendation based on phrase-level sentiment analysis. SIGIR.

[18] Zheng H, Wang D, Zhang Q, et al. 2010. Do clicks measure recommendation relevancy? an empirical user study. RecSys.

9 机器写作

——从分析到创造

严睿 北京大学

读书破万卷，下笔如有神。

——杜甫《奉赠韦左丞丈二十二韵》

9.1 什么是机器写作

长久以来，人们都有一个愿望——告诉计算机自己的写作意图，计算机程序可以自动完成内容的写作，形成一篇文字流畅、语言优美、内容翔实的文章——这便是直观意义上的"机器写作"。实现高质量的自动机器写作功能是人工智能研究人员一直以来的梦想，并且将具有巨大的社会价值。试想，回到过去，在曹雪芹时代，倘若人们拥有成熟的机器写作技术，那他大可以将后 40 回《红楼梦》的写作意图与情节告诉计算机，让计算机产生一个曹雪芹版原汁原味的全本《红楼梦》，从而让后世或多或少地消除关于续本的争执与悬念。同样地，倘若现在人们拥有成熟的机器写作技术，《冰与火之歌》的作者乔治·R·R·马丁（George R.R. Martin）也不会有书稿写作进度赶不上影视剧拍摄进度的烦恼了。他可以告诉计算机，他希望怎么写作《冰与火之歌》，让计算机的人工智能续写跌宕起伏、波澜壮阔的奇幻篇章。

但是这一切都只是假设，对于类似于《红楼梦》或者《冰与火之歌》这样的鸿篇巨制，按照目前的技术水平，基于人工智能的机器写作远远达不到这个状态。长文本生成还存在诸多问题，例如文本太长会造成信息丢失、误差传递和错误偏移，等等。多个原因导致现有的机器写作技术的主要应用范围仍然在短文本或有规范格式的文体方面。例如，美国总统特朗普经常在社交媒体推特上发表推文，而且他的行文风格非常有个性。有好事者使用深度学习、神经网络技术，学习了大量的特朗普推文，包括其内容和风格，创作出了能够以假乱真的新的推文。又如，美联社、今日头条等媒体采用机器写作技术，自动创作关于体育赛事等特定活动的新闻和文章，既能减少记者的工作量，又能提高新闻的时效性。

如果真有一天，长文本生成的问题得到解决，机器写作的水平将得到显著提升，人们可以放心地把写作的任务交给计算机去完成。但这样是否又会带来社会的恐慌，比如文字工作者是否会面临失业，是否有人会因此丢饭碗，小说作家、新闻工作者等职业是否会消失？这些都是需要社会关注的热点问题。

从技术的角度出发，机器写作更倾向于用机器辅助写作，定位在基于人的写作意图，通过计算机程序对海量数据的掌握，整理出适当的写作材料，提供"写作草稿"，让人们能够从这些写作资源中得到启发，更好地完成作品。从对未来的机器写作技术能够尽善尽美的期望角度出发，我们预期人承担更多地创造性写作的部分，实现人机配合写作，即机器辅助完成繁重的文本数据整理和准备工作。因此，即便未来机器写作技术更加成熟，人们的创造力仍然有巨大的发挥空间。

以下，我们将从艺术写作和当代写作两个方面，进行本章机器写作内容的阐述。

9.2　艺术写作

9.2.1　机器写诗

我国传统文化源远流长，诗歌更是极为重要的一部分。我国最早的诗歌源于上古时期的《弹歌》，即"断竹，续竹，飞土，逐肉"，最早的诗歌总集是《诗经》。相传在上古时期，由于交通和语言并不发达，地区之间的交流十分困难，于是，人们将想要表达的信息编成诗歌，口口相传。后来诗歌逐渐演变成人们用于表达的一种有韵律、富有感情色彩的语言形式。但是，诗歌在现代生活中却慢慢地被人们遗忘。既然诗歌源于交流，又为什么会慢慢消失呢？消失的原因可能归于创作的难度。诗歌的种类众多并且各有不同的要求，古诗对字数、句数、平仄、韵律等都有严格的规定，而新诗对内容、整体的音韵格律和结构形式也有一定的要求。既然如此，是否可以如本章开头所说的那样，通过向计算机输入我们的写作意图，由计算机程序完成接下来的创作呢？也许从表面上看，这是一项机器算法的研究和开发工作，而实际上，这是推动人工智能发展的重要一步，不仅可以推动机器写诗的发展，还可以促进其他机器写作任务的突破。再者，研究机器写诗还可以发展和传播极具历史文化和审美价值的诗歌语言。

1. 旧体诗的自动创作

早在 2013 年，国内的研究团队已经开始对这方面进行一些深入的研究，主要的写作题材是四言绝句（由四句组成）和律诗（由八句组成），每句必须含五个或七个字，第一、二和四句句末的字必须押韵并不重复出现（相同音节），如图 9.1 中的灰色字，同时要符合平仄的要求，当然整首诗也必须上下文连贯。以笔者 2013 年的工作为代表（Yan et al., 2013），该文章提出了一个基于信息提取与选择的模型。首先，用户输入想要的主题，然后机器算法系统会在资料库（如唐诗三百首）中选出相关度较高的一些诗歌。这些诗歌会被分割成词组并根据与主题的相似度和在数据库中出现的频率得到一个权重。假设我们需要生成的是绝句，那么这些词便会被分成四组基于它们之间的相似度，然后，每一组会相应地产生一些句子。关于押韵的部分，模型会先通过最大化权重选出一组拥有相同音节的字，并通过多次迭代满足字数、平仄和连贯性的要求。最后，通过动态规划算法从各组结果中选出最好的一组。单从整个模型的流程来看，由于它是抽取式模型，所以并不需要大量的训练时间。整个流程可以简单地想象成人类从唐诗三百首中找出不同的字、词拼成一首诗，只是计算机会拼得更快（当然未必拼得更好）。

江雪

(Snow, River)

千山鸟飞绝，

(All birds have hidden.)

万径人踪灭。

(All people have disappeared.)

孤舟蓑笠翁，

(A man in a straw hat sits on a lonely boat,)

独钓寒江雪。

(fishing in the snow on the river.)

图 9.1 唐诗中的押韵现象示例

后来在深度学习的带动下，诗歌生成任务有了很大程度的提升，不同的深度神经网络模型也随之出现。其中一个是记忆增强神经网络模型（Zhang, et al., 2017），它使用递归神经网络结合注意力机制作为神经网络的部分，而记忆部分则直接利用了输入与输出之间的关系去记录一些没有或不能被学习的信息。就像人类在创作的时候并不会只参考一般的规范和模式，也会参考曾经看过的例子一样。在这个模型中，值得一提的是它的记忆机制能够影响生成结果的风格，并且在研究过程中发现神经网络部分只与生成诗歌的格式相关，而这个部分并不要求多次迭代训练，因为诗歌的格式不会有很大的差别。所以它们更着重记忆部分的研究，并发现生成的风格依赖于记忆部分，通过使用不同风格的数据集训练该部分模型，就能得到想要的不同生成风格。图 9.2 的左图是没有引入风格时生成的例子，而右图则是使用了浪漫风格的结果。从结果来看，左图的诗比较简洁并且没有明显的风格，而右图中诗的风格特色更明显。对比上述抽取式模型，图 9.2 的右图采用了生成式模型，生成过程更灵活，当然也需要更多的时间去训练，但结果更流畅且更符合人类的要求。

自从此意无心物， Nothing in my heart, 一日东风不可怜。 Spring wind is not a pity. 莫道人间何所在， Don't ask where it is, 我今已有亦相传。 I've noticed that and tell others.	花香粉脸胭脂染， Beautiful face addressed by rouge, 帘影鸳鸯绿嫩妆。 Mandarin duck outside the curtain. 翠袖红蕖春色冷， Green sleeves and red flowers in cold spring, 柳梢褪叶暗烟芳。 Willow leaves gone in fragrant mist.

图 9.2 不同生成风格的诗

目前，业界的巨头公司和研究机构已经上线了一些诗歌生成的相关产品，百度诗歌生成系统就是其中之一。通过使用大量数据进行训练，系统会根据前一句诗生成下一句诗，以保持上下文的连贯性，但以这种方式生成的诗歌，容易出现上下句意思重复的情况。所以，一方面，该系统针对用户输入的写作意图进行关键字提取，并以这些关键字作为每句的主题去减少重复性的问题，结果显示由该系统生成的诗歌上下句主旨一致性有显著提升，同时前后重复的情况得到了很大改善。类似地，有不少研究人员基于用户输入的主题，提取其中的关键字并进行适当联想，用以贯穿多句诗歌的全文（Yang, et al., 2018）。另一方面，清华大学的矣晓沅团队开发了"九歌"，该系统能够生成五言或七言的绝句藏头诗。为了训练"九歌"，大约用了从初唐到晚清约 30 万首诗，将"九歌"喻为中华文化与现代科技的结晶也不为过。"九歌"参加了央视节目《机智过人》并接受图灵测试，它与人类同时做诗并且由其他人去判断哪首为机器人所作，最终成功通过测试，足以证明它的能力和这项技术的成熟程度。有人这样形容它："如果在网上聊天，很有可能会爱上它的智慧。"随着人工智能浪潮的到来，我们可以预期未来会有更多的企业通过人工智能技术为用户提供像机器写诗这种娱乐或互动的产品。

2．新诗的自动创作

2017 年 5 月，一部新书的问世引发了人们的热议，这就是第一部完全由人工智能创作的现代诗集《阳光失了玻璃窗》。其背后的技术源于微软亚洲研究院研发的微软小冰机器人。

在第 7 章中，我们提到了微软的智能对话机器人"小冰"。她学习了众多对话文本，学会与人闲聊、调侃，十分有趣。除了对话，科学家们指导小冰学习了中国近现代数百位现代诗人的作品，小冰也因此会创作新诗了，其中不乏以假乱真之作。

从技术上看，新诗没有旧体诗那样严格的格律要求，约束较少；但新诗的语言通俗易懂，表达的思路需要连贯，意境要一致，否则不符合人类的审美要求。因此，显式的规则虽然少，但隐式的限制更多、难度更大。微软亚洲研究院的研究团队有多篇论文发表，读者可以自行查阅。

3．机器写诗的未来

我们可以看到，整个诗歌生成技术的发展，由早期的抽取式到今天的生成式，由早期较为粗糙的结果到今天比较细腻的结果，当中有许多学者和工程师的努力，而整个过程和结果也令人兴奋。相信读者已经对诗歌生成背后的原理和最新的研究有了一个基本的了解。如果问笔者诗歌生成技术是否已经达到完美？笔者的答案仍然是"否"，笔者相信任何东西都会有改善的空间。就像当初人工智能研究人员提出的模型一样，在当时来看，也许已经是最好的结果，但是今天回头去看，其实仍有很多不足。这个道理同样适用于今天的模型，它们有可能在内容意境或是诗歌的灵魂上仍有所欠缺，当然对于普通人来说这也是一个很大的挑战。对于模型、算法，特别重要的是量化评价指标。如何评价一首诗写得好？目前还很难用可计算的公式来评价。因此，通常的做法是人为设定几个角度进行人工打分，包括可读性（含格律因素）、主题是否一致、审美是否优美、是否引发情感，等等。量化指标的缺乏，也制约了模型方法，不便采用迭代式的模型来自动提升（像下围棋那样）。不过，笔者相信这些问题都可以逐步解决。另外，在本章的开始提到的诗歌已经渐渐淡出我们的生活，我们希望通过这项任务重新引起大众对它的关注和兴趣。所以，如何吸引用户并把这项研究应用到产品中，也是我们需要面对的问题。例如，有没有机会利用这个技术制造一个做诗机器人辅助用户写诗，并且利用模型对写出的诗歌进行评价，等等。我们希望在将来能够带来更好的机器诗人，同时希望有更多的人对诗歌这个传统艺术有所了解。

9.2.2　AI 对联

对联，又可以被称为楹联或对子，是中国独有的传统文化之一。对联可以抒发个人情感，表达观点或是庆祝节日。在春节，每家每户都会贴上对联（又称为春联）来增添节日的喜庆。对联包含两个长度相同的句子（即上联和下联），而且上下句中的某些对应的位置需要保持对仗。如图 9.3 所示，"一"对应"二"，"百"对应"千"，"福"对应"金"。与其他文学体裁不同，对联对于用字的要求非常之高（以满足其优美与简洁的特点）。正因如此，从古至今只有寥寥可数的人能够写出优秀的作品。在人工智能来临的时代，我们能不能利用计算机的优势去创作一些作品？例如，在给出上联的情况下，通过计算机生成下联的草稿。

图 9.3　对联

1. 技术原理

我们针对这个任务及相关研究探讨计算机在这方面的优势、弱势与未来。一方面，计算机的优势在于它能够从巨大的字库中选出一些我们没有掌握的用词，同时计算机也能通过训练学习对联中的句型和规则，为我们提供更多元化的想法并确保对联符合规则。另一方面，计算机的弱势在于它还无法学习到潜在的语义及对联里的深层含义。此外，在这个任务中有几个难点需要考虑：一是生成句必须与输入句的长度相同；二是生成句中特定位置上的字必须与上句相对应的字意思相似；三是生成句的整体意思必须与上句相同；四是在短短的两句中所包含的内容信息很丰富，相信这才是对计算机最大的挑战。基于以上难点，我们介绍一种目前最新的自动对联生成工作。这个模型收集大量文本来训练，并从中学习每个字的含义和由它们组合而成的词语的含义。接下来，我们会讲解该模型中各部分的功用。

首先，使用递归神经网络作为编码器。这里的递归神经网络是神经网络的一种类型，之前的研究表明它能够很好地处理一些序列输入，如本任务中的上联。总的来说，编码器将输入的句子编码成一个向量去表示整个句子的意思，我们可以想象成把整个句子加密成一个向量。接着，使用另外一个递归神经网络作为解码器去解码，目的是把上一步得到的向量重新解密并参考它的内容创作下一句。可是问题来了，计算机并不知道在生成每一个单字的时候需要着重参考哪些部分。这时可以引入注意力机制。注意力机制根据编码器与解码器中的每个字之间的关系产生一个权重，这个权重让解码器在解码的过程中知道在当前步骤需要注意哪些东西。此外，该模型会重新运行一定的次数，每一轮的训练都会根据上一轮的结果进行调整，就像我们人类在创作时，也会根据自己的草稿不停地修改直到完美为止一样。

2. 技术展望

通过以上解释，相信能够加深读者对对联生成机制的认识。除了学术界的工作，在工业界也有不少上线服务的产品，如腾讯推出的智能春联 AI，它只需要用户给出一个词组（可以是名字，也可以是其他的东西），就能据此生成一副藏头春联。同时，微软亚洲研究院也推出了微软对联。当用户给出上联时，它能够自动生成不同的下联供用户选择，也可以根据内容将对联装裱成一张图片，甚至可以在上下联中分别输入你和别人的名字生成一副对联。可是通过机器生成的对联，无论在顺畅度、用字，还是整体逻辑方面，跟人还有一定的差距。例如，当笔者将"和顺一词纳百福"作为上联输入其中一个对联生成器，会得到"平安二字无十春"作为其中一个推荐下联，从整体语义上看其实是不合逻辑的，为什么会出现这些问题值得我们探讨。

导致这些问题出现的可能性有很多，其中最重要的一个是计算机没有真正学习到它所生成的对联的含义。从上面的例子来看，如果把下联切成一个词序列，其实跟上联是对仗的，如"和顺"对"平安"和"十"对"百"，但是合起来之后下联的意思就会不清晰，同时用词也不连贯。背后的原因可能是在句子的生成过程中，生成器并没有很好地学到当前生成句中的上下文意思，而只考虑了上联中对应位置的用词。这可能是模型设计产生的问题，但也有一些根本性的问题尚未解决。也许计算机能提供更具多样性的用字/词，可是它所生成的句子和用字也受限于训练的文本。训练文本中没有出现的字和句型，也同样不会出现在生成的结果中。即便计算机只是辅助我们，在很大程度上，我们的创作也受限于模型的结果而导致缺乏创新性。

读到这里，相信读者能够感受到整个对联生成的魅力和背后的难题，并了解到当前的学者针对这项任务进行的研究。即使目前对联生成还存在着一定的问题，但是笔者相信这些问题都会被逐步解决。而目前的技术也已经可以为人类提供一定的帮助，这也是我们所期望的结果。在未来的工作中，如何提高生成句与输入句之间的连贯性和如何让计算机理解对联背后的含义，将是对联生成上的两个非常重要的方向。希望人工智能研究人员能在后面的工作中解决这些问题，并为用户提供更好的体验。

9.3 当代写作

对作家和文字工作者来说，当代写作包括了系统性的理论和多种多样的文体，如新闻、故事、通信、文学评论等。在人工智能领域，研究人员主要关注两个方向，即新闻写作和故事创作。原因如下：新闻作为一种简明扼要、精炼形象的信息载体，在现代生活中发挥了极其重要的作用，并产生了不可估量的价值；故事创作是人类叙事智力的一种重要体现，如何让机器拥有这种智力在人工智能领域是一个关键的问题。本节，我们主要介绍机器新闻写作及机器故事创作的成就与挑战。

9.3.1 机器写稿

新闻与我们的生活息息相关，无论是体育娱乐还是财经时报，大到时事政治、小到社会百态，我们能从新闻中了解想要的信息。其中，受众最广、覆盖范围最大、阅读时间最长的就是互联网新闻。据中国互联网信息中心（CNNIC）统计，中国网民数量已经超过 8 亿人，其中网络新闻用户达到了 6.7 亿，即超过 80% 的网民都会在网络上浏览新闻。尤其是移动端——用户在工作间隙在手机上看看新闻，已经成为一种潮流，就拿今日头条来说，它的用户已经上亿，平均每天使用今日头条 App 的时间超过 1 个小时。除此之外，还有新华网、百度新闻、腾讯新闻、搜狐新闻等互联网新闻平台。新闻不仅改变了人们的生活，还产生了巨大的社会和经济价值。例如，在金融领域，股市行情与一些重大新闻息息相关，因此阅读新闻并指导投资行为可以获得经济效益。与此同时，特定类型新闻的阅读量反映了当前社会的阅读偏好及舆论焦点，及时捕捉并合理利用这些信息可以了解人们所关心的问题和所需的信息。

1. 机器写稿的现状

鉴于新闻蕴含的巨大社会和经济价值，目前新闻行业的从业者众多。在中国，持有记者证的从业人数就超过了 20 万人，而且数量还在增加。此外，新闻从业者有明显的"大众化"趋势，这也催生了大量的自媒体工作者、商业公众号及运作团队。虽然目前新闻从业人数巨大，但是很多工作人员从事的繁重工作都可以由计算机来完成，如编辑、纠错等。和传统从业者比，人工智能的一个明显优势是大数据信息的处理和快速发布新闻的能力，如中国地震台网的机器人在 25 秒内创作并发布了九寨沟 7.0 级地震的快讯和相关信息。2016 年里约奥运会期间，今日头条"张小明"机器人记者快速整理和发布了比赛的简讯和结果信息。试想，如果机器人记者能够凭借高效的大数据处理能力替代记者从事一些快速并且低智能的工作，那么大量的从业者就可以去做更有深度、更有影响力的工作。

由于人工智能还处于"弱智能"的阶段，在实际的"机器作家"开发过程中，更多的是从事一些事实整理的工作。其中，有代表性的中文机器写作机器人如表 9.1 所示。从表 9.1 中可以看出，大部分中文写作机器人集中在写短稿和内容抽取整理的任务上，这正是因为人工智能在现阶段还无法解决长文本生成的一致性、连续性等问题。基于内容抽取的方法主要是从历史信息中选出特定的信息，并以一定的规则和顺序进行合理的整理和展示。对于题材类型，大部分写作机器人的主要功能是写财经、体育、科技类的新闻，值得注意的是由智搜开发的写作机器人主要是对写作的内容进行编辑。

表 9.1　有代表性的中文机器写作机器人

国内代表机器人	所属机构	题材类型	功　能
Dream Writer	腾讯	财经、科技、体育	写稿、内容抽取
张小明	今日头条	体育新闻	短讯、长文资讯
Writing-bots	百度	社会、财经、娱乐	写稿、热点新闻
快笔小新	新华社	体育、财经	中英文写稿
DT 稿王	第一财经	财经新闻	写稿、精准抓取
Giiso	智搜	资讯编辑	内容编辑

除了中文写作机器人，有代表性的英文机器写作系统如表 9.2 所示。可以看到，美联社的写作机器人 Automated Insights 主要针对财经新闻，而《华盛顿邮报》的 Heliograph 可以撰写各种类型的新闻。由《洛杉矶时报》开发的 Quakebot 主要针对特定的领域和场景，即地震和犯罪新闻。类似于智搜公司的写作机器人，《纽约时报》的 Blossom 也可以编辑和推荐新闻。

表 9.2　有代表性的英文机器写作系统

国外代表系统	所属机构	题材类型
Automated Insights	美联社	财经新闻
Quakebot	《洛杉矶时报》	地震和犯罪新闻
Heliograph	《华盛顿邮报》	新闻
Blossom	《纽约时报》	推荐、编辑新闻

2．机器写稿的技术原理

至此，我们已经介绍了目前有代表性的写作机器人及其主要功能，接下来我们以"张小明"为例，简略阐述其背后的技术细节和用户体验。该机器人的主要功能是根据奥运会比赛实时解说的文本生成体育新闻。其核心技术是从实时的文本中抽取需要的关键信息，并以特定的格式和流畅的逻辑展示这些信息。具体地讲，体育新闻写作的问题被建模为一个抽取式摘要问题（Zhang, et al., 2016），即假设新闻中所需要的所有信息和事实片段都存在于现场解说的文字中，并从中抽取关键信息作为最终报道的新闻。与传统的摘要抽取问题相比，体育新闻生成还要考虑现场解说的实时性、冗余性、单句长度短的问题。为了解决这些问题，开发团队将机器学习的方法和传统的句子特征相结合，取得了比较好的结果。在 2016 年里约奥运会期间，通过使用实时的解说评论信息，"张小明"可以同步地进行新闻的撰写和编辑。这些内容包括乒乓球、网球、羽毛球等赛事，在短短 6 天内生成超过 200 篇新闻稿件。从用户体验的角度来看，"张小明"生成的新闻信息准确，但是可读性不强，这是由于撰写的新闻是从实时评论里摘取的关键信息片段，没有考虑新闻本身的可读性。虽然"张小明"还达不到记者的水平，但机器生成的新闻还是能够准确传递比赛的关键信息。在这种需要同时采访报道多场赛事的场景中，"张小明"可以快速地生成冷门场次的新闻报道，从而让记者更关注于核心比赛的新闻撰写。总的来说，目前的写稿机器人可以为读者传递信息，但可读性还存在很大的提升空间。

虽然机器写稿在过去的几年吸引了很多眼球并被大量报道，但目前的人工智能技术还处于弱 AI 阶段，写稿机器人在撰写长篇及有深度的文章时遇到了各种各样的问题。这是由于目前的写稿机器人背后的技术是基于深度学习或者提前设定的规则，这些规则是从人类记者制作新闻的过程中抽取出来的，而深度学习可以学到大量新闻语料里的用词及语法等信息。无论是规则还是深度学习，都无法做到像人一样去思考，不能写出有灵魂的作品，机器缺少了人的常识、社会属性、情绪的变化，以及逻辑推理能力等各种各样的智力活动。因此，目前的写稿机器人无法写出有深度的报道，也无法写出简洁流畅的长篇新闻。现在的写稿机器人主要代替记者做一些繁重、冗余、机械的工作，在快速信息传递、大数据分析处理和整理上面有其重要的价值和发挥空间。

随着人工智能的兴起及学术界和工业界在机器写稿方面投入的更多关注和精

力，在不久的未来，我们可以大胆畅想，写稿机器人可以进一步替代记者写出中低创造力的新闻，无论是信息准确度还是新闻可读性都可以达到人的水平，同时对于长篇新闻的生成也有很大的提高。在更远的未来，机器写稿机器人可以和人类记者做到无间的配合，机器可以准确地捕捉记者所需的情感、写作风格、逻辑推理等各种信息，真正解放更多的记者去从事更有深度的工作。

9.3.2　机器故事生成

除了机器人写新闻，另一种题材的写作在工业界和学术界引起了广泛的关注和研究，即机器人写故事。相信每一个人都有一段特别美好的记忆，各种各样的童话故事为儿时生活带来了色彩，如《安徒生童话》《格林童话》《一千零一夜》等。阅读童话故事可以提高儿童的想象力和理解力，孩子通过想象故事中的人物和情节对日常生活和做人的道理有一定的理解，这就是叙述智力。以叙述的形式描述日常生活和感受不仅是一种社交、沟通的技巧，更是一种重要的智力行为。把自动写故事单独拿出来介绍，是由于以下几方面原因。

首先，故事是一种新的写作题材，通过描述故事情节和刻画独特的人物来反映一定的社会生活。与新闻报道事实不同，故事中的情节和人物都可以是虚构的。故事的种类和内容变化远比新闻要多，按照内容可分为玄幻、科幻、武侠、言情等；按语言形式可以分为文言小说和白话小说；按照篇幅长度可分为长篇、中篇、短篇和微型小说。从充满想象和夸张的童话故事到仗剑天涯的金庸武侠小说，再到鲜活丰富、圆满自足的莫言小说。

其次，故事写作体现了一种极其重要的智力行为，即叙述智力。研究机器写故事可以帮助我们更好地理解人在叙述过程中的行为和认知过程。再者，同新闻写作一样，故事生成也有很高的经济价值。如广泛阅读传播的童话故事，如果未来机器可以写出更多、更好的故事，相信很多人都会去阅读传播甚至为知识付费。据中国网络作家富豪榜，单就"唐家三少"一人的版税收入就达到了3300万元。因此，研究机器人写故事也有很强的娱乐和经济价值。

1. 机器故事生成的目前进展

在过去的几十年，科研人员尝试了各种各样的方式来对故事生成进行建模，到今天已经取得了一些初步的成果。那么，现在的机器故事写作达到了什么样的水平呢？和目前人工智能一片火热的现状不同，现在的机器人很难写出人物形象鲜明、情节连贯的短篇小说，更不可能写出超过作家的鸿篇巨制。现在的故事写作主要集中于特定的领域和人类作者的协作上。对于特定的领域，场景比较清晰，人物比较容易刻画，基于人类预先定义的规则和知识，机器可以生成看上去比较真实的短故事。如果仔细品鉴生成的故事，还是能够看到规则的影子，刻画的情节不够有想象力，描述的人物也比较单调。对于协作式的故事写作，目前机器还不能理解人类作家的意图，不能写出对应的故事，主要是通过不断地获取人的反馈信息，及时调整写作的内容或者对已经生成的内容做一些修改。

在人工智能领域，故事写作被定义为能够自动选择事件、人物、情节和词汇的序列。到目前为止，大多数的故事生成方法都是利用符号化的规划方法或者基于实例的推理方法。虽然这类自动故事生成方法可以生成不错的结果，但前提是依赖知识工程提供特定领域的符号化模型，包括故事中可以使用的角色、动作和知识，并且这类方法生成的故事主题受限于已有领域知识，这类故事写作方法的好坏主要取决于知识工程。另一类不依赖于知识工程的方法是由数据驱动的，通过机器学习算法从大量的训练语料中学会如何进行角色选取、情节表述及场景预测等，这类方法主要包括基于图的方法和基于神经网络的方法。对于这类方法，生成的故事可以不受领域知识的限制，但是可解释性和可控制性不强，也就是说，生成的角色和情节都不可控，并且生成的长篇故事往往是上下文不相关的。

2. 机器故事生成的主要技术方法

为了更好地了解目前机器创作故事的进展，我们简单介绍几个有代表性的工作。早期的故事生成方法有很多，主要是基于规则的故事生成方法（Sgouros, et al., 1996；PÉrez & Sharples, 2001）。为了能够更好地理解机器故事写作方法的发展过程，我们简单介绍一种有代表性的基于人机协作和规则的早期方法（Sgouros, et al., 1996），其余方法不再论述。给定一些角色描述及角色可以做的动作，并通过一个情节管理算法和人进行协同工作，最终生成有角色、有情节描述的故事。

近期的工作大多是数据驱动的自动故事生成方法，其中有代表性的工作包括基于图模型和基于神经网络的方法。我们依次简单介绍有代表性的图模型和神经网络。由 Boyang 等人在 2013 年提出的基于图的模型（Li, et al., 2013），主要是学习故事中的情节表示，而这种表示又符合作者在真实世界中的逻辑。这种情节的图表示主要定义了故事中在某个时间可能发生的事件的空间。实验结果表明，对于简单的故事，该方法可以达到未受训练的人类的水平。基于神经网络的代表性工作是由 Martin 等人在 2017 年提出的深度神经网络（Martin, et al., 2018）。在该模型中，首先使用自然语言处理算法从每一句文字故事描述中抽取关键语义信息并转换为事件的表示形式。然后，使用抽取的事件表示序列训练一个神经网络，该网络可以生成事件序列。由于从句子到事件是信息丢失的过程，对于神经网络生成的事件序列，需要由另一个神经网络根据事件序列生成文字故事描述。

3. 机器故事生成的前景

虽然机器故事写作已经取得了一定的效果，但目前的应用主要是娱乐及短故事的生成，长篇故事及其他复杂题材的故事写作远远不及专业作家的水平。目前的模型在解决故事写作时还有各种各样的问题，其中最关键的问题就是现在的自然语言处理技术还远达不到人类的语言水平。语言系统是人类大脑最复杂的系统，而叙述智力又是最重要的语言智力体现之一。因此，未来的自动故事写作主要有两个方向：一个方向是研究人在创作故事中的认知、心理、知识运用、推理等过程，从而让算法学习该过程；另一个方向是根据目前的算法和未解决的问题，沿着人工智能领域对自动故事生成的定义和可能的提高方案继续研究下去。在未来，机器也可能会写出生动形象的小说，机器也可以听懂人类作者的指令，从而生成对应的文本描述。

9.4　内容回顾

在本章中，我们以诗歌、对联、新闻、故事为例，介绍了机器写作的现状和技术原理。其实，人类文学创作的种类繁多，按理说机器能学的东西有很多，为什么相关的应用还十分有限呢？这是因为在现有体系下，机器循规蹈矩的成分居多，创造创新的能力不强。特别是创作类任务，很难用量化的数学公式来评价——如果真能这样，那么诺贝尔文学奖也容易评选了，无须专家，只需计算。所以说，机器擅长写作规范的、有模板式的文章，或者整合信息、创作初稿，供人们修改；哪怕是做语法纠正、文法修饰，也能节约人们的时间，使人们投入到更核心的创造中。希望本章的介绍能够引发读者的思考，创作出更多优秀的作品。

9.5 参考文献

[1] Li B, Lee-Urban S, Johnston G, et al. 2013. Story generation with crowdsourced plot graphs. AAAI.

[2] Martin L J, Ammanabrolu P, Wang X, et al. 2018. Event representations for automated story generation with deep neural nets. AAAI.

[3] PÉrez R P É Ý, Sharples M. 2001. MEXICA: A computer model of a cognitive account of creative writing. Journal of Experimental & Theoretical Artificial Intelligence.

[4] Sgouros N M, Papakonstantinou G, Tsanakas P.1996. A framework for plot control in interactive story systems. AAAI.

[5] Rui Yan, Han Jiang, Mirella Lapata, et al. 2013. poet: automatic chinese poetry composition through a generative summarization framework under constrained optimization. IJCAI.

[6] Jiyuan Zhang, Yang Feng, Dong Wang, et al. 2017. Flexible and creative chinese poetry generation using neural memory. ACL.

[7] Zhang J, Yao J, Wan X. 2016. Towards constructing sports news from live text commentary. ACL.

10

社交商业数据挖掘

——从用户数据挖掘到商业智能应用

赵鑫　中国人民大学

宝马雕车香满路。

凤箫声动，玉壶光转，一夜鱼龙舞。

——辛弃疾《青玉案·元夕》

10.1 社交媒体平台中的数据宝藏

最近几年，在互联网技术的推动下，社交媒体服务取得了快速发展。通常，社交媒体泛指互联网上基于用户的内容生产与交换平台，包括微博、微信、博客、论坛等。早期的社交媒体网站往往通过建立虚拟社区聚合网民，用户借助社交媒体账号参与社交媒体平台的活动，享受其中提供的应用服务。这些社交账号对应着用户的网络社区身份。目前，社交媒体服务已经渗透到生活的多个方面，用户的网络社区身份与线下的真实身份绑定愈加紧密。例如，通过新浪微博提供的身份认证服务，微博用户能够通过线下的真实身份参与到社交媒体平台中。社交媒体服务与用户的真实生活的联系逐渐增多，如可以使用微信关联的生活服务进行多种生活费用的缴纳。

在社交媒体技术进步的同时，电子商务网站也取得了快速发展。国内知名的电商平台包括淘宝、京东等，国外知名的电商平台包括亚马逊、易贝（eBay）等。电子商务网站克服了传统购物商场对地理位置和开放时间的限制，在有效的物流机制的支持下，商务交易可以在任何地方、任何时间发生，极大地方便了用户购物。电子商务平台网站本身累积了大量的用户数据，如用户购买记录、搜索记录、评论记录等。围绕着这些电商平台的数据，科研和工程人员致力于改善电子商务网站的服务，力求更好地满足用户的需求。在电子商务购物网站中，通常会使用商业数据智能分析处理系统（如推荐系统、日志挖掘系统等）来改善用户的购物体验，挖掘用户潜在的消费意图，更好地匹配用户兴趣。尽管面向电商的数据挖掘已经受到了业界的高度重视，但传统工作都是针对电子商务网站量身打造的，所开发的商业数据挖掘系统会受到该电子商务网站本身所涵盖的范畴和来源的制约。一个常见的问题就是"新用户问题"，当一个新用户登录某一电商网站，已有的数据分析技术很难奏效，因为该电商平台对该用户所知甚少。

从另外一个角度看，科技进步都不是孤立推进的，往往内部存在着联系。我们注意到了一个有意思的现象：社交媒体与电子商务网站间的界限越来越模糊。社交媒体网站开始涉及电子商务的功能和业务。例如，很多公司利用新浪微博和微信公众号进行产品推广和营销。同时，电子商务网站逐步变得社交化。例如，很多电子商务网站创建了评论社区，用户可以公开分享产品的使用经验并交流。一言以蔽之，目前的发展趋势就是社交电商化、电商社交化。社交媒体和电子商务是互联网发展过程中的两种重要形式载体，而用户是贯穿其中的重要因素。有用户作为共同因素，两者的融合与关联也是大势所趋。特别是近年来智能移动通信工具（如手机、平板电脑等）再次促进了两者的广泛融合。一个智能移动通信工具往往会绑定多种应用服务，其中会同时涵盖各种社交软件和生活软件。很多软件允许使用第三方登录技术以省略注册环节，微信、微博、QQ 等社交账号可以作为外部软件的登录账号。这些虚拟的网络社区身份已经初步具有标识用户真实身份的功能。

既然电商与社交平台之间有着紧密的关联，能否综合考虑两者的数据特征，打通两者之间的壁垒，同时利用两个平台上的用户数据，成了值得探讨的问题。本章将以这一思路展开介绍。社交媒体中蕴含着大量的用户真实数据，包括用户的喜好、习惯、需求等多方面的数据，这些数据在电商平台上往往难以直接获得。如果能够从这些数据中挖掘出有效的用户知识，将会极大地改善电商平台的服务，解决一些之前电子商务平台网站很难解决的技术问题，如新用户问题等。而提升后的电子商务服务将会提供更好的用户体验，改善应用服务。

本章将从四个方面展开介绍。首先，介绍用户网络身份链指技术，用来打通多个社交媒体账号、链接社交媒体与电子商务用户账号；其次，介绍用户画像构建技术，揭开用户的神秘面纱；第三，介绍用户消费意图识别技术，了解用户的真实需求；最后，介绍基于社交平台的产品推荐技术，完成需求与供给的匹配。在本章的结尾将对社交商业数据挖掘的前景与挑战进行简述，然后给出一些推荐阅读材料。

10.2　打通网络社区的束缚：用户网络社区身份的链指与融合

用户网络身份链指（简称用户链指）用来解决多网络社区中相同用户多账号的关联问题，可以描述为：给定两个网站，如何对两个网站中的用户节点进行关联，使得关联的用户为线下的同一用户。例如，能否将一位用户的新浪微博账号与对应的京东账号进行关联。也就是说，给定多个社交网站的用户，如何将对应同一用户跨网站的多个账号全部进行关联。如果能够将同一个用户在不同社交网络上的账号进行统一关联（称为跨网站的用户链指），就可以整合这些网站上的用户信息，更好地理解用户。

用户网络社区身份的打通是一个非常困难的科研技术挑战。目前共有两种方法：第一种是基于数据层面的用户链指方法；第二种是基于模型算法层面的用户链指方法。

1．数据层面的用户链指方法

这种方法主要是指用户自身在社交网站中有意或者无意公开的关联关系。例如，一些用户会在微博上公布自己的学校、博客或者学术主页等链接。目前这种技术是学术界获取训练数据的主要途径。除了直接公开的关联信息，还有一些需要解析技术的链指方法，涉及的情况包括用户有时会在社交媒体网站内部分享一些外部网站的信息。例如，一个微博用户在微博中共享了自己购买的电商产品，通过解析分享链接（用户在电商网站处于登录模式）就很有可能获得该用户在电商网站中的账号 ID，从而完成关联。注意，这些链指方法应仅局限于受隐私保护的科学研究。实际上，互联网公司更容易实现基于数据层面的大规模用户网络身份链指。一方面，互联网公司可以通过自身获取的用户网络使用记录识别同一用户在不同社区内部的多个账号；另一方面，很多公司通过合并、并购能够拥有多个网络社区的用户信息。现在大部分的社交网站或者 App 都需要提供手机验证，手机号已经成为标识用户身份的重要特征。

2. 模型算法层面的链指方法

给定两个社区，识别关联同一用户的不同网络社区身份，这一任务的关键是希望能够从两个社区中挖掘出具有区分度的特征，从而建立判别模型。常用的判别特征包括用户名、用户头像、用户注册时提供的属性信息等。虽然用户发表的文本信息也可以用来提取特征，但是这些文本特征对用户链指的辨识度较差。

用户名是一个很重要的判别特征（Liu, et al., 2013）。基于习惯性，同一名用户可能在多个网络社区设置相同的个性化账号。但是，不同的用户名往往本身具有的区分度也不同。举一个例子。"batman"是一个容易产生重复的用户名，"batmanfly"会稍好一些，而"batmanfly+数字后缀"则具有较强的区分度。如果发现了强用户名，就可以确认用户账号的链指情况，而发现了相同的弱用户名，则不能轻易下结论。如何判定一个用户名判别性的强弱呢？一种思路是对用户名进行词项单元切分，如字母与数字切分、单词切分等。然后，从语言模型的角度刻画用户名的构词区分度。为了刻画区分度，可以通过大规模数据训练用户名字构词的语言模型，如果根据该语言模型计算得到的用户名困惑度（perplexity）较低，则该用户名的区分度较小；如果根据该语言模型计算得到的用户名困惑度较高，则该用户名的区分度较大。

此外，还可以使用一些更高级的算法进行跨社区的用户链指（Yuan, et al., 2013）。例如，可以构建跨网络社区的账号关联图和网络社区内部的社交关系图，结合多个网络社区的拓扑结构模式进行联合推断，引入局部限制条件改进链指准确性。需要指出的是，用户链指的准确性主要取决于原有问题的复杂度。如果两个网站重叠用户较多，并且判别特征明显，那么适合使用上述算法类的方法进行链指；

如果两个网站重叠用户数量未知，而且特征不那么明显，则这种情况很难通过算法类的方法解决。

对于算法类的链指技术，一个很关键的问题就是训练数据的收集，目前，大部分已有工作的方法都是通过前面介绍的用户自关联行为自动生成训练数据的。

10.3　揭开社交用户的面纱：用户画像的构建

用户画像是指挖掘应用系统中用户的相关数据（如文本、图片、社交行为等数据）构建目标用户的属性特征、喜好习惯等重要信息。本节主要讨论基于社交数据建立用户画像的方法。社交媒体中包含海量的用户信息，从中发掘用户的属性及兴趣等信息，是为用户提供个性化服务的基础。用户信息纷繁复杂，而且存在缺失的情况或者虚假信息，这使得挖掘用户的属性信息具有一定的挑战性。在上述背景下，用户画像旨在为社交用户构建起一个可量化的信息表示，包括简单的属性特征（如年龄、性别等）及复杂的模式特征（如网络隐含表示等），从而应用到广泛的社交媒体应用系统中，帮助系统更好地理解用户。

10.3.1　基于显式社交属性的构建方法

首先，介绍基于显式社交属性信息的用户画像构建方法。

1. 社交信息的抽取与利用

社交网站上的用户属性可以作为用户画像的表示。以新浪微博为例，用户在注册时可能会填写年龄、性别、省份、教育和职业等信息，这些信息可以直接作为用户画像的呈现形式。在构建过程中，对于部分连续或者多取值的属性可以进行区间离散化。例如，可以将年龄按照幼年、少年、青壮年和老年进行分段。离散化的目的是减少表示维度，避免数据稀疏，加强模型的鲁棒性。离散化处理后，用户的每种属性都可以表示为 0-1 向量或者加权的"one-hot"向量。表 10.1 给出了工作（Zhao, et al., 2014）中对用户属性的列表，包括性别、年龄、婚恋、教育专业、职业、兴趣等属性，供读者参考。

表 10.1　用户属性列表

属　　性	值
性别	男，女
年龄	1~11，12~17，18~30，31~45，46~59，60 及以上
婚恋	单身，订婚，暗恋，已婚，关系寻找中，丧偶，分居，离婚，模糊不清，恋爱
教育专业	文学，自然科学，工程学，社会科学，医学，艺术学，其他
职业	互联网技术，设计，媒体，服务行业，制造业，医学，科学研究，管理，其他
兴趣（微博标签）	旅行，摄影，音乐和电影，网上，其他

在社交网站上，用户属性信息经常存在缺失现象，例如有些用户隐去了年龄。数据缺失问题会影响上述抽取方法的准确性及普适性。为了解决这个问题，需要通过用户自身的多种数据进行推断。解决思路有两种。

（1）通过用户自身的社交媒体数据进行推断。例如，使用表情符号的数量和样式可能对预测年龄和性别很有帮助。通过上述步骤将属性值离散化后，可以将属性值预测转化为一个分类学习任务。

（2）社交媒体网站中还有丰富的链接关系，例如，微博中的关注（follow）、转发（retweet）和提及（mention）关系，这些关系意味着紧密关联的用户可能拥有相似的个人属性信息（Dong, et al., 2014）。因此，可以基于关系的相关性设计联合推断算法，同时求解多个用户的多个属性值。常见的联合学习算法包括图正则化算法、标签传播算法（Label Propagation）、联合推理算法（Collective Inference）等，同时对可见信息和关联（相关）性进行建模。值得注意的是，不是所有的个人属性信息对于商业数据挖掘都有帮助。因此，为了减少模型和数据的复杂度，可以提前进行特征选择，只保留和任务相关的数据特征。

2. 社交信息的初步加工

除了简单特征的直接抽取，还可以对获取的社交信息进行初步加工。例如，用户往往具有丰富的社交关系，所以表示和存储起来比较复杂，可以通过 PageRank 算法计算用户权威度的分数，使用单一数值刻画用户的社交权威度信息。PageRank 算法是一种基于图数据的节点排序通用算法，基本思想是：一个页面的重要程度由所有指向它的页面重要性决定——入链越多越重要；入链重要度越高越重要。具体公式如下所示：

$$r^{(n+1)} = \mu \cdot r^{(n)} \cdot P + (1 - \mu) \cdot y \qquad （公式 1）$$

其中，r 是包含全部节点 PageRank 分数的向量，P 表示节点相似度邻接矩阵，y 表示重启动权重向量（默认可以设置为等值向量），μ 为权重系数（通常可以设置为 0.85）。

工业界比较流行的用户画像方法是为用户打标签。一种常见的技术就是根据用户相关的社交文本数据，选择重要的关键词作为用户标签，本质上是一个标签排序问题。TextRank 算法（Mihalcea and Tarau, 2004）是一种面向文本的标签抽取技术。首先，利用标签词汇的共现信息（在特定用户的文本中）构建语义关系图，然后使用标准的 PageRank 算法对词汇进行排序，选择具有代表性的标签。传统的 TextRank 算法忽略了与主题相关的信息，只计算词汇的全局重要性。还可以通过在 TextRank 算法中引入主题模型的各种信息来强化标签抽取的质量（Liu, et al., 2010）。另外，标签抽取算法还需要考虑语义冗余性的问题，避免出现多个具有相同语义的标签，常见的方法包括基于贪心的 MMR 算法（Maximal Marginal Relevance）（Carbonell and Goldstein, 1998）。用户标签可以通过词云的方法展示，具体内容可以参考本书 4.7 节。

10.3.2　基于网络表示学习的构建方法

社交信息数据类型多种多样，本节重点介绍如何利用分布式网络表示学习的方法，针对用户社交关系网络构建用户画像。

近年来，深度学习方法在很多任务中都取得了很大的效果提升，其中很重要的一点就是引入了分布式表示的思想。网络表示学习的一个动机就是能够利用低维的节点表示压缩网络结构信息（如保留拓扑结构等关键信息），进而重构网络结构。本节主要介绍一个重要的网络表示学习方法——DeepWalk 算法（Perozzi, et al., 2014）。DeepWalk 算法是第一个基于随机游走的网络表示学习模型。首先，通过在图上的随机游走构建某一节点的邻域信息（即 K 步可达的邻居），将原始的图结构转为节点序列结构，随后利用在网络中随机游走生成的大量节点序列中的共现信息来重构网络结构。

DeepWalk 算法主要借鉴了自然语言处理领域词嵌入（Word Embedding）的想

法。在词嵌入中，目前主流的方法［如 word2vec（Mikolov, et al., 2013）］能够刻画词序列中的目标词与背景窗口内的上下文（也就是背景词）之间的关系。与词嵌入不同的是，社交网络中并没有"句子"。如果能够将图结构转换为节点序列，就可以采用类似词嵌入的方法学习网络表示。具体地说，DeepWalk 算法将每个节点看作一个词，把节点序列看作句子，通过在网络中随机游走生成节点序列。给定一个目标节点，同一序列中一定窗口范围内的其他节点都称为它的邻居。DeepWalk 算法主要刻画邻居节点在给定目标节点下的条件概率$Pr(N_v|v)$，其中N_v表示目标节点 v 的邻居集合。在生成节点"句子"后，借用 word2vec 模型中的 skip-gram 算法和 hierarchical softmax 优化方法训练节点表示，所得到的节点向量可以作为用户画像的表示。DeepWalk 算法具有的优势是可以利用大规模社交关系学习用户的稠密低维表示，效率较高；其劣势是所得到的表示可解释性较差，不容易直接分析与理解。

早期的网络表示算法主要关注网络结构的刻画，随后开始有很多的研究工作关注如何将用户的其他信息（例如文本特征、社区结构等）和社交网络结构信息融合使用，增强用户画像的表示能力。本节不做具体介绍，感兴趣的读者可以阅读相关文章（Cui, et al., 2019）。

10.3.3　产品受众画像的构建

除了用户画像，还可以考虑对产品建立受众画像。例如，一款产品的受众特征可以刻画为"单身未婚女性、年龄 18~24 岁、大学文化程度"。产品受众，指的是一个产品潜在的购买人群的整体属性特征。可以对每一个属性构建一个针对受众的概率分布来刻画产品受众的总体特征。作为对比，用户画像刻画单一用户的个性化属性特征，而产品受众画像则提供了一款产品的候选受众群体的属性特征概览和总结，对于产品销售和推广具有重要意义。图 10.1 展示了一款产品在年龄和兴趣两个维度受众用户的属性分布。

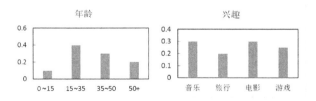

图 10.1　一款产品在年龄和兴趣两个维度受众用户的属性分布

下面给出两种产品受众画像的构建算法。

1. 基于在线评论数据的产品受众画像构建

用户有的时候会在他们的评论内容中显式提及产品受众的相关信息，这对于产品受众画像的构建具有重要意义。例如，在"I bought my son this phone"这条评论中，短语"buy my son"表明当前的产品是送给该评论发布者儿子的，该评论发布者的儿子是该产品的潜在受众，这里称"my son"为受众短语。在这个例子中，能够发现"buy somebody something"是一个重要的暗示受众信息的表达模式。如果能够抽取出这些受众短语，就可以进一步使用这些信息挖掘相关的受众信息。

下面给出一个基于迭代更新的抽取算法来挖掘产品受众抽取模式和产品受众短语（Zhao, et al., 2016）。算法 10.1 迭代地发现新的抽取模式，然后使用这些新的抽取模式挖掘相关的受众信息短语。函数 ExtractDemographicPhrase (p, s) 使用抽取模式 p 抽取句子 s 中的受众短语。该算法的一个好处是可以按照在线学习模式处理新的评论数据，即使用旧数据中发现的模式集合 P 作为初始种子集合。

算法 10.1　在线产品评论中受众短语的抽取算法

输入：在线产品评论句子语料集合 C，种子抽取模式

输出：识别的受众抽取模式集合 P 和识别的受众短语集合 R；

1: $P' \leftarrow$ 种子受众模式；

2: $P \leftarrow$ 种子受众模式；

3: $R' \leftarrow \emptyset$；

4: $R \leftarrow \emptyset$；

5: while 有新的抽取模式被发现 do

6:　$R' \leftarrow \emptyset$；

7:　for 每个抽取模式 $p \in P'$ do

8:　　for 每个句子 $s \in C$ do

9:　　　if s 中包含 p then

10:　　　　$R' \leftarrow R' \cup$ ExtraDemographicPhrase(p, s)；

11:　　　end if

12:　　end for

13:    end for

14:    $P' \leftarrow \emptyset$;

15:    for 每个句子 $s \in C$ do

16:       for 每个受众短语 $i \in R'$ do

17:          $P' \leftarrow P' \cup \text{GeneratePatterns}(s, i)$;

18:       end for

19:    end for

20:    $P' \leftarrow \text{ExtractTopFrequentPatterns}(P')$;

21:    $P \leftarrow P \cup P'$;

22:    $R \leftarrow R \cup R'$;

22:    $R \leftarrow R \cup R'$;

23: end while

24: return 识别的受众抽取模式集合 P 和识别的受众短语集合R;

给定一个产品，可以使用上述抽取算法获得一个产品相关的受众短语集合，并记录频率。尽管文本语料词典中的词汇数量巨大，但是受众短语的词典相对有限，一般情况下常用的受众短语不会超过一千个。可以使用一些预定义的规则将这些短语映射到属性维度。例如，给定一个短语"my little son"，可以将它映射到两个维度"男"（性别维度）和"12~17"（年龄维度）。这里通过维护一个计数器来统计映射到属性a的取值v上的短语数量，最后使用 Laplace 平滑（也就是加一平滑）技术估计产品e的属性值概率：

$$\theta_{a,v}^{(e)} = \frac{\#(a,v)+1}{\sum_{v' \in V_a} \#(a,v') + |V_a|} \qquad （公式 2）$$

其中#代表计数，V_a是属性a的所有可能取值集合。通过上述估计方法，对于每一个产品的每一个属性都可以使用估计得到的概率分布刻画其受众属性的取值分布（Zhao, et al., 2014）。对应较高概率的属性值表明该产品受众在此属性值上占有更多的分布。

2. 基于多源社交信息的产品受众画像构建

下面介绍如何利用多源社交媒体数据构建产品受众画像。这里主要介绍两种社交数据类型。

文本数据：在社交文本中，用户可以自由地表达自己对某款产品或者品牌的情感。如果情感取向为"正"（褒），就把当前用户当作一个潜在的产品受众。收集这样的正向情感用户，聚合他们的个人属性信息，可以构建该产品的受众画像。情感极性的判定可以使用基于分类的机器学习方法。目前，对于普通情感语句的二元极性判断技术已经相对成熟，这里不再介绍关于情感分类的技术算法。

关系数据：还可以通过用户的社交行为捕捉用户对某一产品的正向情感，包括关注关系（follow 关系）和提及关系（@关系）。如果一个用户对某一产品感兴趣或者已经使用该产品，则他很有可能通过发表短文本的形式表达自己对该产品的情感取向。给定一款产品，可以使用产品名来检索得到所有包含该产品名字的微博，然后使用基于机器学习的方法判定微博文本中的用户情感取向，将具有正向情感的用户当作该产品的受众。

给定一个产品e，使用U_e表示它的潜在受众，这些受众是使用关注关系或者提及方法识别得到的。值得注意的是，在上述受众抽取的过程中，用户有可能不直接指定一个特定产品（如"iPhone 5S"），而是给出粗粒度的品牌（如"iPhone"）或者公司层面（如"Apple"）的信息。这里使用b_e表示产品e所对应的公司或者品牌，可以使用上面的方法得到b_e的潜在受众集合U_{b_e}。最后，使用 Jelinek-Mercer（JM）平滑方法结合U_e和U_{b_e}中的受众属性信息。具体来说，对于属性a的取值v，使用如下方法进行受众画像的属性分布估计：

$$\theta_{a,v}^{(e)} = (1-\lambda) \times \frac{\sum_{u \in U_e} \mathbf{I}[u.a=v]}{\sum_{v'} \sum_{u' \in U_e} \mathbf{I}[u'.a=v']} + \lambda \times \frac{\sum_{u \in U_{b_e}} \mathbf{I}[u.a=v]}{\sum_{v'} \sum_{u' \in U_{b_e}} \mathbf{I}[u'.a=v']} \qquad （公式3）$$

其中$\mathbf{I}[.]$是一个 0~1 指示函数，只有当条件为真时才会返回 1；λ 是 JM 平滑估计中的插值系数，可以进行调整。因此，一个产品的潜在受众来自它自身的潜在受众及对应品牌或者公司的潜在受众。通过分析受众属性的分布特征可以很好地了解一款产品对应受众各种属性信息的分布情况。为了减少"水军"（spammer）的影响，还可以进一步通过考虑用户的微博、关注关系和交互关系过滤可疑的用户。

10.4 了解用户的需求：用户消费意图的识别

社会媒体用户发表的内容繁杂多样，有时会包含用户在现实生活中的真实需求，以求他人的帮助或建议。这些需求当中又有很大一部分内容表达了用户在消费需求方面的意图。消费意图是指消费者通过显式或者隐式的方式表达对某一产品或服务的购买意愿。例如，"天气太热了，求推荐一款空调。"与其他方式相比，发布于社交平台的消费意图更能体现真正的购买意愿。如果能够很好地挖掘出社会媒体中用户对于某一产品的购买意愿，则可以将有需求的用户与合适的产品供应商进行匹配，促进产品销售，满足用户需求。

消费意图可以粗略地划分为显式消费意图和隐式消费意图两大类。显式消费意图是指在用户所发布的社交文本中显式提及想要购买的商品名字或者类型；而隐式消费意图是指用户没有显式提及想要购买的商品信息，需要进行一定的推理或者深入分析才能了解用户想要购买的商品信息。本节主要关注显式消费意图及较容易的隐式意图识别。

10.4.1 个体消费意图识别

首先介绍个体意图检测，即特定用户自身所表达的消费意图。例如，一名新浪微博用户发表了一条微博："我想要换个新手机，求推荐。"该用户直接表达了消费意图。

下面给出一个基于微博数据的用户消费意图检测方法（Zhao, et al., 2014）。用户意图检测任务可以刻画为一个二元分类任务，即有商业意图和无商业意图。社交媒体中短文本的生成速度非常快，其中包含用户意图的文本比例相对较低（尽管比例很低，但是绝对数量巨大），很难直接应用分类模型判断每条短文本是否具有消费意图。可以设置一些基于关键字或者关键模式的方法来筛选一些高质量的短文本作为候选。下面给出一些关键字：买、推荐、换、哪个更好、便宜、价值、拍、降价、价格、需要、购物……

接下来，针对过滤后得到的短文本应用一个二分类模型进行用户消费意图检测，可以考虑如下两类特征。

（1）文本特征。使用具有判别能力的n元组特征，其中n元组特征包括n个连续的单词（如"buy cheap"）或者n个连续的词性（Part-of-Speech）标记（如"VB JJ"）。直觉上，一个单词的词形特征结合其词性特征应该比单词本身更具语义表达能力。因此，可以将一个单词和其词性标签当作一个完整的特征。以一个词性标注过的短语"buy VB cheap JJ"为例，不是生成两个单独的特征"buy cheap"和"VB JJ"，而是生成一个独立的特征"buy-VB cheap-JJ"，称为词形–词性联合特征（lexical-POS）。注意，因为文本建模不是本章的重点，所以这里没有考虑神经网络方法。很多对句子建模的神经网络模型都可以用在此处，感兴趣的读者可以尝试。

（2）用户画像特征。可以引入用户的画像信息作为文本特征的补充背景信息。例如，给定两条分别来自一个老年人和一个小男孩的微博，它们中都包含了"变形金刚"这个关键词。直觉上，小男孩更有可能具有购买意愿。因此，除了抽取微博本身的文本特征，还可以融入用户画像表示作为特征。

还可以对上述问题进行泛化，不再是简单地考虑二分类问题，而是利用社交短文本建立一个消费意图体系。文献（Wang, et al., 2015）给出了一个手工标注和分类的推特短文本内容分类体系，基于3000余条推特短文本进行了人工标注及分类。表10.2给出了推特中消费意图体系与比例。

表 10.2　推特中消费意图体系与比例

意向类别	数量（百分比）	例　子
食物	245（11.50%）	hurry .... i need a salad ... four more days to the BEYONCE CONCERT ...
出行	187（8.78%）	I need a vacation really bad. I need a trip to Disneyland!
事业与教育	159（7.46%）	this makes me want to be a lawyer RT @someuser new favorite line from an ...
商品和服务	251（11.78%）	mhmm, i wannna a new phoneee. .... i have to go to the hospital. ...
事件和活动	321（15.07%）	on my way to go swimming with the twoon @someuser; i love her so muchhhhh!
琐事	436（20.47%）	I'm so happy that I get to take a shower with myself. :D
没有意向	531（24.92%）	So sad that Ronaldo will be leaving these shores ...

在社交平台中，获得大量有标注的用户消费意图数据是非常困难的。因此，还可以考虑设计半监督的学习算法，如基于图正则化的半监督标注算法（Wang, et al.,

2015），有效利用已有标注数据和内在语义模式缓解有标注数据的稀疏性。

10.4.2　群体消费意图识别

对比个体意图检测，群体意图检测主要关心一个用户群体所表达出的整体消费意图。以图 10.2 为例，在"大黄鸭"事件之后，淘宝搜索引擎很快就生成了一些相关的定制查询。这一例子说明了群体消费意图很有可能是被特定事件或者话题催生的。再举一个例子，"北京雾霾"这一事件引起的群体性消费意图，可能带来口罩、空气净化器、绿植等抗霾产品的热销。

大黄鸭

大黄鸭t恤

大黄鸭双肩包

大黄鸭童鞋

大黄鸭旗舰店官方旗舰

大黄鸭卫衣

大黄鸭纸尿裤

大黄鸭早教机

大黄鸭包包

大黄鸭童装

大黄鸭毛绒玩具

图 10.2　"大黄鸭"热点话题激发的购物热潮

针对热点事件/话题对于群体性消费趋势的影响，文献（Wang, et al., 2013）给出了量化的统计与验证。具体方法为：对于新浪排行榜某一时间段内的上榜话题，人工检测是否在淘宝中存在相关产品。如果存在，则说明该话题催生了群体性消费意图。统计中考虑了 5 个类别（商业、人物、体育、国内和电影），如图 10.3 所示，最后得到的结论为国内类别的话题更有可能催生更多数量的群体消费意图（绝对数量），电影类别的话题所催生的消费意图比例最高（相对比例）。那么给定一个热门话题，如何提前预知哪些产品会成为相关热销产品呢？

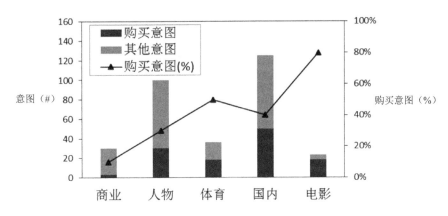

图 10.3 不同类别话题对应的消费意图数量及比例

这里给出一个基于群体智慧的解决方法（Wang, et al., 2013）。首先用热点话题关键字检索相关社交短文本，然后识别检索得到的短文本所包含的产品名字（"又雾霾了，赶快买口罩"中的"口罩"）。尽管这些初始得到的产品是用户自身提供的，具有很强的时效性和相关性，但是其中难免包含噪声，而且覆盖不全。可以进一步利用产品描述构建产品关联图，然后使用基于重启动的随机游走算法，同时融入群体智慧和产品关联性，具体公式为

$$s^{(n+1)} = \mu \cdot s^{(n)} \cdot A + (1 - \mu) \cdot r \qquad （公式4）$$

其中s为产品排序得分，r可以设置为产品与热点话题的文本语义相关性，A设置为产品之间的文本语义关联性。设置方法的细节可以参考（Wang, et al., 2013）。

这种解决方法巧妙地利用了群体智慧及社交平台的时效性，其中一个关键步骤就是社交文本中的产品名称抽取。产品命名实体识别仍然是自然语言领域中的一个研究挑战。传统的命名实体识别技术主要基于序列标注模型解决（如 CRF 和 RNN 模型）。不同于传统的自然语言处理中的命名实体识别，在社交短文本中产品实体识别可以利用非常丰富的背景或者上下文信息。如果用户的购买意愿非常强烈，该用户很有可能连续在几条短文本中或者一段时间内反复地提及某一个产品名称。同时，短文本的评论中往往会包含很多有用的推断信息。例如，用户说"考虑买一个苹果"，可能她的朋友会评论"iPhone 手机性能还是挺好的"，这样就可以帮助我们消除歧义。如果希望同时对多条短文本及相关评论进行建模，就要设计更加灵活的

抽取模型，融入丰富的背景信息。

一种更为通用的方法就是直接构建商品（或者商品类别）与话题之间的关联，如与"体育"相关的话题和产品类别中的"健身器材"具有很高的关联度。为了大规模构建这种关联，需要借助知识图谱和大规模购买日志，建立话题与物品及物品属性之间的联系，从而实现对隐含意图的深度推理。

10.5　精准的供需匹配：面向社交平台的产品推荐算法

本节介绍一种基于社交平台的产品推荐算法，以实现面向社交平台的精准供需匹配的最终目标。该算法先对用户需求进行细化分析，从而形成高质量的产品候选列表；然后使用基于学习排序的方法，对候选产品列表进行精准排序。推荐算法的主要模块是学习排序模块（Liu, 2011）。对于学习排序算法来说，特征抽取是很关键的技术步骤，本节主要借助前面介绍的用户个人画像构建和受众画像构建技术，将用户和产品表示在相同的属性信息维度上，生成基于属性维度的相似度特征。下面分别介绍各个主要步骤。

10.5.1　候选产品列表生成

在前面消费意图识别这个步骤中，可以识别具有消费意图的短文本。现在继续讨论如何根据这些具有消费意图的短文本及用户的个人信息生成候选产品，主要任务是从短文本中进一步识别用户的产品需求。

首先考虑如下例子：

"求推荐 2000 元以内的华为手机。"

在这个例子中，可以识别出两个产品需求：价格低于 2000 元、品牌要求为华为。识别类似的购买需求可以结合抽取规则（如正则表达式）和知识图谱来解决，也可以设计复杂的信息抽取算法来解决。总体来说，大规模应用中前者的实践效果更好，更容易快速搭建原型系统。

在默认情况下，具有消费意图的短文本发布者就是提及产品的潜在消费者。然而，可以注意到在一些包含消费意图的社交文本中，潜在消费者并不是该短文本的发布者（Zhao, et al., 2016），参考如下例子：

"求推荐手机，想给我妈妈换个手机。"

该产品的实际受众为发布者的母亲。如果简单地把短文本发布者当作手机的潜在需求者，推荐系统会做出不合适的推荐。解决这一问题具有一定的挑战性，这里给出一个初步的解决方案。

先抽取受众短语，如"我妈妈"，然后将其映射到各个属性维度，建立从受众短语到用户属性的关联。因此，可以基于之前的关联结果为每一个这样的短语构建一个虚拟身份，填充合适的属性信息，用于后续的推荐，而发布者的用户信息将被弱化。

10.5.2　基于学习排序算法的推荐框架

学习排序算法最早起源于信息检索领域（Liu, 2011），用来解决检索排序中的模型自动优化问题，后面被拓展为解决各种排序相关任务。本节使用学习排序算法设计推荐算法框架，下面简要介绍学习排序算法的基本原理。

在学习阶段，需要给定训练数据，包括查询和相关文档，并且这些文档相对于一个查询的相关程度也已经标注。学习排序算法的目标就是构建一个排序函数（或者说模型）最小化训练数据的损失。在检索（测试）阶段，给定一个查询，系统会返回一个候选文档的排序列表，该列表是按照模型给出的相关度分数递减排序的。

通常有如下三类学习排序算法。

（1）单文档方式（Pointwise Approach）：这种方法基于单文档设计，将排序问题转换为回归或者分类问题。一个文档的相关度分数是一个训练实例。

（2）文档对方式（Pairwise Approach）：这种方法不再假定绝对的相关度分数，而是将排序问题转化为基于文档对的比较问题。一个文档对的比较关系是一个训练实例。

（3）文档列表方式（Listwise Approach）：这种方法直接关注整个列表的排序情

况。一个排序列表的真实排序顺序是一个训练实例。

这三种排序算法各有优缺点，可以在实践中根据具体任务选择。一般来说，前两种方法更普遍，需要的训练数据相对较少，而且容易标注；而文档列表式排序方法标注难度高，训练方法更复杂。

为了将学习排序算法应用在推荐系统中，首先要做对应的类比，建立起产品推荐和信息检索任务之间的联系。在当前的推荐任务中，一个具有消费意图的社交短文本及发布用户的个人信息可以看作一个查询。针对该短文本中的需求，最后被采纳的产品可以理解为是相关文档，而其他候选产品可以看作不相关文档。一旦做了这种类比，就可以将产品推荐问题转换为学习排序任务来解决。

10.5.3 基于用户属性的排序特征构建

上述介绍了如何使用学习排序框架刻画推荐任务，其中最关键的一个问题就是如何进行特征向量的构建。每个特征向量都是基于一个用户需求（查询）和一个候选产品（候选文档）构建的。

基于前面的内容，我们可以利用社交属性信息构建用户画像，利用多种数据源生成产品受众画像。经过上述两个步骤，可以将用户和产品（受众）表示在相同的属性维度上，从而以基于属性的相似度作为特征。这种采用属性信息作为特征的方法具有非常好的可解释性，通过这些特征学习得到的模型，更容易被普通用户理解。直觉上，如果一个用户和一个产品具有很好的匹配程度，那么这个用户应该是该产品的一个候选购买者。将其形式化，给定一个用户u和一个候选产品e，设对应属性a的特征取值为该产品受众的属性分布中对应的概率值：

$$x_a^{u,e} = \theta_{a,v_a^{(u)}}^{(e)} \qquad （公式 5）$$

其中$v_a^{(u)}$表示用户对应属性的取值，$\theta_{a,v_a^{(u)}}^{(e)}$表示受众画像中对应取值的概率值（见公式 2 和公式 3）。图 10.4 给出了一个基于属性表示的特征向量构建的例子。

除了属性相关的特征，还可以考虑一些全局的产品特征。直觉上，产品销售遵从"富者越富"这个规律，也就是说，一个用户在购物中更有可能选择具有更高历史销售额的、获得更多好评的产品。基于这个假设，可以利用产品的历史销售额

（sale）和整体评论打分特征设计全局产品特征。

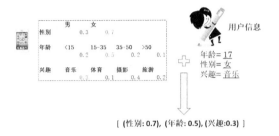

图 10.4 一个基于属性表示的特征向量构建的例子（使用稀疏表示）

10.5.4 推荐系统的整体设计概览

通过将上述内容进行聚合，图 10.5 给出了一个面向社交平台的产品推荐方法框架示意图。

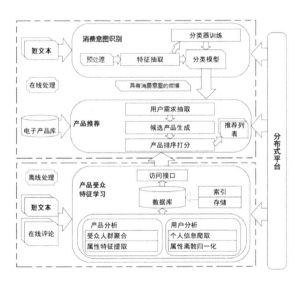

图 10.5 一个面向社交平台的产品推荐方法框架示意图

图 10.5 中主要包括三个核心组件。

（1）消费意图检测。该组件主要进行用户消费意图的实时检测。为了减少不相关短文本的检测，先使用一个手工构建的商业关键词列表进行短文本过滤，再将检测问题刻画为分类问题。

（2）用户画像和产品受众画像构建。首先从公开的个人信息中提取用户的属性信息构建用户画像；然后从电商评论网站中提取产品受众的聚合属性信息，使用在线评论网站的评论数据和社交平台的关注关系构建产品受众画像。

（3）产品推荐。这是系统的核心组件，目的就是向用户返回一个候选产品的推荐列表。使用用户和产品的属性维度上的相似度作为特征，采用基于学习排序的算法框架进一步结合和使用这些特征，获得高精度的产品推荐。

通过这三个组件，就可以搭建一个初步的面向社交平台的产品推荐系统。

10.6 前景与挑战

最后，笔者给出一些对研究前景的展望和对研究挑战的总结。

1. "互联网+"：社交账号趋于统一

"互联网+"代表着一种新的经济形态，它指的是依托互联网信息技术实现互联网与传统产业的联合，以优化生产要素、更新业务体系、重构商业模式等途径来完成经济转型和升级。依托于快速发展的社交媒体平台，很多传统服务业已经开始发生改变（如网上购物等）。同时，个人网络身份正在逐步趋于统一。例如，微信可以提供各种生活消费，很多服务平台支持第三方登录。在可预见的未来，用户的网络身份一定会逐步"实体化"与"统一化"，多种账号会打通联系，与用户真实身份的联系将会越来越显著。因此，电子商务平台所面临的服务场景不再局限于单一用户信息领域和单一物品信息领域。实现信息的跨网站联合利用，对跨平台的信息融合与聚合尤为重要。

2. 社交数据的深入挖掘与隐私保护

对电子商务公司或者应用来说，如何充分利用用户的多种社交数据来构建更为深入的数据分析具有重要意义，典型的任务包括用户画像、用户收入水平预测、用户征信水平分析等。一方面，应用服务希望用户在社交网站平台上留下尽可能多的痕迹，供数据挖掘算法使用；另一方面，用户希望自己的隐私信息能够最大程度得到保护。在已有的工作中，前者是一个常见的研究题目，而后者受到的关注较少，值得继续深入研究。保护用户数据隐私是互联网公司的一个义务。水能载舟，亦能覆舟。真切地从用户角度出发，才能打造真正的好产品，实现持久性的营收。

3. 统一用户模型的设计与利用

目前已有工作中的商业数据挖掘算法大部分还是各个模块各自为政，很难设计一个完整的、以用户为核心的统一模型供多个模块使用。一是因为不同模块的任务目标不同，二是因为统一用户建模技术尚不成熟。最近几年，以 DeepWalk 算法为代表的表示学习技术为统一用户建模提供了很好的技术思路和可选技术途径。通过 DeepWalk 算法，可以将复杂的大规模用户网络压缩成较为通用的向量化用户表示。之前的工作表明，这种用户表示方法的通用性较好，如果可以注入具体任务的目标信息，则可以达到很好的实际效果。在未来的研究中，如何在商业挖掘这个特定领域发挥表示学习和深度学习的潜在能量，建立广泛适用的统一用户模型，是一个很有意义的研究方向。同时，要兼顾可解释性和效率。

10.7　内容回顾与推荐阅读

本章介绍了面向社交数据的商业价值挖掘。10.2 节介绍了用户网络身份链指技术，用来打通多个社交媒体账号、链接社交媒体与电子商务。10.3 节介绍了常用的用户画像技术，用来构建用户个人信息的量化表示。10.4 节介绍了用户消费意图识别技术，了解用户的真实需求。10.5 节介绍了基于社交平台的产品推荐技术，完成需求与供给的匹配。推荐对计算社会学感兴趣的读者阅读 David Easley 和 Jon Kleinberg 的 *Networks, Crowds, and Markets: Reasoning About a Highly Connected World*。对最新社交媒体挖掘工作感兴趣的读者，建议关注最新的国际会议，包括 ACM International Conference on Web Search and Data Mining（WSDM）、World Wide Web Conference（WWW）、The International AAAI Conference on Weblogs and Social Media（ICWSM）。

10.8　参考文献

[1]　Jaime G. Carbonell, Jade Goldstein.1998.The Use of MMR, diversity-based reranking for reordering documents and producing summaries. SIGIR, pp. 335-336.

[1] Peng Cui, Xiao Wang, Jian Pei, et al. 2019. A survey on network embedding. IEEE TKDE, Volume: 31, Issue: 5, pp. 833-852.

[3] Yuxiao Dong, Yang Yang, Jie Tang, et al. 2014. Inferring user demographics and social strategies in mobile social networks. KDD, pp.15-24.

[4] Zhiyuan Liu, Wenyi Huang, Yabin Zheng, et al. 2010. Automatic keyphrase extraction via topic decomposition. EMNLP, pp. 366-376.

[5] Tie-Yan Liu.2011. Learning to rank for information retrieval. Springer.

[6] Jing Liu, Fan Zhang, Xinying Song, et al. 2013. What's in a name? an unsupervised approach to link users across communities. WSDM, pp. 495-504.

[7] Rada Mihalcea, Paul Tarau.2004.TextRank: bringing order into text. EMNLP, pp. 404-411.

[8] Tomas Mikolov, Ilya Sutskever, Kai Chen, et al. 2013. Distributed representations of words and phrases and their compositionality. NIPS, pp. 3111-3119.

[9] Bryan Perozzi, Rami Al-Rfou', Steven Skiena.2014.DeepWalk: online learning of social representations. KDD, pp. 701-710.

[10] Jinpeng Wang, Wayne Xin Zhao, Haitian Wei, et al. 2013. Mining new business opportunities: identifying trend related products by leveraging commercial intents from microblogs. EMNLP, pp. 1337-1347.

[11] Jinpeng Wang, Gao Cong, Wayne Xin Zhao, et al. 2015. Mining user intents in Twitter: a semi-supervised approach to inferring intent categories for tweets. AAAI, pp. 1337-1347.

[12] Nicholas Jing Yuan, Fuzheng Zhang, Defu Lian, et al. 2013. We know how you live: exploring the spectrum of urban lifestyles. COSN, pp. 3-14.

[13] Wayne Xin Zhao, Yanwei Guo, Yulan He, et al. 2014. We know what you want to buy: a demographic-based system for product recommendation on microblogs. KDD, pp. 1935-1944.

[14] Wayne Xin Zhao, Jinpeng Wang, Yulan He, et al. 2016. Mining product adopter information from online reviews for improving product recommendation. ACM TKDD. Volume 10 Issue 3, February 2016, Article No. 29.

智慧医疗

——信息技术在医疗领域应用的结晶

汤步洲　哈尔滨工业大学（深圳）

韩康灵药不复求，扁鹊医方曾莫睹。

——李嘉祐《夜闻江南人家赛神，因题即事》

11.1　智慧医疗的起源

人生是一个过程，生老病死是自然规律。在人们的一生中，健康始终是第一要务，但疾病一路相伴。医疗并不局限于疾病的治疗，还包括如何保持和保护健康（即保健）。每个人从出生开始，就与医疗结下不解之缘，其中有相当比例是"孽缘"，如经常报道的保健骗局、长期困扰世界各国的医疗纠纷、不断蔓延的医患对立情绪等，医疗不再是简单地治病救人，医疗的发展已经从侧重科学技术本身逐步过渡到科学技术和系统管理并重的阶段。医疗作为系统性服务，需遵循"以病人为中心""公平""安全""及时""有效""高效"六大原则（Berwick, 2002）（Bingham, et al., 2005），每一个人作为被服务对象，也要主动配合和协作。正如一百多年前，美国"无名"医生爱德华·利文斯顿·特鲁多（Edward Livingston Trudeau）博士的行医座右铭所描述的那样："有时，去治愈；常常，去帮助；总是，去安慰。"医者需时刻保持仁爱之心。相应地，就医者要主动学习医学基本知识，学会尊重医护人员。"以人为本"，用信息化手段让医疗的每个环节充满智能，充满爱，创建和谐美好的医疗人文环境，是医疗目前及今后很长一段时间发展的目标，也是智慧医疗（Smarter Healthcare）的主要任务。

智慧医疗缘起于"智慧地球（Smarter Planet）"（van den Dam, 2013）。2008 年 11 月，美国 IBM 总裁兼首席执行官彭明盛（Sam Palmisano）在美国智库外交关系委员会发表演讲《智慧地球：下一代的领导议程》。"智慧地球"的理念被明确地提了出来，目标是让社会更智慧地进步，让人类更智慧地生存，让地球更智慧地运转。"智慧地球"的核心思想是利用新一代信息技术改变政府、公司和人们相互交互的方式，使交互变得更加智慧，智慧体现在更透彻的感知、更全面的互联互通、更深入的智能化。2009 年 1 月，奥巴马就任美国总统后，与美国工商业领袖举行了一次"圆桌会议"，作为仅有的两名代表之一，彭明盛推出"智慧地球"思路，建议新政府投资新一代智慧型基础设施，获得了奥巴马总统的肯定。2009 年 8 月，IBM 又发布了《智慧地球赢在中国》计划书，正式揭开了 IBM "智慧地球"中国战略的序幕，并确定六大推广领域，即智慧电力、智慧医疗、智慧城市、智慧交通、智慧供应链、智慧银行。近年来，IBM 的"智慧地球"战略已经得到了世界各国的普遍认可。数字化、网络化和智能化，被公认为是未来社会发展的大趋势，与"智慧地球"密切相关的移动计算、物联网、云计算、大数据、人工智能等技术，成为科技发达国家的科技发展布局重点。就智慧医疗而言，目前还没有统一的定义，其具体内涵是利用移动计算、物联网、云计算和大数据技术实现医疗信息的高效感知、移动、互联互通和共享，以人工智能技术为基础，建立"以人为本"的医疗服务体系，实现医疗服务各参与方协同工作，达到提供更好的医疗保健服务、有效预测与预防疾病，以及帮助个人做出更明智选择的目的。

智慧医疗发展到现在，大致分为两个阶段：互联网医疗和智能医疗。互联网医疗阶段主要通过网络（包括移动互联网）联接各医疗服务参与方，重点关注医生和患者两方。智能医疗阶段主要通过人工智能技术提升医疗服务各阶段的效率。互联网医疗阶段的主要任务是联接，包括人与人的联接，人与物的联接及数据与数据的联接。智能医疗的医疗阶段的主要任务是挖掘数据的价值。从医生和患者双方的角度来看，互联网医疗阶段的主要受益方为患者，智能医疗阶段的主要受益方为医生。由于各国、各地区的普及程度不同，这两个阶段都还在进行当中。本章涵盖了这两方面，因此按照行业习惯，称为"智慧医疗"而非狭义上的"智能医疗"。

11.2 智慧医疗的庐山真面目

虽然智慧医疗没有统一的定义，但我们可以从以下几个侧面对它进行理解。首先，智慧医疗是全流程数据驱动的，作为主要参与方的患者和医生，既是数据的生产者，也是数据的使用者。其次，智慧医疗至少包含三方面的内容：面向"患者"的智慧家庭健康，面向医院的智慧医院，面向公共卫生的智慧卫生。这三方面的内容均是基于院内和院外数据的，只是侧重点不同。智慧家庭健康以院外数据为主，用于支持远程诊疗、远程监护、健康监测、家庭急救与自主管理等业务；智慧医院以院内数据为主，用于支持远程探视、远程会诊、自动预警和报警、临床决策、自动导诊、医院导航、物资管理、医学研究等业务；智慧卫生以区域人群数据为主，用于支持卫生监管、疫情监控、公共卫生研究等业务。最后，智慧医疗也需要与智慧地球的其他领域，如智慧交通、智慧银行等进行协同发展。图 11.1 描绘了智慧医疗的内涵概况。

图 11.1 智慧医疗的内涵概况

在智慧医疗时代，医疗服务将是随时随地可及的、个性化的和精准化的。下面给出一个以个人为主线的智慧医疗场景。一个新生生命在还处于受精卵的时候，便开始接受医疗服务，如根据父母的家族病史和身体状况给出详细的筛查建议，常规的筛查有唐氏筛查、彩超、胎心监护等，还有一些特殊的筛查如宠物爱好者孕妇需做弓形虫检查等，每次检验和检查的结果都会决定具体的"合理"处理措施，如确诊为唐氏儿，因目前无有效治疗手段，准妈妈会被要求生产前终止妊娠。婴儿出生之后会通过身体检查（如阿氏评分、基因检测等）了解婴儿的身体状态。随后会根据检验和检查得到的数据评估新生儿的健康状况和各种可能的风险，并对可能存在的风险实施相应的医疗策略，包括日常的生活方式建议和监测。在需要就医时，根据监测数据和用户"主诉"进行自动导诊，对于轻微病症可以选择在线问诊、远程诊疗和门诊就医，其他情况可以根据导诊结果到相关医院就诊。在医院就诊过程中，从数据出发决定所需要的检验、检查和治疗。就诊结束之后，在院外（主要指家里）进行健康监测，并实现自主管理（如智能用药管理等）。从总体上讲，智慧医疗就是要在医疗的每个环节上实现数据的采集、分析和智能辅助决策。医疗过程与数据孪生，由数据支撑智能化辅助决策。因此，可以认为智慧医疗的核心就是"数据"＋"智能"，"数据"包括数据的生产、传输和管理，主要支撑技术是移动计算、物联网和云计算，"智能"包括数据的分析、利用和辅助决策，主要支撑技术是人工智能。下面将主要介绍智慧医疗中的人工智能应用。

11.3 智慧医疗中的人工智能应用

医疗的核心是诊断和治疗，医疗过程中的数据能够为医学研究提供支撑。本章将从医疗过程中的人工智能应用和医学研究中的人工智能应用两方面进行介绍。

11.3.1 医疗过程中的人工智能应用

医疗过程中主要产生如表 11.1 所示的两大类、四种数据。这些数据除了具有大数据的 5V 特性——数据容量大、数据结构多样、增长速度快、数据价值大和真实性，还具有以下独有的性质。

表 11.1　医疗过程中产生的数据种类

类　型	种　类	来　源
结构化数据	表格	实验室检测报告、公共卫生调查表、基因序列、蛋白质组学数据等
非结构化数据	图像	超声图像、X 射线、CT 图像、核磁共振图像等
	图形	心电图、脑电图、心音、肺音等
	文本	电子病历文本、医学书籍、医学文献、临床指南等

（1）隐私性：医疗数据主要来自复杂的"人"，不可避免地涉及人的隐私信息。隐私信息的非法使用会带来安全性和机密性问题，如近些年来频发的妇产信息泄露事件和人群健康数据泄密事件。

（2）不完整性：医疗数据的搜集和处理过程经常脱节，现有的数据搜集往往以医治患者为目的，而处理可能面向多种应用，如研究某种疾病的一般规律等。收集的数据无法涵盖应用所需数据的情况时有发生。另外，数据的不一致性、表达的不确定性和模糊性使得医疗数据不能支撑所有的应用。

（3）冗余性：同样的数据多次出现的现象在医疗过程中经常出现，如患有同一疾病的患者所表现的症状、检查和检验结果、治疗过程可能完全一致，同一个人多次的体检结果可能完全一样。此外，医疗数据中无关紧要的、甚至相互矛盾的情况普遍存在。

（4）长期性：医疗大数据覆盖人的整个生命周期，具有很强的时间特性。历史数据成为医生对患者进行诊疗时考虑的关键因素之一。按照医疗行业规定，门急诊数据至少需保存 15 年，住院数据需保存 30 年，影像数据需无限期保存。

（5）伦理性：医疗的服务对象是"人"，遵守伦理规范是数据采集和利用的底线。

目前，人工智能技术在医疗过程中的主要应用领域包括智能诊疗、医疗机器人和健康管理等。

1. 智能诊疗

智能诊疗的主要任务是利用患者院内数据（特别是住院数据）进行智能化诊疗。当前研究比较多的两个分支是基于医学图形和图像分析的辅助诊断和基于电子病历分析的智能诊疗。其中，基于电子病历分析的智能诊断包括用药预测、住院期间的死亡风险预测、非预期再住院风险预测、住院天数预测和出院疾病诊断预测等。在实际应用中，把这些问题转化成分类、聚类或者回归问题进行处理。传统的方法有决策树、随机森林、支持向量机、K 均值聚类、逻辑回归等。近年来，随着深度学习的发展，大部分诊疗任务在深度学习框架下得到了很好的统一。正如文献（Esteva, et al., 2019）中所描述的那样，表 11.1 所述的各种数据均可统一在如图 11.2 所示的框架下。一些常用的网络如卷积神经网络、循环神经网络和一些经典算法如强化学习均被广泛应用于各种诊疗任务中。另外，医疗领域的知识图谱在智能治疗过程中一直占据着重要位置，也是目前普遍可接受的方式。

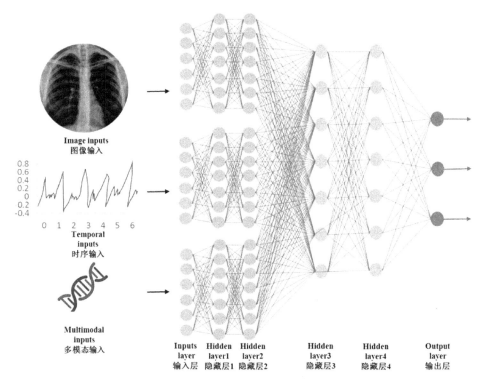

图 11.2　面向多模态医疗数据的深度学习框架示意图

2. 医疗机器人

医疗机器人是用于医院、诊所的医疗或辅助医疗的智能型服务机器人。一般认为，医疗机器人属于医疗器械，不同于聊天机器人之类的纯软件机器人。医疗机器人的智能性体现在能根据实际医疗需求独自编制操作计划、生成动作程序并加以实施。根据国际机器人联合会（International Federation of Robotics，IFR）的分类体系，医疗机器人可以分为手术机器人、康复机器人、辅助机器人和服务机器人 4 大类。医疗机器人的优势在于效率高、创伤小、操作精准和稳定性强。

手术机器人（Taylor, et al., 2016）是一种智能化的手术平台，广泛应用于多个科室，如泌尿外科的前列腺切除术、肾移植、输尿管成形术等，妇产科的子宫切除术、输卵管结扎术等，普通外科的胆囊切除术等，在医疗机器人体系中占比最高。手术机器人的发展可以追溯到 1983 年，全球首台手术机器人 Arthrobot 问世。该机器人是在加拿大温哥华首次开发和使用的一种髋关节置换手术机器人。随后，专门应用于某一类型手术的手术机器人被相继推出，如 PUMA 560、PROBOT、ROBODOC 等。当前，最具代表性和影响力的手术机器人是美国直觉外科公司设计制造的达芬奇手术机器人。达芬奇手术机器人的设计理念是通过微创方法实施复杂的外科手术，能应用于泌尿外科、妇产科、普通外科、胸外科、头颈外科、五官科、小儿外科、肝胆外科和心外科等，在 2000 年获得了美国食品与药品监督管理局（Food and Drug Administration，FDA）的认证，在诸多临床手术中优势明显。

康复机器人是一种通过取代或者协助人体的某些功能，在康复医疗过程中发挥作用的机器人，主要包括康复机械手、医院机器人系统、智能轮椅、假肢和康复治疗机器人等。每一类型的康复机器人均有较为成熟的产品面世。

辅助机器人是一种可以感知，并能通过处理感知信息，给予用户反馈操作的医疗机器人，主要用于满足行动不便或者老年群体对医护的需求。

服务机器人是一种帮助医护人员分担一些沉重、烦琐的运输和基础工作的机器人，如医用运输机器人、杀菌机器人等。

3. 健康管理

健康管理是指对个人或人群的健康危险因素进行全面管理的过程，其宗旨是调动个人及集体的积极性，有效地利用有限的资源达到最大的健康效果。健康管理的概念最先由美国在 20 世纪 50 年代末提出，其核心内容是医疗保险机构通过对其医疗保险客户（包括疾病患者或高危人群）开展系统的健康管理，有效控制疾病的发生或发展，显著降低出险概率和实际医疗支出，从而减少医疗保险赔付损失。利用人工智能技术提高健康管理质量和效果一直是智慧医疗关注的重点之一。智能健康主要包括健康危险因素监测、分析、评估和干预的全面管理过程。健康管理涉及的范围较广，在此不再详细展开介绍。

11.3.2　医疗研究中的人工智能应用

人工智能时代，医学研究正从以实验驱动的方式转化为以数据驱动的方式，如图 11.3（Zhu and Zheng, 2018）所示。图中对这两种方式进行了比较。传统的医学研究从提出假设开始，然后设计实验进行验证，最后分析实验结果得出结论。数据驱动的医学研究在提出假设、设计实验和结果分析的每一部分均可以依赖数据，尤其是提出假设部分。此外，有些研究甚至可以直接通过人工智能模型来完成。药物研发是人工智能在医疗研究领域的一个重要应用。

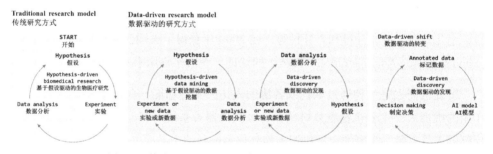

图 11.3　传统研究方式 vs.人工智能时代数据驱动的研究方式

药物研发一般可以分为三个阶段（如图11.4所示）：临床前研究、临床试验和上市后跟踪。临床前研究，首先根据化学或生物学的药物设计经验理论，通过偶然的发现或受现有临床经验的启发等方式，确立研发靶标及新药物实体的来源方案；然后，合成化合物并进行药理学、药代动力学、毒理学和处方研究。临床试验主要通过人体临床试验验证药物的安全性、有效性和剂量。上市后跟踪主要通过 IV 期临床研究来理解药物的作用机理和范围，发现药物可能的疗效，补充新的剂量规格及挖掘上市后的药物副作用（Adverse Drug Reaction，ADR）。据相关数据统计，药物研发临床前研究成功率不到0.1%，进入临床试验的药物，仅有10%左右能够最终上市销售。因此，药物研发周期长、成本高、成功率低。随着医药大数据的发展，为提高药物研发效率，人工智能技术逐渐被引入药物研发的每一个阶段。如在临床前研究阶段，通过文本分析技术从医学文献中挖掘可能的药物靶点，通过机器学习算法分析药物分子结构，筛选化合物；在临床实验阶段，通过电子病历分析技术自动构建病人队列；在上市后，通过电子病历分析和多媒体数据分析等技术发掘药物副作用。

图 11.4　药物研发的三个阶段

除了药物研发，人工智能技术也用于临床疗效对比分析、病因学研究等多个方面。

11.4　前景与挑战

随着物联网、云计算、大数据和人工智能等技术的蓬勃发展，智慧医疗迎来了前所未有的发展机遇。相信在不久的将来，智慧医疗会深刻改变医疗的流程和效率，人工智能会推动医疗领域向着智能化、日常化和人性化的方向发展。

对就医者来讲，由于信息获取更加便捷，与医护人员和医疗服务机构连接更加容易，自主参与医疗过程的意愿和需求将越来越强烈，围绕个人健康管理的技术和应用系统将成为现有医疗体系的自然延伸。个人健康管理系统通过对院外行为的管理，将大大改善就医者的安全性和服从性，提高慢性病的治疗和管理效果。

就医生而言，一方面，通过智能辅助决策系统能够快速定位与医疗决策相关的多方面的知识，做出更加合理的诊疗决策，降低诊疗风险，一些烦琐、重复的简单操作将逐步被机器替代；另一方面，数据驱动的医学研究将逐步成为医学研究的主要方式，加快医学研究的进度。

就医疗机构而言，利用物联网、云计算、大数据和人工智能等相关技术对医疗过程中的每一个环节进行升级、改造、甚至流程再造，是很长一段时间内需要重点关注的方向，也是"智慧医疗"的核心，如基于辅助诊断的分级诊疗、多科室远程会诊、多医院远程会诊等。

就公共卫生而言，以"上报"为主的防治方式将逐步转变成以主动"采集"为主的预防方式。"采集"是通过数据分析和挖掘完成的，数据的来源将从单一的院内数据扩展到包括社交网络数据、消费数据等在内的多种数据。大众的医学教育也将逐步常规化和个性化。

尽管智慧医疗具有广阔的应用前景，但我们应该清醒地认识到现在及未来可能遇到的挑战，主要体现在以下几个方面。

（1）数据是智慧医疗发展的基础，现有医疗数据的互联互通仍是一个很大的问题，数据质量亦参差不齐，严重阻碍了人工智能技术在医疗领域的应用。

（2）医疗领域对精度的要求苛刻，目前人工智能技术仅在一些特定的领域和业务上（如基于医学图像处理的肺结节识别和皮肤癌诊断等）取得了较好的成果，仍局限于感知智能。在需要复杂推理的认知智能方面仍未获得突破。

（3）医疗领域数据的多样性、复杂性和特殊性，给相关技术，特别是人工智能技术，提出了更高的要求。智慧医疗的发展首先依赖人工智能技术本身的持续发展。

（4）智慧医疗是医疗发展的新阶段，必将产生大量新的模式，伴随而来的是社会、伦理和法律方面的挑战。数据如何使用？技术如何在医疗过程中发挥作用？均需要在不断的摸索过程中建立其规范、合理、有序的法律法规和标准。

（5）与其他领域相比，医疗领域的相关人才尤其匮乏。建立完整的人才培养体系也是智慧医疗长期稳定发展的前提。

总之，智慧医疗是信息技术在医疗领域中应用的结晶，是一个长远的追求目标，短时间内不会彻底改变传统的医疗方式，更不会完全取代医生。一种负责任的观点是：主动拥抱新技术，尽可能地发挥现有信息技术的作用，提高医疗每个环节的效率和质量，逐步实现对医疗服务的升级和改造。

11.5 内容回顾与推荐阅读

本章首先从整体上介绍了智慧医疗的本质和内涵，随后从医疗过程和医疗研究两个方面重点描述了人工智能技术在智慧医疗中的作用。考虑到医疗的复杂性，本章未对各类数据的处理和利用做详细阐述。推荐对具体处理方法感兴趣的读者阅读李劲松等人的《生物信息学》教材和 Arjun Panesar 等人的 *Machine Learning and AI for Healthcare*；推荐对药物研发感兴趣的读者阅读 Richard S. Larson 等人的 *Bioinformatics and Drug Discovery*；智慧医疗最新动态请关注 *Nature Medicine*、*Journal of the American Medical Informatics Association*（*JAMIA*）、*Journal of Medical Internet Research*（*JMIR*）等国际知名期刊，以及 Medical Informatics Association（IMIA）和 American Medical Informatics Association（AMIA）支持的国际知名会议。

11.6 参考文献

[1] Berwick, Donald M. 2002. A User's Manual For The IOM's "Quality Chasm" Report. Health Affairs 21 (3): 80–90.

[2] Bingham, John W., Doris C. Quinn, et al. 2005. Using a Healthcare Matrix to Assess Patient Care in Terms of Aims for Improvement and Core Competencies. The Joint Commission Journal on Quality and Patient Safety 31 (2): 98–105.

[3] Dam, Rob van den.2013.Internet of Things: The Foundational Infrastructure for a Smarter Planet. Internet of Things, Smart Spaces, and Next Generation Networking, 1–12. Lecture Notes in Computer Science. Springer Berlin Heidelberg.

[4] Esteva, Andre, Alexandre Robicquet, et al. 2019. A Guide to Deep Learning in Healthcare. Nature Medicine 25 (1): 24–29.

[5] Taylor, Russell H., Arianna Menciassi. 2016. Medical Robotics and Computer-Integrated Surgery. Springer Handbook of Robotics. 1657–84. Springer Handbooks. Cham: Springer International Publishing.

[6] Zhu, Lisha, and W. Jim Zheng. 2018. Informatics, Data Science, and Artificial Intelligence. JAMA 320 (11): 1103–4.

智慧司法

——智能技术促进司法公正

涂存超　幂律智能

饮酒读书四十年，乌纱头上是青天。

——杨继盛《言志诗》

12.1　智能技术与法律的碰撞

智能技术与法律的结合历史由来已久。早在 20 世纪 50 年代，就已经有学者开始利用统计学和数学的方法，自动预测特定类型案件的判决结果。随着人工智能技术的不断发展，通过技术手段辅助法律文本分析逐渐引起了法律界人士和相关领域学者的关注。20 世纪 80 年代到 90 年代期间是法律智能相关研究的黄金时期。文本分析挖掘技术与法律逻辑规则相结合（也就是专家系统），逐渐被广泛应用在处理特定类型的法律文本数据上。在这段时间，"AI+法律"迎来了蓬勃发展期，法律智能相关的国际会议和学术组织相继涌现，包括 ICAIL（International Conference on Artificial Intelligence and Law，1987）、IAAIL（International Association for Artificial Intelligence and Law，1991）、JURIX（International Conference on Legal Knowledge and Information Systems，1988）等。

然而，以专家系统为代表的人工智能技术在 20 世纪 90 年代迎来了低谷，专家系统技术在法律领域应用的局限也逐渐浮现。为了支持法律场景的严密推理逻辑，需要梳理完善的专家知识，针对不同的任务、不同的情形设计大量的逻辑规则，耗费大量人力的同时，也难以适用于其他场景。

最近几年，人工智能技术突飞猛进，自然语言处理、数据挖掘等技术在法律领域的应用更加成熟、场景也变得更加丰富。而且，我国一直在倡导"数字法治、智慧司法"建设，希望借助技术发展的契机，推动司法系统履职能力、推进国家法制建设。概括地说，智慧司法就是希望在法律大数据的基础之上，应用前沿的数据挖掘、人工智能等技术，面向司法领域，促进司法系统信息化、智能化体系建设，提高司法人员侦察、立案、审判、送达等案件处理环节的效率，同时降低民众接受公共法律服务的门槛。

智慧司法是法律智能的重要组成部分，为法律智能提供了丰富的应用场景。随着司法系统信息化水平的不断完善和智能技术的不断引入，我国智慧司法建设取得了长足的进步。在数据基础方面，随着以裁判文书网（wenshu.court.gov.cn）为代表的审判信息全流程公开的不断实施，针对智慧司法相关的学术研究逐渐成为热点。公开的海量法律数据为前沿技术的应用提供了支撑与保证，许多人工智能相关技术都能够在这些大规模数据上找到典型的应用场景，例如，"智慧法庭"的不断推广，离不开语音转录技术的成功应用。在政策推动方面，信息化、智能化建设一直以来是公检法系统的发展重点。为了建成公正、透明的司法体系，科技部联合最高法、最高检发布了"公共安全风险防控与应急技术装备"国家重点研发专项，面向智能辅助审判、公益诉讼、热点民生案件等重要领域，吸引不同领域的研究力量，一起推动智慧司法建设。

本章主要从学术研究的角度，阐述目前智慧司法相关学术研究，探讨未来的研究方向。

12.2 智慧司法相关研究

正如我们上文中所提到的，智慧司法是将现有的各种各样的人工智能、机器学习的技术应用到司法领域的一个重要方向。对智慧司法来说，现有的以深度学习为代表的人工智能技术已经在各个领域取得了极大的突破，例如由何恺明提出的 ResNet 模型（He, Zhang and Ren, 2016）已经在 ImageNet 数据集（Deng, Dong and Socher, 2009）上达到甚至超越了人类的水平。但是，这些技术对司法领域的应用来说有着非常致命的问题——不可解释性。

我们在之前的章节中反复提到，现有的深度学习方法和人工智能框架虽然已经能够很好地解决各种各样的分类、回归甚至生成类的任务，但由于这些方法的不可解释性，我们并不知道我们的模型或者方法是如何得到最终的结果的。但是在实际的司法领域的任务中，整个司法推断的过程是严密且有理有据的、具有很强的逻辑性和可解释性。我们以司法中最常见的，也是最重要的一个任务——审判来举例。在各式各样的判决过程中，我们始终遵循着确定证据、依据事实确定相关罪名、利用法条决定判罚的一套流程。换句话说，整个司法判决的过程是有据可依、合情合理的。这样的公开透明性和可解释性对司法来说是十分必要的，因为只有合理的、可解释的司法过程才能使司法审判被大众所信服，才能保证整个司法过程的公正性，而这正是现在的深度学习方法所欠缺的。这种可解释性的欠缺，注定了现阶段仅仅使用已有的深度学习技术不能够很好地解决智慧司法的应用问题。

在深度学习和人工智能的方法开始被大量应用于各个领域之前，实际上在法律智能的领域，已经有不少工作者采用了统计学的方法进行相关的研究。传统统计学方法虽然能够从某种程度上解释推理的结果，但是随之而来的是统计学方法的效果不能令人满意，离真正让法律智能的应用落地还有很远的距离。深度学习方法虽然效果上更具有优势，却欠缺了透明性和可解释性。因此，如何有效地利用已有的深度学习技术解决智慧司法领域应用问题，同时兼顾可解释性问题，将会是智慧司法领域的研究重心。

12.2.1　法律智能的早期研究

实际上，在很早的时候就有不少学者开启了法律智能的研究工作。但是在早期，由于技术和计算资源的限制，更多学者选择的是使用传统方法研究法律智能问题。最早可追溯的研究成果是 Kort 等人（Kort, 1957）利用统计学和数学的方法来预测法院对特定案件的判决结果。与之类似的还有（Ulmer, 1963；Nagel, 1963；

Keown, 1980；Segal, 1984）所做的一系列研究工作。这一系列在法律智能上的早期工作基本上都集中于如何进行判决预测，因为判决预测是法律智能领域中最有代表性的任务之一。

除了判决预测，在早期还有不少针对具体的法学问题进行研究的工作。文献（Allen and Orechkoff, 1957）和（Buchanan and Headrick, 1970）将逻辑推理与法律文本分析相结合。文献（Mccarty, 1977）将这种基于规则推理的过程，应用到了公司税务文本的分析上。除了基于推理的法律文本分析，法律文本的检索也是法律智能中的一个重要课题。文献（Hanfer, 1978）提出了一种基于法律概念和关联的法律文本检索的方法。我们会在后面的章节介绍法律智能在深度学习时代的研究进展。

12.2.2　判决预测：虚拟法官的诞生与未来

我们要介绍的第一个智慧司法的任务是判决预测。司法的一个重要作用便是对现实生活中发生的各类纠纷、案例、违法违规行为进行审判和裁决，如何让计算机学会梳理事实经过，理解判案逻辑，从而能够预测判决结果，对于促进司法过程透明、公正具有重要意义。

法官的角色在整个判决过程中起到至关重要的作用。整个判决的流程由法官决定，法官需要结合所有证据，根据所有证据的真伪性、辩诉双方的供述和整个案件相关的事实依据做出判决。而利用机器进行判决预测，从某种意义上创造了一位虚拟的法官。虽然我们并不能完全信任和依赖这位虚拟法官，但它给出的结果却能够为真实的法官提供一个参考，从而辅助真实法官在各种案例上的判决。

1. 判决预测的任务定义

为了更好地理解判决预测，我们首先给出该任务的定义。对于判决预测来说，我们的输入应该是具体案件的事实描述，训练出的模型应该输出最终判决结果。在大陆法系中，刑事案件的判决结果一般包括罪名、应有的刑期、罚金等处罚性的结果，民事案件的判决结果一般指原告诉求是否得到支持。而做出这些判决结果的依据，也就是所涉及的法律法规也应该在判决的结果之中。相比于刑期、罚金这些数值结果的预测，目前的判决预测研究更多是针对法条和罪名的预测。由于法官自由裁量权的存在及量刑需要综合考虑的复杂因素，现有的各种方法实际上都难以给出一个绝对准确的数值预测，而法条和罪名的预测一般更为明确，利用计算机训练相应的分类模型，在这两个任务上往往能够达到更高的准确率。当模型为法官提供了一个较为准确的相关法条和罪名之后，真实的法官实际上可以利用这两个结果判断应当的刑罚。

2. 判决预测的已有方法

事实上，判决预测不仅是在法律智能领域最常见的任务之一，也是被学者们长期研究的一个课题。在深度学习开始发展之前，已经有大量的统计学方法对该题目进行了深入的研究。大部分的方法通过考虑在文章中特殊词（如盗窃、杀人）的使用频率，结合统计学中的数学方法做出判断。这样的方法虽然能够在一定程度上进行判决预测，但距离真实应用仍然相去甚远。

为了解决单纯用关键词无法解决的问题，更多的学者开始考虑使用机器学习的方法进行判决预测，并开始将判决预测当作一个分类问题对待。这些工作最重要的贡献在于他们对法律文本提取了有用的特征，并提供了案例的标注。这样的方法虽然能够取得更好的效果，但是提取特征实际上是一个极其耗费人力物力的过程，人工的成本代价太高，还远远达不到让"智慧司法"落地使用的水平。

随着深度学习技术在自然语言处理任务上的发展，近几年不少学者开始尝试使用深度学习方法解决判决预测的问题，并在该任务上取得了不错的进展。比较有代表性的文献是（Luo, Feng and Xu, 2017）。这篇文献所解决的最主要的问题是如何高效准确地预测相关的罪名。

如图 12.1 所示，这篇文献提出了一个基于注意力机制的罪名预测模型，同时利用刑事案件的案情描述和相关法条内容预测最终的罪名。首先，该模型利用一个 SVM 分类器，抽取与该案情最相关的几个法条。其次，利用词级别和句子级别的注意力机制，建模事实的描述与相关的法条之间的关联关系。最后，该模型同时利用案情描述的特征向量和相关法条的特征向量，预测最终的罪名判决结果。

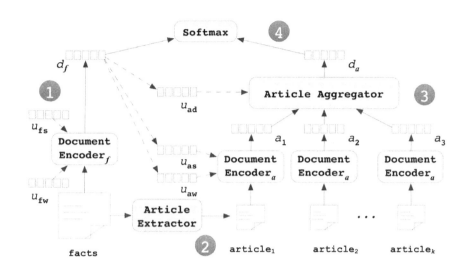

图 12.1　文献（Luo, Feng and Xu, 2017）的模型架构

与之类似的是，文献（Hu, Li and Tu, 2018）也在尝试解决罪名预测的问题，但是这项工作更关注如何在少样本上进行学习。在中国的案例文书中，实际上罪名的数量比例是相当不平衡的。在大部分的刑事案件中，盗窃往往是最常见的；而在民事案件中，可能大部分的案例文书都和离婚有关。这样的现象也会导致涉及某些罪名的文书的数量非常少。此外，依旧是之前提到的问题，现有的深度学习方法并不具有可解释性，但是我们可以尝试让我们的模型输出一些中间结果来提升可解释性。如图 12.2 所示，这篇文献做的工作是在进行预测罪名之前增加了一步，判断事实描述中是否存在某些属性。例如，我们可以判断犯罪人员是否有杀人或者暴力的行为，以此作为中间依据进行罪名的判断。虽然我们如何得到是否存在这些属性仍然是一个不可解释的黑箱模型，但是中间对属性的预测能够成为后续罪名确定的重要依据，从而增添了模型的可依赖性。

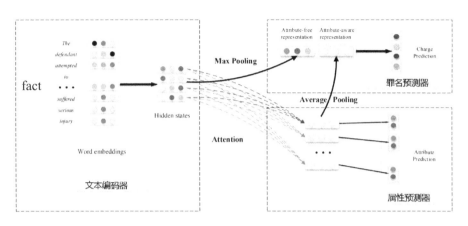

图 12.2 文献（Hu, Li and Tu, 2018）的模型架构

除了这些为了在自动判决任务中增加可解释性的方法，还有一系列的工作尝试在模型层面进行改进，使得自动判决的任务达到更好的效果。文献（Zhong, Guo and Tu, 2018）的工作从大陆法系的特点开始入手，帮助自动判决达到一个更好的水平。在大陆法系中，法官的判决始终按照事实认定、法条裁决、罪名判定和刑罚确定四个步骤考虑，所以，为了使得模型的判决推理过程更符合人类的思考习惯，我们也希望模型能够依照这样的顺序进行推理。如图 12.3 所示，这篇文献将判决预测中的各个任务抽象成了一个一个小的节点，并利用任务与任务之间的逻辑关系建立逻辑推导图，按照逻辑推导图的逻辑顺序进行判决预测。事实证明，加入了逻辑关系的深度神经网络模型能够在这个任务上取得更好的表现。除此之外，也有像文献（He, Peng and Le, 2018）这样使用更先进的胶囊网络来辅助判决预测的工作。

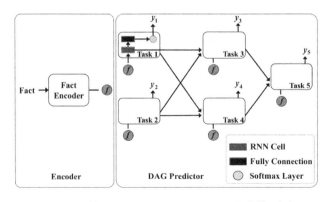

图 12.3　文献（Zhong, Zhipeng and Tu, 2018）的模型架构

3. 判决预测的未来发展

通过上述论述我们可以发现，判决预测实际上在智能司法领域已经被很多学者仔细研究过，并且在该任务上取得了很好的表现。在文献 CAIL2018——"中国法研杯"司法人工智能挑战赛中，在判决预测的三个子任务法条预测、罪名预测和刑期预测上都达到了 80%以上的准确率，法条预测和罪名预测均已达到 92%以上的准确率。

即便如此，所有能够在判决预测上有所结果的模型，始终绕不开可解释性这个阻碍。没有可解释性的模型，即使拥有再高的准确率，也是无法被社会所接受、被大众所认同的。现阶段的判决预测始终只能作为真实法官的辅助工具存在，它的作用是减少法官在某些简单案子上的推理判断等烦琐工作，复杂的案件仍需要法官结合判决预测的判决结果进行细致的分析。为了能够更进一步地应用判决预测的方法，未来的虚拟法官必须拥有可解释的能力。可解释性和公开透明，是虚拟法官未来的至关重要的发展方向。

12.2.3　文书生成：司法过程简化

裁判文书是完整反映诉讼争议和裁判结果的最终载体，既体现了我国司法机关对案件的法律裁量与价值判断，也代表了国家强制力对涉诉当事人的权利义务的最终决断。每一份裁判文书都应该突出案件矛盾，对判决结果、案件事实与判决依据做出充分的论述。由此可见，裁判文书的撰写对每一位法官都提出了很高的要求。也正因如此，每一位法官都需要经过一定时间的专业培训才能够胜任这份工作，并且在他们的工作过程中，需要花费大量的时间和精力撰写与案件对应的裁判文书。

因此，倘若在告诉机器案件判决结果、案件事实后，计算机程序可以自动地对事实进行精简，形成一篇简明扼要、逻辑严密的裁判文书，就可以将法官从繁重的文书撰写工作中释放，使其投身于案件核心部分，让每一个司法工作人员充分发挥价值。但是，从目前的技术情况来看，文本生成模型往往受限于难以生成语义连贯的句子，生成长文本时将丢失大量语义信息等困难，离机器完全代替法官撰写裁判文书的目标还比较遥远。

生成裁判文书相对于传统的生成任务实际上是有所简化的。传统的生成任务生成的文本往往没有太大的限制，比如可能要求给定主题生成一篇小说。对于小说来说，其文体、风格极其多变，所以也大大增加了文书生成的任务难度。然而，法律文书具有高度结构化的信息，换言之，在生成法律文书时，我们是可以先套用模板来降低文书生成难度的。我们可以根据模板技术，根据文书的特殊用语（如经审理查明、本院认为）将文书的结构分成若干个部分（如图 12.4 所示）。在对文书进行拆分之后，分别进行每个部分的生成任务，从而将需要生成的内容的长度缩短（这也降低了文书生成的难度）。

FACT DESCRIPTION
... 经审理查明，2009年7月10日23时许，被告人陈某伙同八至九名男青年在徐闻县新寮镇建寮路口附近路上拦截住搭载着李某的摩托车。然后，被告人陈某等人持钢管、刀对李某进行殴打。经法医鉴定，李某伤情为轻伤。... # ... After hearing, our court identified that at 23:00 on July 10, 2009, the defendant Chen together with other eight or nine young men stopped Lee who was riding a motorcycle on street near the road in Xinliao town Xuwen County, after that the defendant Chen and the others beat Lee with steel pipe and knife. According to forensic identification, Lee suffered minor wound. ...
COURT VIEW
本院认为，　被告人陈某无视国家法律，伙同他人，持器械故意伤害他人身体致一人轻伤*rationales*，　其 行 为 已 构 成 故意伤害罪*charge*。# Our court hold that　the defendant Chen ignored the state law and caused others minor wound with equipment together with others*rationales*.　His acts constituted the crime of intentional assault*charge*. ...

图 12.4　根据文书的特殊用语将文书的结构分成若干部分

因此，在生成判决文书这样一个任务上，也有学者提出了相应的方法。文献（Ye, Jiang and Luo, 2018）提出了一种用于文书生成模型（如图 12.5 所示），该模型采用事实描述与最终的判决结果作为输入。同时，由于受到模型无法生成通顺的长文本的限制，他们选择将法院观点作为模型输出。法院观点作为文书的核心部分，承载了司法机关对于案件事实、案件判决结果的高度概括。法院观点的生成很好地推动了后续工作的开展。此外，除了生成法院观点，这篇文献的工作同时关注了我们之前提到的第一个任务——判决预测。生成文书不仅可以当作一个生成的任务，还可以为其增加附属的任务（例如判决预测），以此帮助司法智能的其他任务的提升。

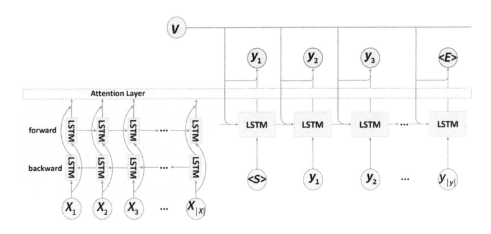

图 12.5 文献（Ye, Jiang and Luo, 2018）提出的文书生成模型

12.2.4 要素提取：司法结构化

1. 要素提取的意义所在

在现有的案例数据中，文书实际上是具有高度结构化组织的。如同我们在之前提到的，每篇文书都会按照一定的格式去写作，而这样的格式实际上为我们使用算法处理文书带来了极大的便利。对于机械化的计算机来说，最麻烦的便是处理各式各样的数据。当所有数据都十分干净的时候，是能够为之后的实际算法节省不少人力开销的。

通常，现有的裁判文书一般会由三部分组成：首部、正文和尾部。文书的首部包括文书的名称、案由、审理经过等基本信息；文书的正文包括案件的事实描述和处理、判决的结果等；文书的尾部包括有关事项、日期、附注等额外信息。实际上我们会发现，对案例文书而言，所有的案例文书已经高度结构化，这样的结构化已经能够方便阅读。但在实际场景中，一篇案例文书是很长的，如图 12.6 所示，即使是已经高度结构化的文书，也很难让人直观地找到文中的重要信息。

中华人民共和国最高人民法院
行 政 裁 定 书

（2018）最高法行申 号

再审申请人（一审原告、二审上诉人）：

委托诉讼代理人：

委托诉讼代理人：

被申请人（一审被告、二审被上诉人）：

法定代表人：

因诉江苏省泰州市人民政府（以下简称泰州市政府）行政复议决定一案，不服江苏省高级人民法院（2016）苏行终 号行政判决，向本院申请再审。本院受理后，依法由审判员 、审判员 、审判员白雅丽组成合议庭，对本案进行了审查，现已审查终结。

于2016年5月18日以泰州市政府作出（2016）泰行复第35号《泰州市人民政府行政复议决定书》（以下简称35号《行政复议决定》）违法，侵犯其合法权益为由，向江苏省泰州市中级人民法院起诉，请求依法撤销35号《行政复议决定》，并责令泰州市政府重新作出复议决定。

一审法院查明：江苏省靖江市人民政府（以下简称靖江市政府）因旧城区改造，于2013年9月20日作出靖政发（2013）143号《市政府关于毛家厅1、2号地块房屋征收的决定》（以下简称143号《房屋征收决定》），所有权人为 ，位于 房屋在征收范围内。因被征收人 未能与房屋征收部门达成补偿协议， 补决（2014）1号《靖江市人民政府房屋征收补偿决定书》（以下简称1号《房屋征收补偿决定》）。因被征收人在规定的期限内未履行搬迁义

图12.6 案例文书示例

因此，对于案例文书的要素提取是必要的。所谓的要素提取，就是在已经高度结构化的文书的基础上，提取对于理解文书重要的要素信息。例如，在给定文书的情况下，提取所有当事人的信息、事实当中认定的财物纠纷的数量、审判员的信息、案件的判决结果及涉及的法条等有用的信息。这些要素对于普通人及司法工作人员理解法律文书而言是最为直观的信息。法律文书要素抽取，是对现有案例文书的进一步结构化。事实上，中国司法的进程正在逐渐进入"要素式"的庭审模式，这进一步加强了提取要素的需求和重要程度。

2. 不同领域，不同要素，不同方法

案件的种类、文书的种类也是多种多样的。对于不同种类的文书、案件，我们

实际上会关心不同的要素，不同的要素在不同的审判中也会起到完全不同的作用。例如，"是否是未成年人"这个要素，在涉及刑法条目时会影响判罚决定的轻重，而在继承类的案件里，"是否是未成年人"这个要素影响的是最后继承结果的决定。即使是同一种要素，在不同类型的案件里的作用也不同。因此，对不同的案件确定不同的要素就成了要素提取的核心问题之一。

更具体来说，在整个司法体系中，我们可以按照案件文书的类型进行分类，包括民事案件、刑事案件和行政案件等类型。对每一种不同类型的文书，我们想要抽取的要素是不一样的。以刑事案件的文书举例，我们往往更关注的是定罪和量刑的要素。所谓的定罪要素，指的是当满足什么条件的时候我们能够给罪犯定罪。一个最简单的例子是当我们需要定故意杀人罪和过失杀人罪的时候，我们至少需要两个不同的要素：是否有杀人的情况及是否为主观杀人。事实上，如果我们能够从事实描述中抽取这两个定罪要素，就可以直接根据抽取的要素得到定罪的结果。除了定罪要素，还有量刑的要素。所谓量刑的要素，指的是在事实过程中能够影响最终量刑的情节，例如是否自首、是否是未成年人、是否在灾害期间犯罪等。能否成功提取这些要素，将直接影响最后量刑的准确与否。

要素种类繁多是自动抽取要素的一个难点之一。除此之外，文书的长度往往远大于要素的长度，大多数时候要素在文中的体现可能是只有几个词的一个片段。如何从一个极长的文本中找到一段极短要素便成了研究的要点之一。文献（Yan,Zheng and Lu, 2018）提出了一种新的模型——Zooming Network（如图 12.7 和图 12.8 所示）。与传统的抽取方法不同的是，这篇文献的工作将定位要素的过程变成了一个逐渐放缩的过程。通过不断缩小要素可能在的范围，不断将问题变成一个更小的子问题。这样的方法降低了由于文书过长所带来的巨大噪声，使得要素的提取结果更加准确、可靠。

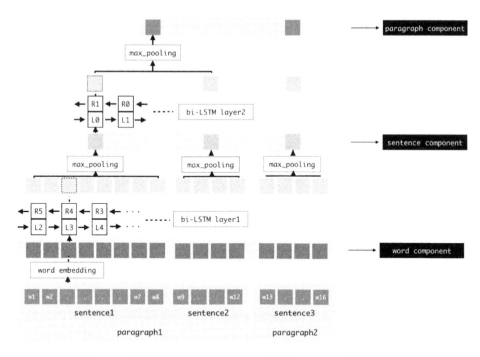

图 12.7　文献（Yan, Zheng and Lu, 2018）提出了一种新的模型（1）

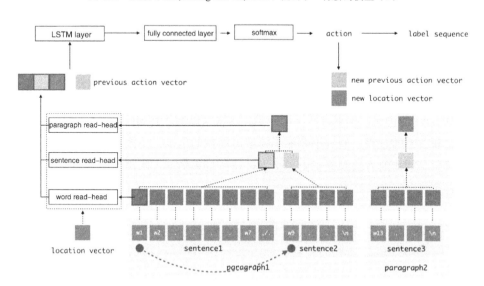

图 12.8　文献（Yan, Zheng and Lu, 2018）提出了一种新的模型（2）

12.2.5 类案匹配：解决一案多判

1. 类案匹配的需求：巨量的文书数据

由于我国广袤辽阔的地理环境和大量的人口基数，我国的案件数量也是十分巨大的。时至今日，在中国裁判文书网（如图 12.9 所示）上，已经有超过六千万篇公开的文书，并且每天仍然以超过两万篇的速度更新。这也从另一方面说明了我国用了大量的判例。

图 12.9　中国裁判文书网

尤其巨量的判例是对司法公正的一个重要考验，由于文书全部公开，所以大众能够通过公开的文书找到相似的案例。而由于判案法官的不同和地区化的差异，即使是两件案情相同的案子在两次判罚中也可能存在不同的结果，而这样一案多判的情况实际上是不满足司法的公平正义的性质的。这样的情况在过去实际上是无法避免的，虽然判决会尽量遵守客观事实，但是它始终会存在主观拿捏的部分，而这一部分所带来的偏差是无法避免的。此外，法官的水平和经验也直接导致判案结果不同，这也导致了司法在某种程度上的不公正性。

随着大量法律文书的发布，为解决一案多判的情况带来了可能性。虽然正常的法律人士仍旧没有办法阅读所有文书来学习历史上相同或者类似的案件是如何判决的，但是我们可以尝试某些方法，根据法律人士对案件的描述找到所有相似的案件。找到了相似的案件之后，法律人士便能够通过已有的案例文书，做出更合理的判决，保证司法的公正性。

2. 类案匹配的方法：搜索引擎

通过上述描述我们可以发现，类案匹配的核心是自然语言处理中的搜索引擎技术。我们需要对所有的法律文书搭建一个搜索引擎，当法律人士需要找到与正在处理的案件类似的案件时，输入案例的内容，系统便可以自动为其找到历史上最类似的文书（如图 12.10 所示）。

图 12.10 中国裁判文书网的检索功能

与传统搜索引擎不同的是，并不能够只依靠关键词对类案进行检索。现有的大部分搜索引擎找寻相关文档时都是通过寻找关键词来完成的，但是这并不能满足类案的需求。我们以离婚纠纷的案子为例，对于任何一个离婚的案子，离婚都可以作为这个案件的关键词，但并不能说所有带有离婚的案件都是相似的，真正对我们有用的案件是那些离婚纠纷中拥有同样情节的案件，这才是我们真正想要的类案。

这样的需求导致了基于关键词的搜索引擎并不能以一个较好的效果完成类案的匹配。我们需要的是一个能够理解语义、提取关键情节并加以匹配的搜索引擎，只有这样的搜索引擎才能确保类案匹配的效果。虽然现阶段我们仍然没有一个成熟的搜索引擎来完成类案匹配，但是一个可能的方向是利用自然语言处理中的嵌入技术，对所有的法律文书进行向量化的表示。向量化表示的文书在某种意义上是这些文书的特征表示，而类案匹配的核心就是找到具有相同或者相似特征的文书。于是，有了向量化表示的文书之后，我们可以利用向量与向量之间的余弦距离衡量文书与文书之间的相似性，让类案匹配达到一个更好的效果。

3. 基于要素的类案匹配

除了基于语义匹配的类案匹配方法，另一个解决类案匹配的思路是从文书案件所涉及的要素入手。如果两个案件涉及的要素基本一致，例如两个案子都涉及未成年人过失杀人的要素，或者都涉及大额财产纠纷的要素，那么至少从要素的方面来讲，这两个案子是类似的，是更相似的案件。

以一个更具体的例子来说，我们可以做出一个假设：两个相似的案件一定具有相似的案由，不同案由的案件往往是不类似的。这就好比涉及故意杀人的案件和离婚纠纷的案件往往不具有相似性，因此我们可以将案由这个要素当作类案匹配的第一个步骤，我们可以只检查拥有相同案由的案件是否相似。以"杀害被继承人"的案由为例，从法学的角度讲，法学关心的案件要素可能包括：

（1）案件的审理阶段，如一审、二审等。

（2）如果是二审的案件，那么很自然地我们也想关注这个案件在一审时的判决结果，具体情节是怎么处理的。

（3）两个案件所涉及的案情是否一致，如被继承人是否死亡、怎么死的，是否留有遗嘱、遗嘱是否有效等关键信息。

（4）在案情一致的基础上，法院做出的判决是否一致，是否有所偏差，以及做出判决的法律依据是什么。

事实上，如果我们能够针对具体案由，提取与该案由相关的所有要素，那么这些要素的相似完全是可以对应案件相似程度的。基于要素相似的类案匹配不仅是一种可能的思路，也是一种更符合法学概念和司法过程的类案匹配的方法。

12.2.6　司法问答：让机器理解法律

司法问答的目的是能够消除普通人与法律专业知识之间的隔阂，其问答的目的更多是聚焦于获取确切的答案与知识。然而，法律问题的复杂性要求问答系统具有较强的推理能力，这也是现有的检索系统难以满足的。例如，当我们遇到交通事故时，通过搜索引擎可以获知与交通事故有关的法律：《中华人民共和国道路交通安全法》《道路交通事故处理规定》等。如果需要进一步获取信息，就需要为事件凝练出更多关键词（这一步对于大多数人来说是极其困难的），而通过搜索引擎进一步检索，获取信息的方式是低效的。因此，商业界与学术界都在尝试解决这个问题。

最早提供法律问答服务的是专业的律师，但是专业律师人数的限制让这样一种模式很难满足大部分人的法律需求。于是，随着深度学习技术的发展与相关问答数据的增加，许多公司推出了相应的法律问答产品。由于端到端文本问答技术还不够成熟，这些产品选择了检索相关内容作为问答服务的核心，总结起来可以大致分成以下几类。

1.　相关专业知识的检索

法学学科是一门具有悠久历史的学科，至今已经积攒了很多专业书籍，包括法律法规及其解读、面向专业学生的教材，以及种类多样的法学期刊。将所有的资料、知识分门别类进行存储，当用户输入问题时，系统能精准地定位到相应的知识点并推荐给用户，以满足用户的需求。

2.　相似问题的检索

这与第 7 章中的社区问答系统原理一样，在收集了大量的法律问答之后，通过对每一个问题构建索引，利用问题去寻找问题，用相似问题的标准回答启发用户解决自己提出的问题。其具体模型在上述章节中已经介绍，本节不再赘述。

3.　相似案件文书的检索

类案检索也是智慧司法非常重要的研究内容之一，查询类案也成了法官在审判案件时的重要工作。相似案件的判决结果可以很好地帮助用户正确判断当下遇到的问题。

在基于检索的问答成为商业产品技术主流的同时，端到端的法律问答在近几年得到了很多学者的关注。在大部分国家，每一个律师、法官都需要通过国家司法考试才能获取相应的从业资格。同样地，学者也希望能够从问答入手检验模型理解法律知识的能力。为此，有学者（Kim, Goebel and Satoh, 2015）针对法律里的问答，构建了专门的数据集，以此帮助之后在智慧司法问答上的学术研究。

12.3　智慧司法的期望偏差与应用挑战

12.3.1　智慧司法的期望偏差

智慧司法相关研究的推进和应用，离不开计算机科学家与法律人的深入沟通与配合。然而，两个知识背景完全不同的人群，对人工智能技术在法律领域的应用方式和应用前景存在着巨大的理解偏差和期望效果上的偏差。

首先，技术在法律场景下应用方式的理解偏差。对计算机科学家来说，往往更关注某一个具体法律场景的输入输出形式，以及如何利用算法模型解决这种输入输出问题。正如上面提及的判决预测任务，可以将其建模成文本分类的任务，一些先进的基于深度学习的文本分类模型可以在该任务上获得出色的效果。然而，正如前面提到的，对很多法律领域的任务来说，可解释性、可靠性一般比最终的任务评测指标更重要，甚至决定了技术最终能否真正落地。一个完全黑盒的判决预测或者辅助的系统很难被接受，对法官来说，更重要的是了解算法得到最终结果的逻辑是否正确，而不是仅依据一些评价指标就完全信任它们。

其次，法律人与计算机科学家对人工智能技术能够解决的问题和最终达到的效果往往存在巨大的偏差。一个突出的现象是，法律人对人工智能技术在法律领域的应用存在着很大的担忧，例如，"AlphaGo 都战胜世界冠军了，律师、法官的工作是不是马上就要被人工智能取代了""人工智能技术应用到法律领域的伦理问题该如何解决""人工智能技术发展得这么快，通用人工智能是不是很快就要到来了"。这些担忧在某种程度上反映出法律人对人工智能技术的过高期望，而对计算机科学家来说，通用人工智能技术仍然遥不可及。此外，人工智能技术适合解决的往往是某些确定性环节的效率问题，这些环节往往具备"确定性""信息完全""静态""有限任务""特定领域"的特点。对某个具体场景中重复性高、信息完全、相对简单的环节，往往适合利用人工智能技术来解决，而人工智能技术不适合解决一个完整场景的所有问题，以及那些对人来说都难以处理的情况。

12.3.2　智慧司法的应用挑战

法律人和计算机科学家对智慧司法理解上的偏差，对智慧司法的实际应用造成了巨大挑战。技术从来都是从不成熟向成熟逐渐进化的，一般来说，当评测指标到达某个阈值时，才会使这种技术由不可用变为可用。将某一类技术的效果变得在智慧司法领域可用，无论是从数据层面、知识层面，还是最终的应用方式层面，都离不开双方的持续投入和紧密合作。

对计算机科学家来说，评价指标的相对提升往往能够产生学术成果，但并不意味着该技术在智慧司法领域能产生应用价值。此外，人工智能技术的应用，往往需要结合法律人的法律先验知识和办案逻辑，并不是一个简单的由输入得出输出的过程，这也对计算机科学家解决问题的思维方式和方法提出了巨大挑战。

对法律人来说，对人工智能技术的评价和态度容易陷入非 0 即 1 的判断，也就是"拥抱"或者"否定"。当人工智能技术在其他领域取得成功时，或者在法律的特定场景有成功应用时，持有"拥抱"态度的法律人往往会乐观地认为人工智能技术能够很轻易地应用在法律领域，或者扩展到其他所有场景。当人工智能在具体场景的效果达不到预期时，也容易得出技术无用的结论。而实际上，技术是不断演变的，它既不可能达到完美无缺的效果，也不会一直停留在一个阶段，数据基础、计算能力、法律知识的引入及算法框架的改进，决定了它的进化速度及什么时候能够达到可用的阈值。正如机器翻译的发展历程一样，从基于规则的机器翻译，到统计机器翻译，到目前广泛采用的神经网络机器翻译，它经历了从最初效果十分受限，到目前在某些翻译对上达到了人类的水平的过程。

所以说，智慧司法的发展，不光需要从国家层面提供大规模的数据基础、丰富的应用场景，还需要计算机科学家对法律知识和法律业务逻辑的理解，以及法律人对人工智能技术发展程度、解决方式的理解，这样才能从实用性出发，让技术真正服务于司法实践。

12.4　内容回顾与推荐阅读

本章主要介绍了人工智能技术在智慧司法领域的应用背景和研究现状。人工智能技术在法律领域的研究和应用由来已久。近年来，随着技术的不断发展和国家政策的不断推动，智慧司法的研究迎来了新的热潮。目前，国内的智慧司法研究主要基于海量的裁判文书数据，研究范围主要集中在基础数据的信息抽取及面向审判业务的智能辅助等方面。

然而，目前的学术研究与智慧司法的具体应用场景仍然存在着巨大的鸿沟，计算机科学家与法律人对于技术的理解和应用存在着理解的偏差。这也为之后的智慧司法研究指明了方向，例如，如何解决目前流行的深度学习模型在法律领域应用的可解释性，如何保证算法模型的可靠性，如何在算法中引入法律人的先验知识及司法实践经验等。

以下是与智慧司法相关的网络资源：

- 中国司法人工智能挑战赛主页 http://cail.cipsc.org.cn/，每年组织智慧司法相关任务的比赛测评，能够获得明确的智慧司法相关任务定义及训练数据，以及目前学术界流行的技术方案在智慧司法任务上的表现。

12.5　参考文献

[1]　He K, Zhang X, Ren S, et al. 2016. Deep residual learning for image recognition. Proceedings of the IEEE conference on computer vision and pattern recognition.

[2]　Deng J, Dong W, Socher R, et al. 2009. Imagenet: A large-scale hierarchical image database. 2009 IEEE conference on computer vision and pattern recognition.

[3]　Luo B, Feng Y, Xu J, et al. 2017. Learning to Predict Charges for Criminal Cases with Legal Basis. Proceedings of the 2017 Conference on Empirical Methods in Natural

Language Processing.

[4] Hu Z, Li X, Tu C, et al. 2018. Few-shot charge prediction with discriminative legal attributes. Proceedings of the 27th International Conference on Computational Linguistics.

[5] Zhong H, Zhipeng G, Tu C, et al. 2018. Legal Judgment Prediction via Topological Learning. Proceedings of the 2018 Conference on Empirical Methods in Natural Language Processing.

[6] He C, Peng L, Le Y, et al. 2018. SECaps: A Sequence Enhanced Capsule Model for Charge Prediction. arXiv preprint arXiv:1810.04465, 2018.

[7] Xiao C, Zhong H, Guo Z, et al. 2018. Cail2018: A large-scale legal dataset for judgment prediction. arXiv preprint arXiv:1807.02478, 2018.

[8] Ye H, Jiang X, Luo Z, et al. 2018. Interpretable Charge Predictions for Criminal Cases: Learning to Generate Court Views from Fact Descriptions. Proceedings of the 2018 Conference of the North American Chapter of the Association for Computational Linguistics: Human Language Technologies, Volume 1 (Long Papers). 2018, 1: 1854-1864.

[9] Yan Y, Zheng D, Lu Z, et al. 2018. Zooming Network[J]. arXiv preprint arXiv: 1810.02114, 2018.

[10] Kort F.Predicting Supreme Court decisions mathematically: A quantitative analysis of the "right to counsel" cases[J]. American Political Science Review, 1957, 51(1): 1-12.

[11] Ulmer S S. Quantitative analysis of judicial processes: Some practical and theoretical applications[J]. Law & Contemp. Probs., 1963, 28: 164.

[12] Nagel S S. Applying correlation analysis to case prediction[J]. Tex. L. Rev., 1963, 42: 1006.

[13] Keown R. Mathematical models for legal prediction[J]. Computer/lj, 1980, 2: 829.

[14] Segal J A. Predicting Supreme Court cases probabilistically: The search and seizure cases, 1962-1981[J]. American Political Science Review, 1984, 78(4): 891-900.

[15] Allen L E, Orechkoff G. 1957.Toward a More Systematic Drafting and Interpreting of the Internal Revenue Code: Expenses, Losses and Bad Debts[M]//Faculty Scholarship

Series.

[16] Buchanan B G, Headrick T E. Some Speculation about Artificial Intelligence and Legal Reasoning, [J]. Stanford Law Review, 1970, 23(1):40-62.

[17] Mccarty L T. Reflections on "Taxman": An Experiment in Artificial Intelligence and Legal Reasoning[J]. Harvard Law Review, 1977, 90(5):837-893.

[18] Hafner C D. 1978. An information retrieval system based on a computer model of legal knowledge[J].

[19] Kim M Y, Goebel R, Satoh K. 2015. COLIEE-2015: evaluation of legal question answering[C]//Ninth International Workshop on Juris-informatics (JURISIN 2015).

智能金融

——机器金融大脑

丁效　哈尔滨工业大学

海客乘天风，将船远行役。

譬如云中鸟，一去无踪迹。

——李白《估客行》

13.1 智能金融正当其时

13.1.1 什么是智能金融

智能金融是人工智能技术与金融服务全面融合的产物，它依托大数据、人工智能、云计算、区块链等技术，全面赋能金融机构，提升金融机构的服务效率，及时准确地响应客户的各类金融需求，拓展金融服务的广度和深度，以客户为中心，实现金融服务的智能化、个性化和定制化。

13.1.2 智能金融与金融科技、互联网金融的异同

智能金融是金融科技发展的新阶段。金融科技的发展经历了三个重要阶段：第

一阶段是电子金融阶段。在这个阶段，传统金融行业通过计算机的软硬件支持来实现金融业务的电子化、自动化，从而提高业务效率。1998 年，银行业率先推行 IOE（IBM、Oracle、EMC），由"小型机+数据库+数据存储"组成的系统一度被认为是大型金融企业后台的"黄金架构"，这也标志着电子金融时代的开启。时至今日，银行等机构中还在使用的核心系统、信贷系统、清算系统等，就是这个阶段最具有代表性的系统。

金融科技发展的第二阶段是互联网金融。此阶段主要是金融服务机构搭建在线业务平台，利用互联网或者移动终端的渠道汇集海量的用户并收集其信息，通过互联网技术分析用户行为，提供个性化服务，从而创新了金融服务渠道，实现信息共享和业务融合，使金融在覆盖面上得到扩展，客户可以随时随地自由操作办理金融业务，降低了客户的时间成本，同时节约了金融机构的人力开销。2003 年，支付宝的诞生拉开了互联网金融时代的大幕，这一阶段最具代表性的互联网金融服务包括网上炒股、网上理财、网上支付、P2P 网络借贷和手机银行。

金融科技发展的第三阶段是智能金融，这一阶段更注重回归金融本质。相比之下，在电子金融阶段，计算机技术并没有直接参与金融公司的业务环节，只是搭建了一个软硬件系统和平台，而在互联网金融阶段，金融科技更多的是拓展和创新了金融服务渠道，并没有将科技与金融业务本身进行深度融合。智能金融则是将人工智能等技术深入到金融行业的业务逻辑中，以真正解决传统金融的痛点，提升金融服务的效率和质量。这一阶段的代表技术包括智能投顾、智能风控、智能客服等。

13.1.3 智能金融适时而生

1. 国内环境

我国智能金融的发展得到了政策、技术、经济和社会的大力支持。2017 年 7月，国务院印发《新一代人工智能发展规划》，将智能金融上升到国家战略高度，明确提出："建立金融大数据系统，提升金融多媒体数据处理与理解能力。创新智能金融产品和服务，发展金融新业态。鼓励金融行业应用智能客服、智能监控等技术和设备。建立金融风险智能预警与防控系统"。有了国家政策的支持，还要有雄厚的技术保障。2006 年，加拿大多伦多大学教授杰弗里·辛顿（Geoffrey E. Hinton）在

Science 杂志上发表论文，提出深度信念网络，掀起了汹涌至今的人工智能第三次浪潮。人工智能在 2010 年以后进入第三个繁荣期，在深度学习、大数据和高算力的"三轮驱动"下，整个人工智能领域快速发展。人工智能的蓬勃发展也给智能金融提供了强有力的技术保障，自然语言处理、深度学习、知识图谱都是智能金融不可或缺的技术。

根据零壹财经统计，2016 年，全球金融科技公司拿到了 504 笔共 1177 亿元投资，其中中国的融资笔数占 56%，融资金额更是占了 78%。可以说，中国是全球金融科技投融资当之无愧的领头羊，而美国和印度位列第二和第三。与此同时，中国社会大众对智能金融产品的接受度和包容性也日益攀升，智能金融获得了空前的关注。无论是学术界还是产业界都在如火如荼地开展智能金融相关的前沿工作。

2. 国际形势

美国金融行业和高科技产业都极为发达，金融行业与高科技的融合也走在世界前列。FinTech（Financial Technology，金融科技）这个名词早在 20 世纪 80 年代初就已经在华尔街使用，而 FinTech 作为一个产业也是在美国这一特殊的产业背景下自发成长的，政府并未明显介入，是市场力量塑造产业生态的典型案例。目前，美国的金融科技产业发展处于国际领先水平，产业生态已经相当成熟。

根据美国知名研究机构 CB Insights 的统计，全球金融科技领域投资持续增长，2015 年达到 147 亿美元，总投资额相比 2012 年的 25 亿美元，增长了 488%。根据对美国金融科技公司的分析可以看出，支付清算、数据分析和监管科技是资本重点关注的细分类领域。而金融服务的六大板块：支付、保险、存贷、筹资、投资管理和市场资讯供给也都有相应的创新技术落地应用。例如，苹果支付（Apple Pay）使得支付向无现金时代迈进，UBI（Usage Based Insurance）模式车险，通过收集车主的驾驶行为习惯并进行大数据分析处理，评估车主驾车行为的风险等级，从而对保费进行个性化定价。

欧美国家传统金融行业相对稳定、自身创新能力较强，而科技行业盈利模式较为成熟且利润率较高，因此金融与科技巨头的跨界合作动力不足，反倒是中小金融科技公司在推动创新。金融机构主要通过投资并购参与其中，利用其中的技术提高自身金融产品的服务效率和能力。

13.2 智能金融技术

智能金融以智能科技与金融行业深度融合为特征，金融行业为智能技术提供落地应用场景，而智能技术则为金融行业带来了数据、算力和算法的全面革新。这其中涉及的主要技术包括大数据、云计算、区块链和人工智能。大数据技术为智能金融提供了最基本的数据保障，是一切智能技术的基础。云计算为智能金融提供了算力的保障，它使得全球的计算资源能够被弹性、灵活地分配调用。区块链以去中心化为基本特性，其安全可靠、不可篡改的属性为智能金融提供了安全性的保障。人工智能技术是加速智能金融发展的重要驱动力，其各项分支技术根据成熟度不同已经不同程度地渗透进金融行业，并改变着传统金融行业的服务模式。

大数据、云计算、区块链和人工智能都具有一套非常完整的技术体系，内容涉及面极其广泛，市面上也都有相应的书籍对其进行系统性的介绍，因此本章重点介绍大数据及人工智能技术在智能金融中的应用。而人工智能技术又有很多细分研究方向，结合笔者的技术背景，本章仅介绍自然语言处理、深度学习及知识图谱技术在金融行业发挥的作用。

13.2.1 大数据的机遇与挑战

金融产生大量的可对外界开放的数据，它为智能金融提供了宝贵的数据资产，也带来了整合加工和处理分析的挑战。例如，对银行而言，它拥有至少几十万家企业客户的信息，而其中一个信息的变动都有可能导致不良信贷风险，但这些信息也带来了营销的机遇。在传统媒体和新媒体百花齐放的年代，数据信息已经不单单是表格和数字，更多的是每日不停滚动的新闻、图片、视频和用户评论。将这些异构数据进行实时的收集、整合加工和处理分析，并及时发现风险及营销的关键点对金融行业至关重要。

1. 大数据的来源

金融大数据产生的主体有三种："人""机""物"。"人"指的是人类活动过程中产生的各类数据，包括评论、搜索日志、网页浏览记录、交易记录、维基百科、社会媒体数据流，等等。"机"指的是信息系统产生的数据，这些信息主要以文件、多媒体等形式存在，包括 POS 机数据、信用卡刷卡数据、电子商务数据、"企业资源规划"（ERP）系统数据、销售系统数据、客户关系管理（CRM）系统数据、公司的生产数据、库存数据、订单数据、供应链数据等。"物"指的是物理世界产生的数据，来自传感器、量表和其他设施的数据、定位/GPS 系统数据等。例如，服务器运行监控数据、押运车监控数据等。这些数据大多数为非结构化数据，需要用自然语言处理等技术进行分析。

针对大规模的金融数据，第一步是从非结构化金融数据中识别出金融实体，包括人（法人、高管、股东、合伙人、投资人等）、公司、投资机构、产品、行业，等等。第二步是发现金融实体之间的关系，形成"金融知识图谱"。很多金融决策都依赖于对金融实体之间内在关系的深入分析。例如，行业上下游关系、股权变更历史、定增与重大资产重组的关系等都需要深入关联来自多个信息源、多个时期、多个企业之间的数据。有了对金融数据的基本分析后，最需要的就是深入探究其业务逻辑，如并购、资产重组、定增、减持、挂牌，等等。每一个业务场景都有其内在的逻辑，这就需要"事理图谱"相关技术。一旦可以将业务逻辑常识化、结构化，一些较为简单的价值判断和风险评估就可由机器来完成了。

2．大数据在金融中的应用

金融业是数据密集型产业。传统金融业对 IT 设备的大规模投入使得金融数据库规模较大、数据易用性较好、技术和人才储备较为充裕。大数据技术的应用提升了金融行业的资源配置效率，强化了风险管控能力，有效促进了金融业务的创新发展。目前金融大数据在银行业、保险业和证券业都得到了广泛的应用。

（1）大数据在银行业的典型应用：信贷风险评估。内外部数据资源整合是大数据信贷风险评估的前提。一般来说，商业银行在识别客户需求、估算客户价值、判断客户优劣、预测客户违约概率的过程中，既需要借助银行内部已掌握的客户相关信息，也需要借助外部机构掌握的征信信息、客户公共评价信息、商务经营信息、收支消费信息、社会关联信息等。该部分策略的主要目标为数据分析提供更广阔的数据维度和数据鲜活度，从而共同形成商业银行贷款风险评估资源。

（2）大数据在保险业的典型应用：个性定价。保险企业对保费的定义是基于对一个群体的风险判断，对高风险群体收取较高的费用，对低风险群体则降低费用。

通过灵活的定价模式可以有效提高客户的黏性。而大数据为这样的风险判断带来了前所未有的创新。保险公司通过大数据分析可以解决现有的风险管理问题。例如，通过智能监控装置搜集驾驶者的行车数据，如行车频率、行车速度、急刹车和急加速频率等；通过社交媒体搜集驾驶者的行为数据，如在网上吵架的频率、性格情况等；通过医疗系统搜集驾驶者的健康数据。以这些数据为出发点，如果一个人不经常开车，并且开车十分谨慎的话，那么他可以比大部分人节省 30%~40%的保费，这将大大提高保险产品的竞争力。

（3）大数据在证券业的典型应用：智能投顾。智能投顾是近年证券公司应用大数据技术匹配客户多样化需求的新尝试之一，目前已经成为财富管理新蓝海。智能投顾业务提供线上的投资顾问服务，能够基于客户的风险偏好、交易行为等个性化数据，采用量化模型，为客户提供低门槛、低费率的个性化财富管理方案。智能投顾在客户资料收集分析、投资方案的制定、执行，以及后续的维护等步骤上均采用智能技术自动化完成，且具有低门槛、低费率等特点，因此能够为更多的零散客户提供定制化服务。随着线上投顾服务的成熟及未来更多基于大数据技术的智能投资策略的应用，智能投顾有望从广度和深度上同时将证券行业带入财富管理的全新阶段。

13.2.2　智能金融中的自然语言处理

首次将自然语言处理应用于量化交易的是对冲基金 CommEq。他们将新闻、财报、研报、社会媒体中的文本进行信息抽取后，利用机器学习模型发现影响市场波动的线索。CommEq 的投资方法结合了量价模型和自然语言处理技术，使计算机能够通过推断和逻辑演绎理解不完整和非结构化的信息。目前，基于自然语言处理技术进行量化交易最有名的公司是号称"取代投资银行分析师"的 Kensho 公司，他们利用自然语言处理技术从经济报告、货币政策、时政新闻等多个角度研究市场动态。

1．自然语言理解的四个空间

自然语言理解的四个空间是名（语言符号）、实（客观事实、主观事实）、知（知识）、人（语言的使用者），如图 13.1 所示。自然语言处理由浅入深的四个层面包括形式、语义、推理和语用，如图 13.2 所示。当前的自然语言处理技术仍然处于理解语义和进行最简单推理的阶段。对金融文本来说，一个至关重要的任务是抽取出其中描述的客观事实，以及推理事实之间的逻辑演化关系，进而判断其对金融市场产生的影响。因此，本节重点介绍金融文本的事件抽取工作，在随后两节重点介绍金融事理图谱的构建及基于事件的股市波动预测工作，以此为例向读者展示在金融领域运用人工智能技术对于金融服务质量和效率带来的提升。

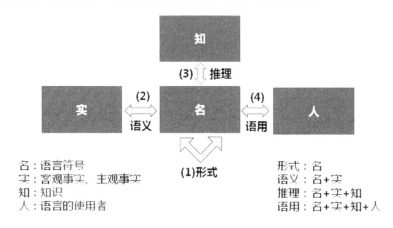

图 13.1　自然语言理解的四个空间

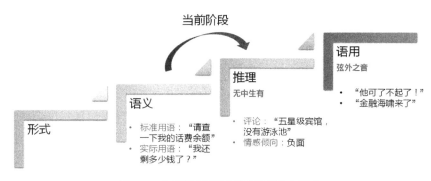

图 13.2　自然语言处理由浅入深的四个层面

2. 金融事件抽取

事件可以影响人们的决策，而人们的决策行为会影响对金融产品（股票、基金、期货等）的交易，这种交易行为会导致金融市场的波动。例如，苹果公司总裁乔布斯去世，第二天苹果股价大跌。谷歌公布财报收入好于预期，股价大涨。以往文本驱动的金融市场行情预测方法主要是基于词袋（bag-of-words）特征，这一方法最大的问题在于无法捕捉事件中的结构化信息，而结构化信息对于股票涨跌预测又非常重要。例如，"甲骨文公司诉讼谷歌公司侵权"，如果用词袋进行表示，则可以表示成"甲骨文""诉讼""谷歌""侵权"。由于没有结构化信息，我们不清楚是甲骨文公司诉讼谷歌公司，还是谷歌公司诉讼甲骨文公司，也就很难判断出哪个公司的股价会上涨，哪个公司的股价会下跌。因此，我们需要抽取出文本中的结构化事件并进行分析。上面的例子，如果用结构化的事件来表示，则可以表示成（施事："甲骨文"），（事件："诉讼"），（受事："谷歌"）。由此，我们就能够清晰地知道是甲骨文公司诉讼谷歌公司，谷歌公司的股价有可能受影响而下跌，而甲骨文公司的股价有可能会上涨。

不同的事件类型对金融市场的影响差别很大，所以要先定义金融领域的事件类型，然后让模型对事件进行分类。我们初步将金融领域中的事件分为 12 大类、30 小类，详细分类情况如表 13.1 所示。当然，针对不同的应用可以重新定义不同的事件类别体系，这里的事件类别体系重点服务于股市预测任务。

表 13.1　金融领域的事件分类

类　　别	子　类　别
重大事项（1）	高转送、企业合作、子公司上市、发布产品、解禁
重大风险（2）	负债、违法违规、停产停业、业务变卖、高管变动
持股变动（3）	增持、减持
资金变动（4）	资金增加、资金减少
兼收并购（5）	重组、合并
交易提示（6）	上市、保市、退市
政府扶持（7）	政府扶持
突发事件（8）	暴发疾病、自然灾害
财务业绩（9）	财务业绩上涨、财务业绩下跌
分析师评（10）	分析师看好、分析师看衰
股价实时（11）	股价上涨、股价下跌
特别处理（12）	公司戴帽、公司摘帽

在金融领域的事件抽取中，首先要确定抽取的事件类型，通过动词细分类进行动词过滤来确定对金融领域具有实际意义的触发词，再对这些实义触发词所涉及的

事件元素进行抽取。通过进一步的研究发现，这些事件触发词在金融语料中大部分是以谓语动词形式出现的，只要应用主谓宾模板抽取这些事件触发词的主语（SBV）和宾语（VOB），基本上就召回了这个事件触发词所涉及的事件元素，而不需要引入其他较为复杂的模式进行抽取。而对句子的主谓宾元素分析与抽取的最好工具就是依存句法分析器。

在实际的事件元素抽取过程中，文献（Ding, et al., 2013）发现依存句法分析器对定位主谓宾成分是比较准确的；然而，对于事件元素抽取这样精确度要求较高的任务，仅定位准确还远远不够，还需要将元素准确无误地抽取出来，而不是部分抽取。基于以上考虑，文献（Ding, et al., 2013）在依存句法分析的基础上给出了候选事件元素抽取方法。利用依存句法分析器定位事件主语核心词和宾语核心词，再结合名词短语句法分析器识别出主语和宾语所在的名词短语边界，从而给出完整的主语事件元素和宾语事件元素。

金融事件抽取基本框架如图 13.3 所示，事件元素抽取的流程主要分三个部分：确定事件类型，获取事件元素核心词，识别事件元素名词短语。下面简要介绍各个部分的功能和它们之间的关系。

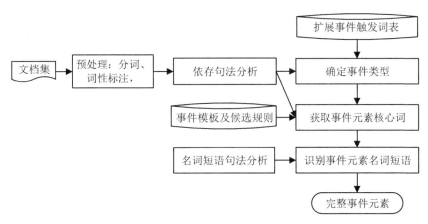

图 13.3　金融事件抽取基本框架图

1. 确定事件类型

该部分负责进行触发词的识别，从而使事件元素抽取系统可以依据匹配出的触发词类别进行后续的抽取工作。例如，文献（Ding, et al., 2013）提出将触发词经过动词细分类进行过滤，再通过 HowNet 进行动词聚类，并辅以人工的调整从而形成触发词类别。

2. 获取事件元素核心词

首先对含有触发词的句子进行预处理，具体包括分词、词性标注、句法分析等。随后事件元素抽取系统结合具体的抽取模式和手工设计的候选规则对预处理后的句子进行事件元素核心词的抽取。

3. 识别事件元素名词短语

名词短语句法分析器负责对事件元素核心词所在的名词短语进行边界的识别，从而形成完整的事件元素。该名词短语句法分析器的输入是分词后的句子，输出是名词短语分析结果，可以与依存句法分析器很好地结合在一起使用，而不会产生冲突。

13.2.3 金融事理图谱

本书第 2 章已经对知识图谱进行了详细介绍，其在金融领域的反欺诈、风险控制、投资决策、智能搜索、失联客户管理等任务方面起到了非常重要的作用。本章重点介绍知识图谱的另外一种形式——事理图谱及其在金融领域的应用。

1. 什么是事理图谱

事件是人类社会的核心概念之一，人们的社会活动往往是由事件驱动的。事件之间在时间上相继发生的演化规律和模式是一种十分有价值的知识。当前，无论是知识图谱还是语义网络等知识库的研究对象都不是事件。为了揭示事件的演化规律和发展逻辑，文献（Li, et al., 2018）提出了事理图谱（Eventic Graph）的概念，作为对人类行为活动的直接刻画。在图结构上，与马尔可夫逻辑网络（无向图）、贝叶斯网络（有向无环图）不同，事理图谱是一个有向有环图。现实世界中事件演化规律的复杂性决定了必须采用这种复杂的图结构。为了展示和验证事理图谱的研究价值和应用价值，哈尔滨工业大学刘挺教授团队从互联网非结构化数据中抽取、构建了一个金融领域事理图谱。初步结果表明，事理图谱可以为揭示和发现事件演化规律与人们的行为模式提供强有力的支持。

事理图谱中的事件用抽象、泛化、语义完备的谓词短语来表示，其中含有事件触发词，以及其他必需的成分来保持该事件的语义完备性。抽象和泛化指不关注事件的具体发生时间、地点和具体施事者，语义完备指人类能够理解该短语传达出的意义，不至于过度抽象而让人产生困惑。例如，"吃火锅""看电影""去机场"，是合理的事件表达；而"去地方""做事情""吃"，是不合理或不完整的事件表达。后面三个事件因为过度抽象而让人不知其具体含义。事件间的顺承关系是指两个事件在时间上先后发生的偏序关系；在英语体系研究中一般叫作时序关系（Temporal Relation），我们认为两者是等价的。例如，"小明吃过午饭，付完账后离开了餐馆。"吃饭、付账、离开餐馆，这三个事件构成了一个顺承关系链条。事件间因果关系指在满足顺承关系时序约束的基础上，两个事件间有很强的因果性，强调前因后果。例如，"日本核泄漏引起了严重的海洋污染"。"日本核泄漏"和"海洋污染"两个事件间就是因果关系，"日本核泄漏"是因，"海洋污染"是果，并且满足因在前，果在后的时序约束关系。事件顺承关系是比因果关系还广泛的存在。

事理图谱是一个描述事件之间顺承、因果关系的事理演化逻辑有向图。图中节点表示抽象、泛化的事件，有向边表示事件之间的顺承或因果关系。边上还标注了事件间转移概率信息。图13.4～图13.6分别展示了事理图谱中3个不同场景、不同图结构的局部事件演化模式图。这种常识性事件演化规律往往隐藏在人们的日常行为模式中，或者用户生成的文本数据中，没有显式地以知识库的形式存储起来。事理图谱旨在揭示事件间的逻辑演化规律与模式，并形成一个大型常识事理知识库，作为对人类行为活动的直接刻画。

图13.4 "结婚"场景下的树状事件演化图

图 13.5　"看电影"场景下的链状事件演化图

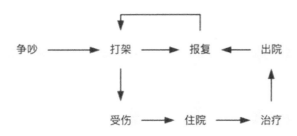

图 13.6　"打架"场景下的环状事件演化图

2. 事理图谱与知识图谱的区别和联系

事理图谱与传统知识图谱有本质上的不同。如表 13.2 所示，事理图谱以事件为核心研究对象，有向边只表示两种事理关系，即顺承和因果；边上标注有顺承转移概率信息和因果强度信息。这说明事理图谱刻画的是一种事件相继发生的可能性，不是确定性关系；而知识图谱以实体为核心研究对象，实体属性及实体间关系种类往往成千上万。知识图谱以客观真实性为目标，某一条属性或关系要么成立，要么不成立。

表 13.2　事理图谱与知识图谱的对比

	事理图谱	知识图谱
研究对象	谓词性事件及其关系	名词性实体及其关系
组织形式	有向图	有向图
主要知识形式	事理逻辑关系，以及概率转移信息	实体属性和关系
知识的确定性	事件间的演化关系多数是不确定的	多数实体关系是确定性的

3. 金融事理图谱样例

刘挺教授团队利用互联网无结构化数据构建了一个中文金融领域事理图谱。他们从腾讯和网易财经版块的共计 1,362,345 篇新闻文本，以及历时 10 年的报纸新闻语料中，过滤出共计 399,455 篇与财经相关的新闻。具体构建过程包括事件抽取、事件间顺承和因果关系识别、事件表示学习、事件转移概率计算等步骤，得到了一个具有 247,926 个事件节点、154,233 个因果对/有向边、3,111,720 条相似边/无向边的金融事理图谱。图 13.7 所示为该金融事理图谱的样例。从该事理图谱样例中可以看到很多典型的金融事件演化规律，例如，"粮食减产"→"食品价格上涨"→"通胀"→"股市下跌"→"降准"。这些事件的演化规律对于金融市场的波动预测、风险分析和控制都有非常重要的作用。

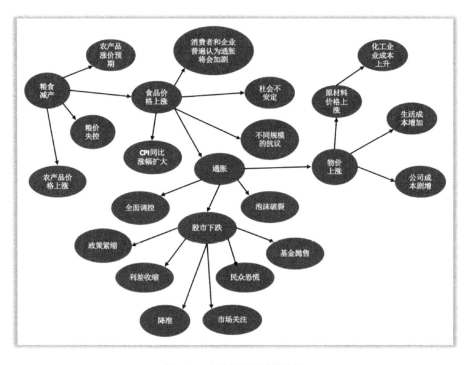

图 13.7　金融事理图谱的样例

13.2.4　智能金融中的深度学习

深度学习利用多层（深度）神经网络结构，从大数据中学习现实世界中各类事物（如图像中的事物、音频中的声音等）能直接被用于计算机计算的表示形式，被认为是智能机器可能的"大脑结构"。金融市场的数据特性主要表现为两个方面：一是数据量大，二是数据维度高。深度学习正是解决这些挑战的必然选择。

科尔尼咨询预计，到 2020 年，智能理财的渗透率将提高到 6%左右，管理的资产规模将达到 2 万亿美元（2015—2020 年复合年均增长率约 70%）。根据花旗银行的报告，人工智能投资顾问管理的资产，2012 年基本为 0，而 2014 年就激增到了 140 亿美元。在未来十年里，它管理的财产还会呈指数级增长，总额将达到 5 万亿美元。

基于深度学习的智能投资决策系统首先提高了人类对金融数据的阅读和分析效率。由李彦宏等人合著的《智能革命》一书提到，"20 世纪 90 年代，一个基金经理把市场当天产生的研报、舆情、新闻、交易数据看完，大概需要 10 个小时；2010年，把当天市场信息看完，大概需要 10 个月的时间；2016 年，把当天市场信息看完，大概需要 20 年的时间，相当于整个职业生涯"。通过深度学习技术对海量的金融数据进行获取和分析则仅需几分钟的时间，这对于时间至上的金融行业是一种颠覆性的技术革命。

深度学习在金融领域应用的技术主要体现在两个方面：一是表示学习技术用来帮助机器进行自动化的语义分析和理解（Ding, et al., 2015；Duan, et al., 2018），二是构建决策模型，在对金融市场海量数据进行深入分析的基础上，帮助人们对市场行情进行合理的判断（Ding, et al., 2014, 2016），下面分别简要介绍。

1. 基于深度学习的事件表示方法

由于传统的 One-hot 特征表示方式会使事件特征异常稀疏，不利于后续的研究和应用，文献（Ding, et al., 2015）提出了两种全新的事件表示方式。第一种离散模型是基于语义词典对事件元素进行泛化，进而缓解事件的稀疏性。第二种基于深度学习的连续向量空间模型，为每一个事件学习一个低维、稠密、实数值的向量表示，使得相似的事件具有相似的向量表示，在向量空间中相邻。

离散模型方法简单且有效，但是也存在着两个重要的局限性：其一，WordNet、VerbNet 等语义词典词覆盖有限，很多词难以在语义词典中找到相应记录；其二，对于词语的泛化具体到哪一级不明确，对于不同应用可能会有不同要求，很难统一。此外，即使对事件进行了泛化还是无法解决 One-hot 的特征表示带来的维度灾难（curse of dimensionality）问题。例如，假设词典中有 10,000,000 个词，那么本文离散模型需要用 10,000,000 维特征向量表示一个词。由此带来的特征稀疏问题，会导致后续的应用难以取得较好结果，并且超高维度的特征空间也会消耗大量的实验时间和空间存储，增加了计算成本。

为此，文献（Ding, et al., 2015）又提出了基于张量神经网络的事件表示方法，在该神经网络框架下事件的每一个元素及其所扮演的角色都会被显式地建模学习。图 13.8 所示为一个基于张量神经网络的事件表示学习框架的示例。

在该例中，两个张量 T_1 和 T_2 被分别用来建模学习施事者 O_1 与事件词 P 及受事者 O_2 与事件词 P 之间的关系。O_1T_1P 和 PT_2O_2 则被用来分别生成两个事件角色相关的向量 R_1 和 R_2。第三个张量 T_3 则被用来将 R_1 和 R_2 进行最后的语义合成并生成事件 E = (O_1, P, O_2)最终的向量 U。

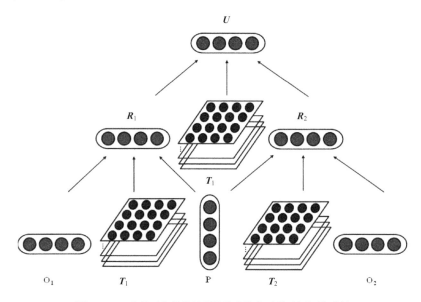

图 13.8　一个基于张量神经网络的事件表示学习框架的示例

2. 基于深度学习的金融预测模型

现实世界中的事件会对股市波动有影响，然而这种影响会随着时间的流逝而衰弱。图 13.9 展示了新闻事件对谷歌公司股市的影响，事件发生的第二天其影响达到最高峰值，之后随着时间推移影响力逐渐下降。值得注意的是，对于历史事件而言，尽管其影响力有所衰减，但还是对股价的波动有一定的影响作用。然而，前人很少定量分析长期历史事件对股市波动的影响，尤其少见将长期事件和短期事件结合起来预测股市波动的工作。为了填补这一空白，文献（Ding, et al., 2015）将长期历史事件看成一个事件序列，利用卷积神经网络将输入的事件序列进行语义合成，然后利用网络中的池化（Pooling）层抽取出信息含量最丰富的事件作为特征，并进一步利用网络中的隐含层学习股市波动和事件之间的复杂关系。

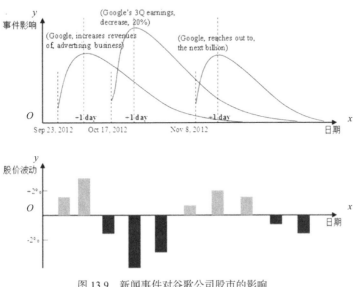

图 13.9 新闻事件对谷歌公司股市的影响

文献（Ding, et al., 2015）将长期事件定义为距离预测时间点一个月至一周内的新闻报道事件，将中期事件定义为距离预测时间点一周至一日的新闻报道事件，将短期事件定义为预测时间点前一天的新闻报道事件。如图 13.10 所示，该文提出基于卷积神经网络的预测模型可以联合学习长期事件、中期事件及短期事件对股市波动的影响。

模型的输入是连续的事件向量序列，事件按照报道时间的先后顺序排列。每一天的事件序列作为一个单独的输入单元（U）。模型的输出是一个二元分类，其中输出类别+1 代表模型预测当天股市的收盘价相对于开盘价上涨，输出类别-1 代表预测当天股市的收盘价相对于开盘价下跌。如图 13.10 所示，对长期事件（左侧）和中期事件（中间）将使用卷积操作，对最相邻的 l ($l = 3$)个事件进行语义合成。这一过程可以看作基于滑动窗口进行特征抽取和语义合成，以一个窗口为基本单元捕捉输入事件的局部特征信息。

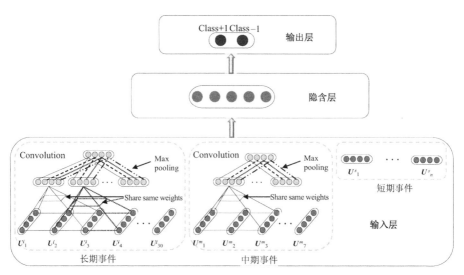

图 13.10　基于卷积神经网络的金融预测模型

对于股市预测任务，需要将全部的局部特征信息进行整合，进而对股市波动情况进行一个全局的预测。因此，在卷积层上再设置一个最大池化层用以抽取局部特征信息中最有代表性的特征并进行合成，最终生成全局特征。值得注意的是，卷积操作仅在长期事件和中期事件序列上进行，而每一个短期事件则直接作为一个输入单元输入到预测模型中，因此，在模型设计时加强了短期事件在全部输入事件中所占的比重。

13.3　智能金融应用

13.3.1　智能投顾

智能投顾又称为机器人投顾。前文提到，智能投顾旨在结合投资者的财务状况、风险偏好、理财目标等，通过已搭建的数据模型和后台算法为投资者提供数字化、自动化、智能化的理财建议。智能投顾以诺贝尔经济学奖得主马科维茨 1952 年提出的现代投资组合理论（Modern Portfolio Theory，MPT）及其后续修正模型（CAPM、B-L 模型等）为理论基础。

智能投顾首先出现于美国，2007 年美国成立 Betterment 公司，2008 年成立 Personal Capital 公司，2010 年成立 Wealthfront 公司，这些智能投顾领域的巨头公司的相继成立拉开了美国智能投顾的时代大幕。2016 年美国智能投顾行业管理资产规模为 3000 亿美元，而据世界知名咨询公司 A.T. Kearney 预测，2020 年智能投顾管理资产规模将增长至 2.2 万亿美元。相对于国外智能投顾的日趋成熟，中国智能投顾市场尚处于起步阶段。国内智能投顾公司及产品，按照研发主体大致可以分为三类：第一类是以蓝海智投、理财魔方为代表的独立第三方智能投资顾问平台；第二类是以京东智投、同花顺 IFinD 为代表的互联网公司智能投顾平台；第三类是以招商银行摩羯智投、平安一账通为代表的传统金融公司机构。

智能投顾涉及的智能技术包括：

（1）互联网或移动端的数字化平台。平台的搭建使得用户可以更简单、更便捷地获取理财产品资料、支付、投资及获得最终投资报告。

（2）智能化数据分析技术。利用多渠道的非结构化及结构化大数据，对用户进行用户画像，智能分析用户的投资风险偏好，对用户进行情绪管理；另外，还要对金融数据进行收集和分析，对市场行情做出预判，自动化生成投资策略。

（3）投资组合分析技术。通过对风险因子的分析、回测、模拟，为用户提供最优的投资组合建议。

13.3.2 智能研报

金融行业的主要特点包括信息高度密集、市场复杂且多变。一方面，金融数据过载非常严重；另一方面，在海量的金融数据中有效信息充裕度在降低。对于分析师而言，一方面，很难收集齐如此大量且形式多样的金融市场报告；另一方面，从中筛选出有用信息也需要花费大量精力。由此催生出了一个金融领域的新兴行业——智能研报。

智能研报主要分成三个步骤：第一步，处理和分析海量异构数据。首先，要对每天产生的财经新闻资讯、专家意见、大众评论等非结构数据，以及通过数据库、第三方平台等获取到的结构化数据进行处理与分析，将其转化成机器可读的数据格式；第二步是对数据进行实体识别、关系发现、事件发现等操作；第三步，根据固定的模板生成报告，例如券商分析研报、上市招股书、企业年报、定增公告、投资建议书等，当然，由于目前的智能技术还存在诸多瓶颈，对人类来说机器自动生成的报告还需要人工校对和二次编辑。

智能研报涉及的自然语言处理技术包括两大类：自然语言理解（Natural Language Understanding，NLU）和自然语言生成（Natural Language Generation，NLG）。自然语言理解主要将多源异构数据转化成结构化文本数据，这其中涉及的自然语言处理的底层分析技术有词法分析、句法分析、语义分析、命名实体识别、关系抽取、事件抽取等，而自然语言生成主要根据这些结构化的数据生成特定主题的描述性文章。

智能研报的国外典型公司非 Kensho 莫属，该公司成立于 2013 年，汇集了多位经济学及计算机科学领域的优秀人才。成立之初即获高盛 1500 万美元投资，由于其巨大的成功，2018 年被 S&P GLOBAL 以 5.5 亿美元收购。Kensho 的主打产品是 Warren，被称为金融投资领域的"问答助手 Siri"。Warren 具有高效的分析能力：利用云计算和大数据分析技术，得以把长达几天时间的传统投资分析周期缩短到几分钟，这是一个巨大的跨越。此外，Warren 具有强大的学习能力：能够根据各类不同的问题积累知识，并逐步获得成长。

国内典型的智能研报公司有文因互联和香侬科技等。两家公司的智能投研系统都主打自然语言处理和机器学习两大王牌技术。文因互联在知识图谱、数据结构化、语义推理和自然语言查询上有着雄厚的技术积累。香侬科技以深度学习算法和神经网络模型，解读亿万文本和图像，精准呈现关键信息。香侬科技提出了以"字"为单位的语言模型，在多项自然语言处理任务中取得了最优效果。

13.3.3　智能客服

智能金融的一个终极目标是实现普惠金融，希望所有老百姓都能从中受益，随着客户的激增，客户服务就变得非常重要，但是这也大大提高了人力成本。据艾媒咨询调研统计，66.4%的受访 B2B 用户和 60.9%的受访 B2C 用户在享受到好的客户体验后会购买更多的产品，而 71.3%的受访 B2B 用户和 54.6%的受访 B2C 用户在遇到劣质的客户服务体验后感到后悔，从而停止购买产品。艾媒咨询认为，客户服务是评判产品和企业的重要软指标，对塑造企业品牌至关重要。尤其是 90 后用户群体对客户服务的要求明显提升。

本书第 7 章已经对问答技术进行了介绍。尽管交互式问答系统能够满足用户以最自然的对话形式与系统进行交互，但是其在理解用户问题上仍然存在着大量挑战，其中最大的挑战之一便是对用户省略问句的理解及恢复。省略现象在日常对话、咨询和访谈类文本中广泛且大量地存在。人们在彼此交谈的过程中由于具有相似的背景知识及上下文语境信息，能够很容易地理解省略句的句意，但对交互式问答系统来说，正确地理解用户的省略问句从而返回相应的答案则十分困难。此外，智能客服还涉及语义检索技术、问题匹配技术、阅读理解技术、自然语言生成技术，等等。

在金融领域，智能机器人开始逐渐以各种形式出现在人们的生活、工作场景中，交通银行试点推出的智能服务机器人可以通过语音识别、触摸交互、肢体语言等方式，为银行客户提供聊天互动、业务引导、业务查询等服务。在 2017 天下网商大会新金融分论坛上，蚂蚁金服首席数据科学家漆远就透露，目前支付宝智能客服的自助率已经达到 96%~97%，智能客服的解决率达到 78%，比人工客服的解决率高出了 3%。

虽然智能客服技术还未完全成熟、服务质量还有很大的提升空间、市场仍然处于起步期，但是已经受到了资本的青睐。相信国内智能客服企业能够借助资本力量进一步提升技术成熟度，使智能客服的使用率得到显著增加。

13.4 前景与挑战

智能金融为金融行业开创了一个新的发展阶段，人工智能技术的瓶颈突破、金融场景的加速落地、计算机与金融的跨界深度融合都将大力推动智能金融取得新的突破。智能金融依托于人工智能技术的爆发，人工智能技术虽然正处于一个飞速发展期，但是我们也要看到它正面临着诸多瓶颈，例如计算机芯片能力的提升，自然语言处理技术难点的突破、多源异构数据的采集和结构化分析，等等。

以人工智能为代表的智能技术与传统金融业相结合将促使未来的金融服务更具普惠性。长期以来，由于在金融行业中存在着诸如信息不对称、获客成本高及风险不可控等问题，仅有大中型企业和富裕的个人可以享受到优质服务，而广大小微企业和长尾客户的金融需求并没有得到很好的满足。

人工智能等相关技术的不断发展成熟将促使金融行业的服务模式在未来发生巨

大变化，新科技的应用可以使得金融机构的服务触及更多尚未覆盖的群体，同时还可以降低金融机构的服务与运营成本，让客户获得更优质且成本低廉的产品与服务，进一步提升用户的满意度，最终实现全社会福利的提高。

智能技术为金融行业带来变革的同时，也必将使智能金融生态面临全方位的挑战，这些挑战既包括传统金融业与技术本身固有的风险与瓶颈，也包括金融与科技深度融合过程中新产生的问题，包括技术安全、市场监管、责任道德等问题。

（1）人工智能技术，尤其是自然语言处理、知识图谱等技术尚未成熟，落地应用还有很长的路要走。自然语言处理技术难点的根源在于人类语言的复杂性及语言描述的外部世界的复杂性。人类语言具有强大的灵活性和表达能力，理解语言需要有丰富的常识。知识图谱作为一个重武器，研发、构建成本极高，这也使得很多中小企业望而却步，而知识图谱的应用前景还需要更多的探索。

（2）新兴技术具有一定程度的不稳定性，对于业务会产生一定的影响，尤其是金融行业这种资金密集型行业，一旦技术具有较大漏洞将会造成无法估量的财产损失。近年来，由于技术漏洞导致的用户隐私泄露问题时有发生。另外，由于很多量化算法本身的风险问题，使得线下回测效果非常好，但是上线后却很难取得收益。虽然目前新兴技术面临着一定程度的挑战，但是我们相信随着产业界和学术界的共同努力，新技术会愈发成熟稳定。

（3）智能金融使得金融服务领域的准入门槛变低，新的金融生态不在原来的监管范围内，而监管机构往往只监管由其登记注册核发牌照的机构，因此监管面临着及时性与有效性上的巨大挑战。例如，2018 年 P2P 理财平台的频频爆雷，使投资者的资金在很大程度上血本无归。金融监管应该密切关注市场创新，及早介入，避免监管滞后。

（4）金融智能化程度的提升会触及一些伦理和社会责任道德问题，例如当前的智能金融产品收集了大量的用户个人数据，有些已经超过了必要的限度，属于对用户隐私数据的过度收集。如何确保不泄露用户的隐私，合规、合法地利用用户数据都是智能金融公司需要思考的问题。另外，保险行业通过精准的用户画像可以做到把高费率的产品推给低风险的用户，并且拒绝高风险用户的投保请求，这样保险机构将成为彻底的营利机构，其存在的社会意义将不复存在。

13.5　内容回顾与推荐阅读

本章主要介绍了什么是智能金融，智能金融科技和互联网金融的区别与联系，进而介绍了金融科技面临的国内环境及国际形势。通过对智能金融技术（大数据、自然语言处理、事理图谱、深度学习）及智能金融应用（智能投顾、智能研报、智能客服）的介绍，使读者对这一行业的前沿技术及落地应用有一个初步的了解和认识。

金融科技涉及的智能技术可以参考本书第 1~3 章、第 7 章和第 8 章的推荐阅读列表。

13.6　参考文献

[1]　Xiao Ding, Bing Qin, Ting Liu. et al. 2013. Building Chinese Event Type Paradigm Based on Trigger Clustering. In Proc. of the 6th International Joint Conference on Natural Language Processing (IJCNLP), 2013: 311-319.

[2]　Zhongyang Li, Xiao Ding, Ting Liu. et al. 2018 Constructing Narrative Event Evolutionary Graph for Script Event Prediction. In Proc. of International Joint Conference on Artificial Intelligence (IJCAI), 2018: 4201-4207.

[3]　Xiao Ding, Yue Zhang, Ting Liu, et al. 2015. Deep Learning for Event-Driven Stock Prediction. In Proc. of International Joint Conference on Artificial Intelligence (IJCAI).

[4]　Junwen Duan, Yue Zhang, Xiao Ding, et al. 2018. Learning Target Dependent Representations of Financial News Documents. In Proc. of COLING 2018: 2823-2833.

[5]　Xiao Ding, Yue Zhang, Ting Liu, et al. 2014. Using Structured Events to Predict Stock Price Movement: An Empirical Investigation. In Proc. of the 2014 Conference on Empirical Methods in Natural Language Processing (EMNLP), 2014: 1415-1425.

[6]　Xiao Ding, Yue Zhang, Ting Liu, et al. 2016. Knowledge-Driven Event Embedding for Stock Prediction. In Proc. of COLING 2016: 2133-2142.

计算社会学
——透过大数据了解人类社会

刘知远　清华大学

明月别枝惊鹊，清风半夜鸣蝉。

稻花香里说丰年，听取蛙声一片。

——辛弃疾《西江月·夜行黄沙道中》

14.1　透过数据了解人类社会

传统社会科学研究中的数据主要通过调查问卷或口头采访等方式获取，既耗时耗力，数据规模也很受限。进入互联网时代后，人类社会越来越多的信息以在线形式出现，为社会学研究提供了丰富的数据支持。特别是进入 Web 2.0 时代后，以用户为中心的服务（如微博、社交网站等）积累了大量的用户产生内容，包括用户个人档案（如性别、年龄、职业等信息）、用户社交关系网络（如关注关系、好友关系等）和文本信息（如微博、个人状态、博客等）等，成为社会学研究绝佳的数据来源。

顺应该趋势，2009 年由哈佛大学学者 David Lazer 牵头的来自信息科学、社会学和物理学的 15 位学者在 *Science* 杂志上联名发表题为 *Computational Social Science* 的文章，正式提出"计算社会学"的理念，阐述了利用计算手段从大数据中揭示社会学规律的学术思想和趋势，标志着社会学进入数据计算时代。短短几年内，计算社会学已成为人文社科领域重要的研究范式之一。*Science*、*Nature* 和《美国国家科学院院刊》等国际顶级学术期刊上大量涌现计算社会学的研究成果，众多学术期刊出版专刊介绍计算社会学研究进展。美国还成立了计算社会学学会，George Mason 大学甚至成立了计算社会学系，并成为世界上第一个正式授予计算社会学博士学位的单位。计算社会学无论对于揭示人类与社会规律，还是对于用户个性化服务，均具重要意义，因此基于社会媒体大数据的计算社会学研究，在学术界和产业界均引起广泛关注。

自然语言是社会媒体海量数据的重要组成部分，蕴藏了与用户及其复杂关系有关的丰富信息，是社会语言学、社会心理学等社会学分支的重要研究对象和研究角度，但是这些社会学分支所需的信息都隐藏在复杂的语言背后，需要利用自然语言处理和理解技术挖掘出来，才能被计算社会学研究进一步利用。随着机器学习和自然语言处理技术的发展，如何更好地分析社会媒体大数据中的自然语言已经成为计算社会学中的研究热点，近年来吸引了众多学者的研究兴趣，并已粗具规模。

接下来，我们将简介以自然语言处理为代表的人工智能技术，如何帮助人们更好地理解人类社会，并试图总结未来的研究趋势，希望对我国学术界和产业界在计算社会学的研究有所助益。

14.2 面向社会媒体的自然语言使用分析

传统的自然语言处理主要面向正式文本，例如新闻、论文等。这些文本遣词造句比较规范，行文符合逻辑，因此比较容易处理。自然语言处理技术按照处理目标分为几个层次。

（1）词汇层。主要是指在词汇级别的处理任务，如中文分词、词性标注、命名实体识别等。

（2）句法层。主要是指在句法级别的处理任务，如针对句子的句法分析、依存分析等。

（3）语义层。主要是指在语义空间的处理任务，例如语义分析、语义消歧、复述等。

（4）篇章层。主要是指在篇章级别的处理任务，如指代消解、共指消解等。

（5）应用层。主要是指利用自然语言处理分析技术完成的应用任务，如文本分类、信息抽取、问答系统、文档摘要、机器翻译，等等。如果读者希望对自然语言处理技术有更详细的了解，可以参考中科院自动化所宗成庆研究员的《统计自然语言处理（第 2 版）》或 Dan Jurafsky 与 James Martin 合著的 *Speech and Language Processing*。

进入社会媒体时代，用户产生的大量文本内容无论从词汇到造句都更加非正式，不仅存在大量拼写错误，还有很多网络产生的新用法，甚至出现用"网络用语"来命名的现象。那么，自然语言处理技术如何分析社会媒体文本呢？研究人员提出了文本正规化（text normalization）的任务，通过拼写纠错、词汇替换等方式，将非正式的网络文本转换为正式文本，再利用传统自然语言处理技术进行分析。当然这样还不够，研究人员还开始研究专门面向社会媒体文本特点的自然语言处理技术。

本章介绍的重点并不是面向社会媒体的自然语言处理技术，而是利用这些处理技术对社会媒体中的语言使用开展的分析工作。接下来，我们将介绍社会媒体语言使用方面的主要成果。

14.2.1　词汇的时空传播与演化

词汇是自然语言的基本表意单位，也是自然语言处理的基础。利用词汇在时空中的变化开展社会学研究在国内外都不鲜见。金观涛和刘青峰合著的《观念史研究》就通过分析近代文献中的特定词汇使用情况，探讨了中国现代重要政治术语的形成。哈佛大学研究团队利用 Google Books 收集并扫描识别的 1800 年到 2000 年之间的 500 万种出版物（占人类所有出版物的 4%），通过不同关键词使用频度随时间的变化，分析了人类文化演进特点，有了很多惊人的或有意思的发现。例如，他们发现在过去几百年里英语中越来越多的不规则变化动词演化成了规则变化动词；再如图 14.1 所示，通过 Google Books 中历年来使用 "The United States is" 和 "The United States are" 的统计趋势图，可以定量分析美国作为一个统一国家的概念是如何慢慢形成的。他们甚至为此提出了 "文化组学"（culturomics，仿照 "基因组学" 发明的新术语）的概念，对这些工作感兴趣的读者可以参考他们出版的科普专著 *Uncharted: Big Data as a Lens on Human Culture*，正如文献副标题所暗示的，基于大数据的定量分析为社会科学研究提供了一个全新的视角。

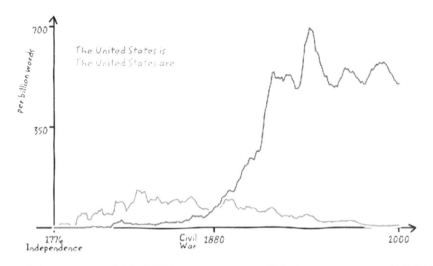

图 14.1　通过 Google Books 中历年来使用 "The United States is" 和 "The United States are" 的统计趋势图，可以定量分析美国作为一个统一国家的概念是如何慢慢形成的。来自文献（Aiden & Michel, 2013）。

在社会媒体中，新的词汇产生后，就会随着信息流动而进行传播和演化。一方面，新词汇的流行程度和形式会随着时间而演化，出现爆发和变形。不同新词汇的爆发程度和变形情况可能会受到不同因素的影响。另一方面，社会媒体中的用户分布在世界各地，其社交圈子往往会受到地理位置的限制，因此新词汇在社会媒体中用户间的传播，也会反映在地理位置的扩散上。一个词可能会先在某个地域流行，然后逐渐扩散到全国，甚至全世界。

探索词汇的时空传播与演化，研究意义重大，相关技术也比较容易做到。目前，已有关于英语词汇在社会媒体中的时空传播的研究。斯坦福大学 Jure Leskovec 等人从不同来源收集了约 9000 万篇新闻文章，利用引号从新闻中自动抽取流行语句，命名为模因（meme）。通过跟踪这些模因的使用频率随时间而变化的情况，能够及时、有效地把握美国政治、经济和文化生活（Leskovec, et al., 2009）。如图 14.2 所示，作者提到的典型模因 "you can put lipstick on a pig"（为猪涂上口红）是 2008 年美国总统大选中奥巴马讽刺竞选对手时引用的一句谚语，全句是 "你就算给猪涂上口红，它也还是只猪"，当时引起了选民的广泛争议，也让最早出现于 20 世纪 20 年代的谚语 "lipstick on a pig" 重新流行起来，一时间成了美国人民很爱用的一个短语。我们可以看到作者巧妙地使用了流行语作为社会热点问题的指标。

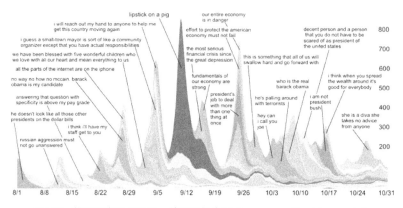

图 14.2　模因时序变化趋势，其中深色代表 "you can put lipstick on a pig"

值得注意的是，该工作巧妙地借助引号这种 "显式标注"，从海量文本中自动发现长度可变的流行语，有效地降低了识别流行语的计算难度。清华大学计算机系孙茂松教授也曾系统地总结了这类研究思路，提出了 "基于互联网自然标注资源的自然语言处理" 的研究范式，这对于如何有效利用大规模互联网数据具有极大的启发意义。后来，Leskovec 研究团队还进一步通过聚类算法，研究信息扩散的时序特征，分析推特和博客中模因使用的时序信息，共总结出 6 种时序曲线的主要形状。

上述研究主要对流行语使用频率的时序变化进行了分析，也有学者考察了社会媒体中词汇与地域的关系，例如，Eisenstein 等人发现同样的话题在不同地域会以不同的方式提出和讨论，为了探究推特中文本与使用者所处地域的关系，他们建立了一个瀑布模型，用来分析词汇变化如何同时受到话题和地域的双重影响，并把地理空间按照语言学上的群体进行分割，试图通过文本本身预测那些没有标注的用户所处的地域。词汇在地域上的差异和演化，与许多因素有关，如不同地域的文化风俗、地标建筑、方言俗语，等等。

进入深度学习时代，开始有学者通过词表示学习（word embedding）技术将不同时期的词汇映射到统一的低维语义表示空间中，分析词汇的词义时序变化模式（Hamilton, et al., 2016）。此外，也有学者利用词表示学习技术探讨大规模文档集合反映的人类政治偏见等问题（Caliskan, et al., 2017）。可以说，深度学习为计算社会学带来了更加强大的计算与表示工具，值得特别关注。

词汇是文本中负载信息的基本单位，考察社会媒体中词汇的时空传播与演化，无论对语言演化研究，还是对社会管理，均具重要意义。

14.2.2　语言使用与个体差异

人格心理学和社会语言学的相关研究认为，人们的个体差异会反映在他们语言使用的特点上。因此，如何定量建立语言使用与个体差异之间的关联，是学者关心的重要话题。这方面最具代表性的工作，是 20 世纪 90 年代 Pennebaker 和 King 提出的 Linguistic Inquiry and Word Count（LIWC）方法（Pennebaker & King, 1999）。其基本思想是以词汇作为语言使用定量分析的基本单位，首先通过人工收集、标注的方式建立不同类别的词典（如代词、数词、情感词等），然后在给定的个体或群体对应的文本中进行词频统计，从而建立个体差异（即不同人格）与词类比例（即语言使用特点）之间的关联关系。经过数次修订后，LIWC 已经形成了 70 余种分类词典，相关软件可以通过官方网站购买，而中国台湾地区学者黄金兰等人也在 Pennebaker 教授的授权下建立了中文版 LIWC 词典。

目前，从语言使用的角度探索个体差异的研究，大部分采用了类似于 LIWC 的研究范式。Pennebaker 教授的研究团队在这方面做了大量有影响力的工作。他们发现，抑郁与自杀者往往会在文本中发出可侦测的求救信号；初次约会的时候，对象之间几分钟的对话就可以预测彼此的好感，而情侣间的对话也可以预测几个月后持续交往的概率；团队的凝聚力和合作倾向也可以通过内部对话做出预测；谎言的相关语言特性也有助于分辨真假；语言使用分析还将有助于结识新朋友；语言使用还与年龄有千丝万缕的联系，等等。

然而，以上研究仍然未脱离传统社会学研究的藩篱，大部分是在受限的小规模数据上开展的。而在大规模在线社会媒体背景下，通过语言使用分析个体差异更凸显其重要性，一方面，很多在小规模数据上建立的社会理论，需要在大规模真实数据上进行验证；另一方面，利用社会媒体用户产生的文本数据推测用户的人格或心理特点，在个性化推荐服务中发挥重要作用。因此近年来，在社会计算领域提出了用户建档（user profiling）的研究任务，旨在利用用户产生内容预测用户的各种属性，既包括用户的各种简单属性，如性别、年龄和地理位置等，也包括用户的复杂属性，如兴趣、政治倾向、性格特点和主观幸福感等。

前述基于 LIWC 的研究与用户建档研究的主要不同在于：

（1）前者侧重于人格差异与语言使用之间的关联关系的发现，而后者侧重于将语言使用作为特征来建立预测用户属性的模型。

（2）前者更纯粹地考察语言使用与个体差异的关联，而后者则会将语言使用与用户的其他方面的特征（如用户的社会网络结构、在线行为模式等）综合起来进行属性预测。

（3）前者对语言使用的分析还基本停留在词频统计的层面，而后者则充分利用了机器学习和自然语言处理领域的最新研究成果，如向量空间模型、隐含主题模型、时间序列分析等，其定量分析的广度和精度均为前者所不及。

目前，面向大规模在线社会媒体的语言使用与个体差异的关系研究尚处于起步阶段，一方面，在线社会媒体为研究提供了更丰富的分析素材和角度；另一方面，机器学习和自然语言处理的发展也为语言使用分析提供了更丰富的维度。可以预期，未来将能看到关于语言使用与个体差异的更多、更深层次的分析和发现。

14.2.3　语言使用与社会地位

语言是人类相互交流的工具，而社会中的人存在着地位差异。那么语言使用方式与人的地位差异有什么关系呢？这是一个社会语言学的经典问题。

社会语言学理论提出，地位越低的发言者越需要从语言上适应地位高的听者；相反，地位越高的人越不需要调整自己的语言方式去适应别人。在过去，由于缺少相关的大规模数据，有关理论一直缺少定量分析的支持。美国康奈尔大学 Danescu-Niculescu-Mizil（简称 Mizil）等学者对这个问题进行了深入探讨，做出了一系列开创性的研究成果。

Mizil 等人选取线上和线下两个场景验证了交流行为是如何体现权力关系的。两个场景分别是维基百科中编辑的在线讨论，以及法庭庭审现场的辩护对话。值得注意的是，这里所谓的语言使用方式，并不是实词的使用，而是虚词的使用，甚至可能连发言者都没有注意自己这种发言方式的变化。该研究定量验证了参与讨论的人之间权力的差异会在两人如何回应对方的语言方式上有所体现。

该理论也在推特平台上得到了验证。首先，作者同样利用介词等虚词的使用情况，考察了交流双方的语言风格是如何彼此适应的。然后，作者考察了交流双方之间影响的不对称性，以及这种不对称性与社会地位的关系，即地位高的人不会去适应地位低的人，而地位低的人要付出更多去适应地位高的。研究结果表明，虽然推特对交流增加了一些限制（非面对面，非实时，而且只能说 140 个字），但交流中仍然有比较明显的语言适应行为。

礼貌用语的使用与社会地位之间也有密切关系。作者分别对维基百科编辑和 Stack Exchange 论坛的讨论者进行研究，把用户对他人提出请求时的对话摘录出来，其中的一句是真正的请求，另一句是客套话，然后由标注者为其礼貌程度进行评价。研究结果表明，维基百科编辑在选举中试图获得更高地位时会更加礼貌，而一旦选上，礼貌程度就会下降。这种情况也同样出现在 Stack Exchange 上，人们的礼貌程度与地位呈反比关系。

该理论还被用来定量分析社区用户的语言使用变化情况。作者以两个大型啤酒讨论社区作为研究对象，发现用户在社区中一般会经历两个阶段，第一个阶段是他们刚进入社区时，期间他们会积极学习适应社区的语言使用规则，而接下来他们逐渐不再做出改变，任由规则变化，最后逐渐退出社区主流群体。该研究工作的学术意义在于，定量探索了在社区与个人的相互作用下，语言使用规则变化的复杂性。

Mizil 等人开创性地在社会媒体大数据上定量验证了社会语言学中的重要理论，并进一步利用该理论展开社会学研究。社会语言学乃至社会心理学中仍有大量的理论有待在大规模社会媒体中得到验证和利用，而语言使用是不可忽视的重要角度。

14.2.4　语言使用与群体分析

作为广大互联网用户在线交流信息和观点的平台，社会媒体汇集了用户产生的内容，这些内容从整体上反映了人们关注的社会焦点和主要立场。从语言使用的角度，可以通过两个方面对这些用户进行群体分析：

（1）作为文本内容的客观部分，分析用户群体关注的话题及其趋势。

（2）作为文本内容的主观部分，分析用户群体的情绪、观点及其演化过程。

作为文本内容的客观部分，文本的话题检测与跟踪（Topic Detection and Tracking，TDT）是自然语言处理和信息检索领域的传统研究问题。最初，这个研究问题是面向新闻媒体流提出的，旨在发现与跟踪新闻媒体流中的热点话题的趋势。在该任务中，一个话题是由一个种子事件及与其直接相关的事件组成的。在话题检测中有很多子任务，例如话题检测、话题跟踪、首次报道检测、关联检测，等等。面向社会媒体的话题检测与跟踪已经成为 TDT 的最新研究趋势，图 14.3 所示为利用隐含主题模型分析推特话题并做可视化的样例，图 14.4 则是对推特话题变化趋势的分析与可视化。当然，我们可以用单词或短语来表示话题，这样就可以利用14.2.1 节中的技术。但是，从实用角度而言，为了增强话题检测与跟踪的表达和概括能力，我们往往需要借助隐含主题模型等技术，同时使用隐含主题和词汇一起展示社会媒体的话题及其演化趋势，这是近年来的最新发展趋势。

图 14.3　利用隐含主题模型分析推特话题并做可视化。来自文献（Ramage, et al., 2010）

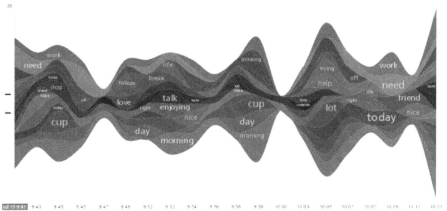

图 14.4　推特话题变化趋势的分析与可视化

作为文本内容的主观部分，用户也会在社会媒体中表达他们的情绪、倾向和观点等主观情感。而社会媒体文本与传统媒体文本（如新闻）的最大不同也在于此，因此有大量研究聚焦于社会媒体的用户情绪和情感分析。如图 14.5 所示，作者通过分析 3 亿条推特数据中的情感词汇的使用情况，探索美国人的情绪随时间和地域的变化趋势，可以看到美国全国各地、一周七天甚至每天 24 小时人们的情绪变化，得到很多有意思的结论。例如，美国人在下午的时候会变得烦躁，而在晚上开始好转；居住在美国西部的人普遍比东部沿海的人快乐，而位于美国南部的佛罗里达州几乎是最快乐的地方，等等。另外一个颇有影响力的工作是 "We Feel Fine" 项目，作者仅通过 "We Feel X" 的模板（其中 X 是待统计的情感词汇），在互联网博客等社会媒体中统计用户的情感分布，并用各种用户友好的可视化方案呈现给读者，可以很方便地查看不同类型用户（如男女、年龄）的主要情绪分布。可以说，该工作也是充分利用互联网的海量、冗余的特点成功运用"基于互联网自然标注资源的自然语言处理"学术思想的典型代表。

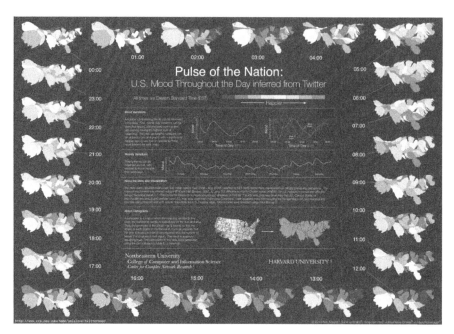

图 14.5　利用推特数据分析美国人情绪的时序变化。来自文献（Mislove, et al., 2010）

14.3　面向社会媒体的自然语言分析应用

面向社会媒体的自然语言分析技术有很多方面的应用，本节着重介绍几个有代表性的工作成果，相信在未来，会有更丰富而深入的自然语言分析应用涌现出来。

14.3.1　社会预测

社会媒体用户产生内容在很大程度上反映了人们对社会生活方面的关注和立场，因此被广泛用来进行各种社会事件的预测，包括产品销量（如电影票房收入）、体育比赛结果、股市走势、政治选举结果（如美国总统大选）、自然灾害传播趋势（如流行病传播），等等。

仅以政治选举为例，很多工作发现社会媒体中关于候选人的提及率就是很好的预测指标，例如根据脸书上的支持率就能够成功预测 2008 年美国总统大选的结果。更惊人的是，《信号与噪声》（Silver, 2012）的作者 Nate Silver 在 2012 年准确预测了美国 50 个州的总统选举结果，虽然他不仅使用社会媒体中的信息，而且充分利用可获得的各类信息进行预测，但毫无疑问，社会媒体在其中发挥了重要作用。2012 年 *Nature* 上发表的一篇题为《一个 6100 万人参与的关于社会影响和政治动员的实验》的文章，系统分析了 2010 年美国总统大选期间脸书用户的相关情况，发现通过脸书上的信息递送等社会动员（Social Mobilization），至少影响了现实世界中数以百万计人群的政治自我表达和投票行为。这说明，社会媒体不仅反映了人们的各种立场，可以用于预测，还会对人们的现实生活产生深远的影响。在未来，如何将预测与干预有效结合，更好地分析、管理和利用社会媒体平台，将是身处于大数据中的每个政府、企业和政策制定者面临的重要课题。

毋庸置疑，由于社会媒体用户属性与现实社会的用户属性存在一定偏置，例如在我国，社会媒体上年轻人居多，收入相对较高，因此他们传达出来的关注与观点，并不能完全反映整个社会的立场和形势。因此，近年来，在社会预测与干预研究轰轰烈烈开展的同时，也有人反思其有效性。但纵观大势，随着移动设备的普及和互联网的发展，越来越多的人成为社会媒体用户，相信只要充分正视在线社会媒体与真实社会之间存在的偏差，我们就能更好地利用社会媒体做好社会管理工作，更好地为人类生活服务。

14.3.2 霸凌现象定量分析

面向社会媒体的自然语言分析不仅可以用来进行社会预测，还可以用来解决社会公益问题，其中霸凌（bully）现象就是典型代表。霸凌是社会科学，尤其是青少年研究的经典研究课题。然而，传统研究方法中这个课题的数据普遍量小、缺乏、对问题的呈现不够全面。而在社会媒体领域中关注这一话题的人士又普遍把视野局限在了网上欺负他人这个小范围内，没能将线上线下的霸凌行为进行整合。有研究对推特上与霸凌有关的文本/叙述进行分析，其关注的范围包括现实和虚拟环境中的欺负行为。

在这个研究中，先是从大量的推特博文中选取了与霸凌有关的作为原始数据，再主要进行四个方面的分析：文本分类（把含有霸凌关键词但并不相关的文本剔除）、角色判断（判断在欺负行为中是指责者、欺负者、受害者、报告者或其他）、感情分析和话题判断。该课题也证明，面向社会媒体的自然语言分析将有助于识别霸凌现象，及时干预，给予儿童更健康的生活环境。

14.4　未来研究的挑战与展望

关于面向社会媒体的自然语言分析及其应用，已然成为 2019 年的研究热点，呈星火燎原之势，以上简介限于笔者所见，难免有顾此失彼、挂一漏万之处，需要感兴趣的读者不断探索更多的研究成果和发现。然而，通过以上研究工作，我们可大致总结出面向社会媒体的自然语言分析及其应用的发展趋势。

（1）自然语言的深度分析。我们可以看到，仅基于词汇层（单词或短语）的简单统计，就已经产生了大量影响深远的研究工作。而近年来，伴随着互联网大数据爆发式的增长，自然语言处理和机器学习领域飞速发展，未来有更多的自然语言深度分析的技术和工具不断成熟，例如从大规模文档集合进行词汇语义聚类的隐含主题模型，从大规模文档集合自动学习词汇语义表示的深度学习技术，进行情感分析和观点挖掘的相关技术，进行跨语言分析的机器翻译技术，对人类知识进行结构化管理和推理的知识图谱，等等。这些技术和工具的不断成熟和完善，将使我们面向社会媒体的分析如虎添翼，打开另一双天眼，看到以往无法看到的世界，从而发现以往不能发现的规律。

（2）跨媒体、跨平台、跨信息源的综合分析。就媒体类型而言，虽然社会媒体的出现对传统主流媒体（如国内各大新闻门户网站）产生重大冲击，但可以看到，主流媒体和社会媒体各有侧重、互为补充、深度交融，均为人们日常生活中不可或缺的信息来源。在很多情况下，主流媒体的相关新闻事件可以作为社会媒体分析的大背景，是分析人格特质的重要因素，例如探索人们在面临重大事件（如特大自然灾害）时的反应，等等；就社会媒体平台而言，无论是推特还是脸书，都只反映了人们生活的某个切面，例如以推特为代表的平台更具备自媒体特质，而以脸书为代表的社会网络服务更具备好友圈特质，但这些平台背后都是同样的人，他们在不同平台上会有怎样不同的表现，以及这样表现的原因是什么，这既是社会学关心的话题，也是商业服务关心的问题。社会计算中的一个热门研究问题就是社会媒体跨平台的相同用户识别；就信息源而言，社会媒体用户产生的内容非常丰富，包括文本、图像、社会网络以及大量结构化信息（如脸书中的个人属性，虽然往往填写不完整、不准确），其中文本内容固然是重要组成部分，也是本书关注重点，但其他信息源亦扮演重要角色，例如大规模社会网络分析、大规模图像标注，等等。未来，面向社会媒体的分析及其应用，需要将文本内容与其他信息源充分融合，进行跨媒体、跨平台的融合分析，只有充分进行跨媒体、跨平台和跨信息源的综合分析，才能发现人类社会更复杂、更深层的科学规律。

总之，面向社会媒体的自然语言分析与应用，无论对社会学和信息科学各领域的推进，还是对商业服务的发展，均具有重要意义，日益引起人们的关注。其原因不言而喻，语言是人类区别于其他生物的最大特点，是进化厚赠人类的最珍贵礼物，也是人工智能、神经科学、社会语言学等领域孜孜以求、希望真正理解的人类本质，还是人们进行日常交流、传承文化的重要载体。可以想象，随着自然语言处理和机器学习等技术的高速发展，面向社会媒体的自然语言分析与应用必将大行其道，大有作为。

14.5　参考文献

[1]　Aiden E, Michel J. 2013. Uncharted: big data as a lens on human culture. Penguin.

[2]　Caliskan A, Bryson JJ, Narayanan A. 2017. Semantics derived automatically from language corpora contain human-like biases. Science. 2017. Apr 14;356(6334):183-6.

[3]　Hamilton, W.L., Leskovec, J. and Jurafsky, D., 2016. August. Diachronic Word Embeddings Reveal Statistical Laws of Semantic Change. ACL.

[4]　Leskovec J, Backstrom L, Kleinberg J.2009. Meme-tracking and the dynamics of the news cycle. WSDM.

[5]　Mislove A, Lehmann S, Ahn Y, et al.2010. Pulse of the nation: Us mood throughout the day inferred from Twitter. 2010.

[6]　Pennebaker J W, King L A. 1999. Linguistic styles: language use as an individual difference. Journal of Personality and Social Psychology.

[7]　Ramage D, Dumais S T, Liebling D J. 2010. Characterizing microblogs with topic models. ICWSM.

后记

刘知远　清华大学

与老牌学科如物理学、化学等相比,计算机学科还非常年轻,学科体系长期处于剧烈变革之中。作为计算机应用的重要方向,人工智能和自然语言处理自然更不例外,与现实应用紧密相关,技术发展日新月异,常给人今是昨非之感。在这种情况下,传统学术期刊的那种投稿 1~2 年才能见刊的模式已经赶不上技术革新的速度,年度学术会议显然更符合计算机学科发展和交流的需求,可以看作一种"小步快跑"的模式。阅读学术论文、参加学术会议是进入学术界、走进学术前沿的重要方式。在学术会议上,不仅可以集中听取最新的成果报告,还有讲习班(Tutorial)、工作坊(Workshop)、社交活动等形式,了解那些不会写到论文中的技术动态,结识学术泰斗和朋友,走向学术人生巅峰。

1. 国际学术组织、会议与论文

在国际计算机领域,活跃着众多专业学术组织,吸收专业学者和学生作为会员,定期组织学术年会,报告学术论文,让学者们更方便地交流最新研究成果。这里以自然语言处理领域为例,介绍国际学术组织和学术会议的组织形式,以及国际学术论文的查找方式。

自然语言处理(Natural Language Processing,NLP)在很大程度上与计算语言学(Computational Linguistics,CL)重叠。与其他计算机学科类似,NLP/CL 领域有

一个规模最大、最权威的国际专业学会，叫 The Association for Computational Linguistics（ACL，http://aclweb.org/）。ACL 学会主办了 NLP/CL 领域最权威的国际学术会议，即 ACL 年会。ACL 学会还在北美和欧洲设有分会，定期召开年会，分别称为 NAACL 和 EACL。值得一提的是，2018 年，在 ACL 年会上宣布成立了亚洲分会 AACL，并定于 2020 年与亚洲另外一个著名国际会议 IJCNLP 合办第一届 AACL 分年会。

除了举办年会，ACL 学会下分设多个特殊兴趣小组（Special Interest Groups，SIGs），聚集了 NLP/CL 不同子领域的学者，性质类似于一个大学校园的兴趣社团。其中比较有名的诸如 SIGDAT（Linguistic Data and Corpus-based Approaches to NLP）、SIGNLL（Natural Language Learning）等。这些特殊兴趣小组也会自主组织相关主题的国际学术会议，其中最有名的是 SIGDAT 的 EMNLP（Conference on Empirical Methods on Natural Language Processing）和 SIGNLL 的 CoNLL（Conference on Natural Language Learning）。EMNLP 发起于 1996 年，由于契合了近 20 年数据驱动的统计自然语言处理的发展脉动，受到广大学者的关注，也吸引了很多机器学习领域的学者参与。

国际上还有一个老牌 NLP/CL 学术组织 International Committee on Computational Linguistics，每两年组织一次学术年会 International Conference on Computational Linguistics（COLING），也是 NLP/CL 的重要学术会议。NLP/CL 的高水平学术成果主要分布在 ACL、NAACL、EMNLP、COLING 等几个学术会议上。

作为 NLP/CL 领域学者的一个重要福利，ACL 学会网站用心建立和维护 ACL Anthology 页面（https://www.aclweb.org/anthology/），收录了 NLP/CL 领域绝大部分重要国际会议的论文全文并提供免费下载，甚至包括了其他学术组织主办的学术会议（如 COLING、IJCNLP 等）。新版 ACL Anthology 不仅支持基于谷歌的全文检索功能，还为每位学者建立了在这些会议上发表论文的主页，可谓"一站在手，NLP 论文我有"。

NLP/CL 领域也有自己的旗舰学术期刊，发表过很多经典学术论文，那就是 *Computational Linguistics*，该期刊每期只有几篇文章，平均质量高于会议论文，读者时间允许的话值得及时跟进。由于审稿周期较长，近年来对学者投稿的吸引力下降。为了提高学术影响力，ACL 学会创办了会刊 *Transactions of ACL*（TACL，http://www.transacl.org/），由于审稿周期与会议论文相当，并提供在各大学术会议上报告论文成果的机会，获得了不少学者的青睐，成长很快值得关注。值得一提的是，这两份期刊也都可以通过 ACL Anthology 开放获取。此外，也有一些与 NLP/CL 有关的期刊，如 *ACM Transactions on Speech and Language Processing*、*ACM Transactions on Asian Language Information Processing*、*Journal of Quantitative Linguistics*，等等。

根据 Google Scholar Metrics 2018 年发布的 NLP/CL 学术期刊和会议论文引用排名，ACL、EMNLP、NAACL、SemEval、TACL、LREC 位于前 6 位，基本反映了本领域学者的关注程度。其中，ACL、EMNLP、NAACL 的 H5-Index 和 H5-Median 明显高于其他会议和期刊，也是该领域每年参会人数最多的会议，可谓 NLP/CL 的三大顶级国际会议。另外，ACL 学会维护了一个 Wiki 页面（http://aclweb.org/aclwiki/），包含了大量 NLP/CL 的相关信息，如著名研究机构、历届会议录用率，等等，值得读者深挖。

值得注意的是，虽然计算机领域学术会议论文的发表周期已经非常短，但是仍然不能满足深度学习等方向的迅猛发展。因此，越来越多的学者选择绕过学术会议或期刊的审稿流程，直接通过 arXiv 等预印本平台在线发布论文。由于省去了同行评议的流程，这些最新学术成果得以更快地发布；但也由于缺少同行评议的意见和过滤，导致预印本平台上发布的论文质量良莠不齐，需要有较强的鉴别力才能找到其中真正有价值的工作。毋庸置疑，arXiv 已经成为深度学习和自然语言处理最新进展的重要发布渠道，Yoshua Bengio 等著名学者及其团队的最新研究成果，往往先发布在 arXiv 上，再发表在相关顶级会议上。因此，arXiv 是了解大数据智能最新进展的重要信息渠道。

由于 arXiv 预印本客观上冲击了 NLP/CL 学术会议审稿的双盲规则（投稿作者和评阅人互相看不到对方身份），相关学者对通过 arXiv 率先发布成果看法不一，众说纷纭。为了更好地执行双盲规则，从 2018 年开始，ACL、EMNLP、NAACL 等会议提出了一种折中方案，将投稿截止时间前 1 个月也纳入匿名时段，即从投稿截止前 1 个月到稿件得到录用/拒稿通知，都不允许作者将具名论文发布到 arXiv 等预印本平台；对截稿前 1 个月以前发布到 arXiv 上的论文，也不允许在匿名时段再做更新或做媒体宣传。也就是说，就学术会议审稿公正性而言，并不鼓励将成果预先发布到 arXiv 预印本平台上。估计对这个问题的争论还会持续，也许未来的确需要探索一种能更好地兼顾高效与公平的学术论文发表机制，这是题外话就不再展开。

2. 相关领域的国际学术会议与期刊

NLP/CL 主要以自然语言文本为研究对象，与人工智能、机器学习、信息检索、数据挖掘、计算机视觉、知识工程等很多方向密切相关。例如，自然语言处理是人工智能的分支，而且人工智能的机器人、决策、知识表示等研究领域也与自然语言处理有交叉重叠；自然语言处理的很多模型方法都来自机器学习的最新进展，自然语言处理也为机器学习提供独特的学习任务进行研究；信息检索关心的查询词、文档等也是自然语言文本，因此与自然语言处理关系密切；社会媒体中的用户生成内容很多为文本形式，是数据挖掘和自然语言处理共同关心的对象；计算机视觉和自然语言处理共同关注跨模态智能处理技术，如图像描述生成（Image/Video Captioning）等；知识和语言的天然关联性，也决定了知识工程与自然语言处理的交叉合作。这里主要介绍几个重点相关领域的国际学术会议与期刊。

人工智能领域相关学术会议包括 IJCAI 和 AAAI。AAAI 全称美国人工智能年会，IJCAI 全称人工智能国际联合大会。这两个会议方向非常广泛，涵盖机器人、知识、规划、自然语言处理、机器学习、计算机视觉等几乎所有 AI 子领域，是 AI 领域 "奥运会" 式的学术会议。近年来，由于 AI 领域备受社会各界关注，这两个会议的录用论文数也成倍增长。以 AAAI 2019 为例，投稿数猛增至 7000 多篇，最终录用 1150 篇，录用率降低至 16.2%。有些老师在社交媒体上评价：AAAI/IJCAI 像花样齐全的 "奥运会"，而 ACL/EMNLP/NAACL 更像专业领域的 "锦标赛"。所以对专业领域任务的精细研究，更多发表在锦标赛式的专业会议上。知识表示等方向没有更权威的专门学术会议，因此更多发表在 AAAI/IJCAI 上。人工智能领域相关学术期刊包括 *Artificial Intelligence* 和 *Journal of AI Research*。

机器学习领域相关学术会议包括 ICML、NIPS、ICLR、AISTATS 等。其中 NIPS 的全称为 Conference on Neural Information Processing Systems，因为目前这波 AI 浪潮源自以神经网络技术为基础的深度学习，所以近年来备受关注，参会人数倍增，近几年会议注册页面刚开放就被抢注一空。树大招风，2018 年，由于 NIPS 缩写有性别歧视的意味，从 2019 年开始更名为了 NeurIPS。ICLR 是深度学习兴起后在 2013 年创立的会议，采用的是开放审稿模式，整个审稿过程中审稿意见、作者回复全部实时公开，也允许其他围观用户评论，面貌一新，关注者众，颇领一时风气之先。机器学习领域相关学术期刊主要包括 *Journal of Machine Learning Research*（*JMLR*）、*Machine Learning*（*ML*）等。

信息检索和数据挖掘领域相关学术会议主要由美国计算机学会（ACM）主办，包括 SIGIR、KDD、WWW（从 2018 年开始更名为 The Web Conference）和 *WSDM*。信息检索和数据挖掘领域相关学术期刊包括 *ACM TOIS*、*IEEE TKDE*、*ACM TKDD*、*ACM TIST* 等。其中，*ACM TOIS* 和 *IEEE TKDE* 的历史比较悠久，地位卓然；*ACM TKDD* 创立于 2007 年，*ACM TIST* 创立于 2010 年，均为新兴的著名期刊，特别是 *ACM TIST* 创刊时就发表了 LibSVM 等有影响力的成果，现在 SCI 影响因子比较高。

中国计算机学会（CCF）制定了"中国计算机学会推荐国际学术会议和期刊目录"，基本公允地列出了每个领域的高水平期刊与会议。读者可以通过这个列表，迅速了解每个领域的主要期刊与学术会议。

3. 国内学术组织、会议与论文

对很多学生（即使国外学生）而言，想参加 ACL、EMNLP、NAACL 等国际会议并非易事（由于注册费和差旅费很高，一般要有论文发表且导师提供经费支持，而且长途跋涉充满了签证申请、旅馆预订等不确定因素）。作为学生，每年能出去成功且安心地参加一次国际会议，已然很不容易了。近年来，很多国内自然语言处理学者已经可以持续发表高水平论文，进入国际一线研究行列，并与很多国际著名学者建立密切的学术交流与合作。在他们的努力组织下，这些国内自然语言处理学术会议的学术报告质量有大幅提升，特别是特邀报告、讲习班、专题论坛等环节。需要说明的是，国内很多机构组织的各类 AI 大会，其中很多特邀讲者不乏大牌学者。但为了强调学术导向，这里只聚焦以学术交流为主的纯学术会议。

与国际学术组织和会议相似，国内也有一家与 NLP/CL 相关的专业学术组织，中国中文信息学会（CIPS，http://www.cipsc.org.cn/），是国内最大的自然语言处理学术组织，最早由著名科学家钱伟长先生发起成立。通过学会的理事名单基本可以了解国内从事 NLP/CL 的主要单位和学者。CIPS 每年组织很多学术会议，例如全国计算语言学学术会议（CCL）、中国自然语言处理青年学者研讨会（YSSNLP）、全国信息检索学术会议（CCIR）、全国机器翻译研讨会（CWMT）等，是国内 NLP/CL 学者进行学术交流的重要平台。尤其值得一提的是，YSSNLP 是专门面向国内 NLP/CL 青年学者的研讨交流会，采用邀请制，在研讨会上报告学术前沿动态，是国内 NLP/CL 青年学者进行学术交流、建立学术合作的绝佳平台。2010 年的 COLING 和 2015 年的 ACL 在北京召开，均由 CIPS 负责组织工作，这在一定程度上反映了 CIPS 在国内 NLP/CL 领域的重要地位。此外，计算机学会中文信息技术专委会组织的自然语言处理与中文计算会议（NLPCC）是最近崛起的国内重要 NLP/CL 学术会议。CIPS 主编了一份历史悠久的《中文信息学报》，是国内该领域的重要学术期刊，发表过很多篇重量级论文。此外，国内著名的《计算机学报》《软件学报》等期刊上也经常有 NLP/CL 论文发表，值得关注。

CCL

CCL 是中国中文信息学会的旗舰会议，由 CIPS 的计算语言学专委会举办。CCL 从 1991 年开始每两年举办一次，从 2013 年开始每年举办一次，2019 年是第十八届。经过 20 余年的发展，是国内自然语言处理领域权威性最高、口碑最好、规模最大（2017 年注册人次超过 1000）的学术会议，是国内自然语言处理学者每年都会参加的盛会，现场交流氛围极佳。CCL 设置的讲习班、特邀报告、自然语言处理任务评测、前沿动态综述等环节，均有较大影响力，也是快速了解自然语言处理前沿动态的绝佳方式。

其中，CCL 的特邀报告环节最具特色，CCL 程序委员会主席孙茂松教授每年都会大力邀请多学科相关重量级学者担纲。以 CCL 2017 为例，特邀讲者包括了中国工程院院士、西安交通大学郑南宁教授，清华大学社会科学学院院长彭凯平教授，香港科技大学计算机科学与工程学系系主任杨强教授，北京大学统计科学中心联席主任耿直教授，搜狗公司总裁王小川等，主题涵盖认知科学、心理学、机器学习、统计学等方向，议题与内容极具启发性。

CCKS

CCKS 由 CIPS 的语言与知识计算专委会举办，由国内两个相关会议合并而来，分别是中文知识图谱研讨会（CKGS）和中国语义互联网与 Web 科学大会（CSWS）。CCKS 是国内知识图谱、语义技术、链接数据等领域的核心会议，2017 年有 500 位学者注册参加。CCKS 设置的讲习班、工业论坛、评测竞赛、知识图谱顶会回顾、特邀报告等环节，具有较大影响力，是快速了解知识图谱等方向前沿动态的绝佳方式。

SMP

SMP 由 CIPS 的社会媒体处理专委会举办，SMP 2018 是第七届，是国内聚焦社会媒体、面向社会计算和计算社会科学交叉学科的权威会议。SMP 也设置了讲习班、专题论坛、评测任务等环节。

其中，SMP 专题论坛非常活跃，以 SMP 2017 年为例，共设置了智能金融、计算社会学、情感分析、推荐系统、计算传播学、智能教育、表示学习及企业论坛共计 8 个论坛，均由相关领域重量级学者担任讲者进行交流。

CCIR

CCIR 由 CIPS 和 CCF 联合主办，是中国信息检索领域最重要的盛会。会议除包含大会报告、论文报告、Poster 交流、评测活动外，还组织青年学者论坛、博士生指导论坛，以及面向热点研究问题的前沿讲习班等。大会也会邀请部分相关国际期刊、会议（如 *TOIS*、SIGIR、WWW、WSDM、CIKM）的中国作者交流论文。

CWMT

CWMT 从 2005 年开始举办，2018 年是第 14 届，其中共组织过七次机器翻译评测，是国内最权威的机器翻译学术会议。除了传统的论文宣讲、特邀报告等环节，还设置了新人秀、产业论坛等环节，从事机器翻译研究与开发的同学不能错过。

YSSNLP

YSSNLP 是 CIPS 青年工作委员会的学术年会，其特色是采取邀请制，只允许青工委委员及其邀请的代表参加，每年约有 150 位青年学者参加，几乎囊括国内从事自然语言处理研究的所有青年学者。青工委非常活跃，除了组织 YSSNLP 年会，青工委还组织大量的国际顶级会议预讲会、学术沙龙等学术活动。

其中国际顶级会议预讲会是青工委的品牌活动之一，每年在 ACL、SIGIR、IJCAI、AAAI 等国际顶级会议正式召开之前，邀请国内有论文发表的学者介绍自己的论文工作。每次活动都吸引了大量来自学术界和工业界的现场和在线听众，极大促进了国内相关领域研究的发展及研究人员之间的交流。例如，2019 年刚举办的ACL、IJCAI、SIGIR 三大顶会预讲会（AIS 2019）在杭州举行，共吸引了大约 1000名观众报名参会。

CIPS 暑期学校（CIPS Summer School）

这是 CIPS 的老牌学术活动，旨在面向青年学生进行前沿课题的教学与普及工作，带领同学迅速进入前沿。2018 年将是 CIPS 暑期学校的第 13 届。以 2016 年和2017 年的暑期学校为例，均以深度学习技术在自然语言处理中的应用开展教学，邀请国内一线青年教师和博士生担任讲者，系统深入地介绍深度学习的相关知识与动态。暑期学校每次持续 4 天课程，由于其较好的系统性和连续性，受到国内同学的广泛好评，近两年注册人数都超过场地容量。笔者担任了 2016 年暑期学校的讲者，以及 2017 年暑期学校的组织者，体会到举办 CIPS 暑期学校是非常好的系统学习自然语言处理前沿动态的方式。

值得一提的是，从 2016 年起，CIPS 暑期学校被纳入了 CIPS《前沿技术讲习班》编制，而 CIPS 组织的各大学术会议的讲习班也编入 CIPS《前沿技术讲习班》，由 CIPS 统一保证讲习班质量。

NLPCC

NLPCC 由 CCF 中文信息技术专委会举办，NLPCC 2019 是第八届。NLPCC 按照国际会议模式组织，组织委员会注重吸纳国际学者，论文报告均用英文进行，是近年来国内崛起的重要的自然语言处理学术会议，是在国内了解自然语言处理前沿动态的又一个重要平台。值得一提的是，CCF 学科前沿讲习班（ADL）类似于 CIPS ATT，也是面向各类专题开展的讲习班，是 CCF 的老牌学术活动。NLPCC 每次都会附带一次面向自然语言处理的 CCF ADL 讲习班，值得关注。

希望以上信息能够对初入人工智能和自然语言处理的同学有所助益。

4．如何通过阅读文献掌握学术动态

要成为人工智能领域合格的研究者，需要掌握坚实的基础知识，并了解全面的学术动态。基础知识，如高等数学、概率论、人工智能、机器学习、语言学等，是在大学本科或研究生期间通过选修相关课程和教材自学来完成的。如今大规模在线教育（MOOC）风靡全球，国内外著名高校的在线课程资料唾手可得，然而从统计数据来看，能够坚持完成在线课程的同学比例并不高，可见学习氛围也是很重要的成才因素。这里，主要面向在校学生（包括本科生或研究生），介绍如何阅读学术文献、了解学术动态，努力站到巨人的肩膀上，为创新研究做好准备。

阅读学术文献是掌握学术动态的主要方式。计算机技术日新月异，科技文献也汗牛充栋，如何查阅和选择领域重要文献，是需要在实践中不断磨炼的技巧；即使精心选择，自然语言处理的每个课题也都至少有几十篇论文需要读。实际上，没有必要平均用力，可以泛读和精读相结合，快速掌握课题的学术脉络。接下来，分别介绍在这些方面的一些建议。

研究者应该具备"T"型知识体系。一方面，要对自然语言处理和机器学习学术动态有全面的了解，主要是保持知识更新，为创新做好知识储备；另一方面，要对所从事的研究课题方向已有的代表工作做地毯式搜索并掌握。面向这两种不同的目标，有不同的选择文献的技巧。

面向特定主题的文献选择

有时，导师或领导会突然找到你，说××课题很有前景，让你调研看有没有研究的价值；有时，你参加学术会议或听学术报告，突然听到××课题，觉得很有意思；或者某门课程或某项实习工作给你安排了一个课题，需要你尽快调研相关工作，了解来龙去脉。这时你会发现，搜索引擎是面向特定主题查阅文献的重要工具，尤其是谷歌提供的 Google Scholar，由于其庞大的索引量，是我们披荆斩棘的利器（如图 1 所示）。Google Scholar 不仅可以查阅学者学术信息、被引用情况，还提供引用格式文件。

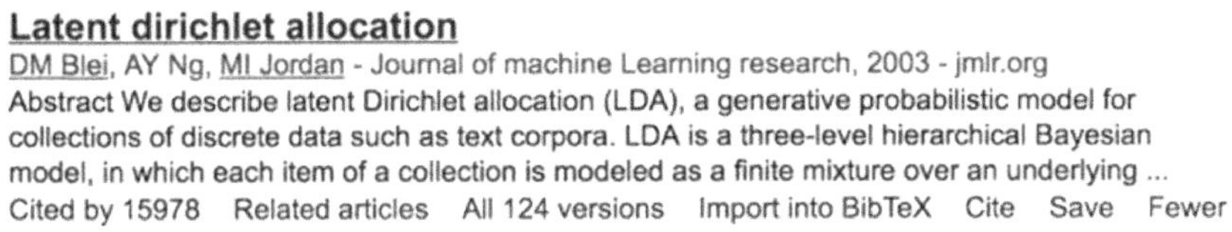
Latent dirichlet allocation
DM Blei, AY Ng, MI Jordan - Journal of machine Learning research, 2003 - jmlr.org
Abstract We describe latent Dirichlet allocation (LDA), a generative probabilistic model for collections of discrete data such as text corpora. LDA is a three-level hierarchical Bayesian model, in which each item of a collection is modeled as a finite mixture over an underlying ...
Cited by 15978 Related articles All 124 versions Import into BibTeX Cite Save Fewer

图 1　Google Scholar 页面

Google Scholar 还提供高级检索功能，比较常见的功能如下。

- 按作者搜索：author:"DM Blei"，可以搜索指定作者的相关论文；
- 按发表期刊/会议搜索：source:"Nature"，可以搜索发表在指定期刊/会议的相关论文；
- 按标题出现关键词搜索：allintitle:"latent dirichlet allocation"，可以搜索在标题中出现某些关键词的论文；
- 支持搜索引擎常用的 and、or 和""，其中""表示按引号中的字符串完整搜索。

当要确定某个研究思想是否已经有文章发表时，用按标题出现关键词的搜索功能非常有效（如图 2 所示）。例如，假设你在从事自动问答课题研究，想将 Transformer 技术用于该任务，那么最好先用 Google Scholar 搜 allintitle:"question answering" and "transformer" 来确认是否已经有其他研究人员发表了类似想法的成果。千万不要等到做完实验开始写论文了，才想起做这个确认工作，否则会非常被动。

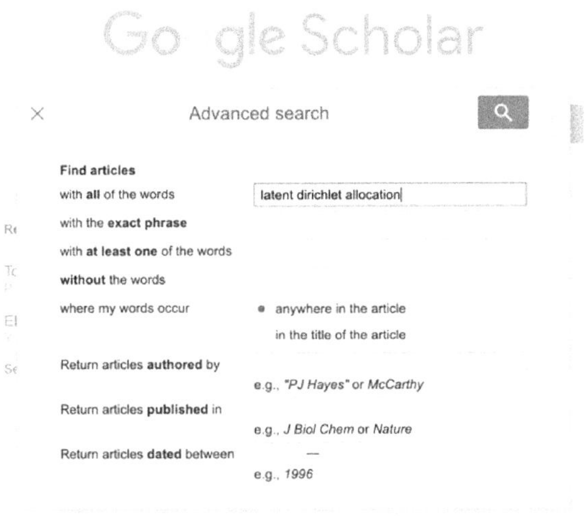
Advanced search
Find articles
with all of the words
latent dirichlet allocation
with the exact phrase
with at least one of the words
without the words
where my words occur
anywhere in the article
in the title of the article
Return articles authored by
e.g., "PJ Hayes" or McCarthy
Return articles published in
e.g., J Biol Chem or Nature
Return articles dated between
e.g., 1996

图 2　Google Scholar 按标题出现关键词的搜索功能

如果能找到一篇该领域的最新研究综述，了解某个课题就省劲多了。最简单的方法是先在维基百科等权威的在线百科全书中查询该主题的科普综述介绍。在此基础上，可以在中文知网（CNKI）中搜索"课题名称+综述"或在 Google Scholar 中搜索"课题名称 + survey / review / tutorial / 综述"来查找。也有一些出版社专门出版各领域的综述文章，例如 NOW Publisher 出版的 *Foundations and Trends* 系列，Morgan & Claypool Publisher 出版的 *Synthesis Lectures on Human Language Technologies* 系列等。它们发表了很多热门方向的综述，如文档摘要、情感分析和意见挖掘、学习排序、语言模型等。

一般而言，热门的研究方向会有比较及时的综述论文。如果方向太新，还没有相关综述，则可以查找该方向发表的最新论文，阅读它们的"相关工作"章节和列出的参考文献，就基本能够了解相关研究脉络了。当然，还有很多其他办法，例如，找各大学术会议或暑期学校的讲习班报告，或者直接咨询该领域的研究人员，都是比较有效的办法。

面向知识更新的文献选择

除了面向特定主题的文献查阅，研究生（特别是博士生）还需要锻炼常年坚持对最新学术动态及时全面的了解的重要能力。为了实现这一点，需要同学建立全面且及时更新的信息源，一般有以下几个方面：

- arXiv.org 上定期发布的论文；
- 相关国际顶级会议每年发表的论文集；
- 相关国际顶级期刊定期发表的论文；
- 国际顶尖高校研究组或企业研究机构发布的新闻或学术报告；
- 科技媒体和社交媒体集中报道或讨论的学术成果。

一般而言，研究生可以通过订阅相关 RSS Feed 或者邮件列表保持关注。值得一提的是，Google Scholar 支持学者建立个人学术主页，不仅可以从中查阅最新的发表论文列表，还有最全的引用计数。而在访问著名学者的 Google Scholar 学术主页时，同学可以通过右上角的"Following"选项关注该学者发表论文的情况。图 3 所示为著名学者 Geoffrey Hinton 的学术主页。

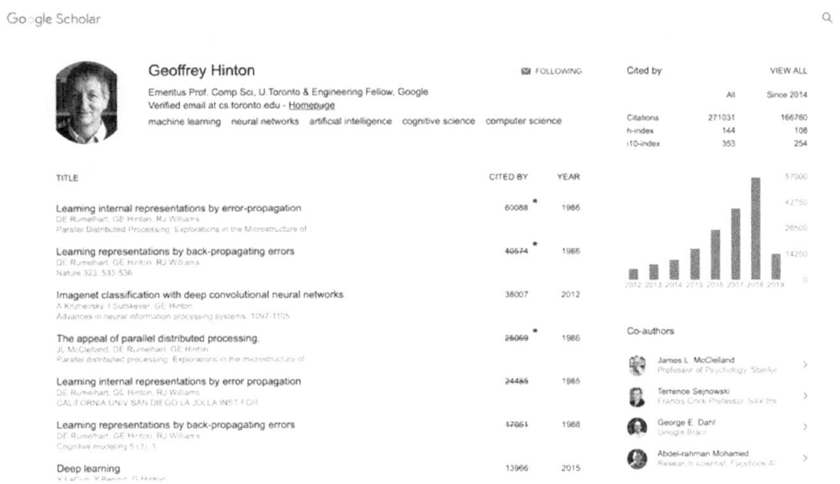

图 3　Geoffrey Hinton 的学术主页

为了建立对自然语言处理全面的了解，我们监测的信息来源提供的论文每年以数千计。近年来，由于深度学习技术火爆异常，arXiv.org 几个频道下每隔几天就有几十篇论文发布。面对如此众多的论文，学会遴选论文和快速泛读，找出最值得关注的重要论文，是提高效率的重要手段。一般可由以下几个信号大致判断一篇工作是否值得关注：

- 论文的作者是否为该领域的著名学者，研究机构是否来自业内顶尖；
- 论文是否发表在顶级期刊/会议上；
- 论文社会关注度如何，是否获得最佳论文，引用情况如何。

当然，以上也都只是模糊信号，并不能一概而论，论文好坏还要由成果判定。只是说，以上这些信号可以帮助同学快速筛选和判断。此外，论文题目等方面也会提供丰富的判定信号。例如，笔者的经验之一是：论文题目越短，其创新价值更高的概率更大，越值得关注，等等。

如何阅读文献

阅读论文也不必每篇都从头到尾看完。一篇学术论文通常包括以下结构，我们用序号来标记建议的阅读顺序：

- 题目（1）；

- 摘要（2）；
- 正文：导论（3）、相关工作（6）、本文工作（5）、实验结果（4）、结论（7）；
- 参考文献（6）；
- 附录。

按照这个顺序，基本在读完题目和摘要后，大致可以判断这篇论文与自己研究课题的相关性，决定是否要精读导论和实验结果判断学术价值，是否阅读本文工作了解方法细节。此外，如果希望了解相关工作和未来工作，则可以有针对性地阅读"相关工作"和"结论"等部分。

善用社交媒体和科技媒体

随着社会媒体的发展，越来越多的学者转战微博和知乎，因为那里有浓厚的交流氛围。如何找到这些学者呢？一个简单的方法就是在微博或知乎中的用户搜索中检索"自然语言处理""计算语言学""信息检索""机器学习"等字样，马上就能跟过去只在论文中看到名字的老师和同学近距离交流了。很多在国外任教的老师和求学的同学也活跃在微博和知乎上，经常发布重要的业内新闻，值得关注。学术研究既需要苦练内功，也需要与人交流。所谓言者无意、听者有心，也许其他人的一句话就能点醒你。毫无疑问，微博和知乎等社交媒体提供了很好的交流平台，但也要注意不宜沉迷。

由于人工智能领域火爆异常，国内也兴起了以机器之心、雷锋网/AI 科技评论、PaperWeekly、DeepTech、新智元为代表的科技媒体。这些媒体非常关注英文世界的最新技术动态，能几乎同步发布相关中文新闻，与 2010 年前，中英文世界相对隔离的状况相比，这些媒体的出现和兴起无疑有着非常积极的意义。总体来看，这些科技媒体是把握和了解科技动态的入口，但科技媒体介绍的技术突破是否货真价实，还需要更深入地阅读相关文献和实验验证才能确认。